智能电网技术与装备丛书

高比例可再生能源电力系统专题

风电并网电力系统暂态分析

Transient Analysis of Wind Power Dominated Power Systems

胡家兵　常远瞩　唐王倩云　李英彪　著

科 学 出 版 社

北 京

内 容 简 介

本书主要介绍了现代变速恒频风电机组及其规模化并网电力系统的故障分析与暂态稳定问题、数学建模与分析方法。全书分为三个部分，共 9 章。绪论为第 1 和第 2 章，介绍电网故障扰动下风电机组控制保护结构、风电并网电力系统的特殊性；上篇为第 3～第 5 章，分析电网对称、不对称短路故障期间风电机组的故障电流特征；下篇为第 6～第 9 章，分析机电时间尺度、电磁时间尺度下风电并网电力系统的暂态稳定问题。

本书可供从事新型电力系统分析与控制研究的广大高校师生和从事新能源产品开发、新能源场站运行管理乃至电网调度运行等工作的研究人员及工程技术人员参考。

图书在版编目(CIP)数据

风电并网电力系统暂态分析=Transient Analysis of Wind Power Dominated Power Systems / 胡家兵等著. —北京：科学出版社，2022.12

（智能电网技术与装备丛书）

国家出版基金项目

ISBN 978-7-03-074626-9

Ⅰ. ①风… Ⅱ. ①胡… Ⅲ. ①风力发电系统-系统暂态稳定 Ⅳ. ①TM614

中国版本图书馆CIP数据核字(2022)第255422号

责任编辑：范运年 王楠楠 / 责任校对：王萌萌
责任印制：师艳茹 / 封面设计：蓝正设计

科学出版社 出版
北京东黄城根北街 16 号
邮政编码: 100717
http://www.sciencep.com

三河市春园印刷有限公司 印刷
科学出版社发行 各地新华书店经销

*

2022 年 12 月第 一 版 开本：720 × 1000 1/16
2022 年 12 月第一次印刷 印张：15 1/4
字数：305 000

定价：116.00 元

（如有印装质量问题，我社负责调换）

“智能电网技术与装备丛书”编委会

“智能电网技术与装备丛书”序

国家重点研发计划由原来的“国家重点基础研究发展计划”（973 计划）、“国家高技术研究发展计划”（863 计划）、国家科技支撑计划、国际科技合作与交流专项、产业技术研究与开发基金和公益性行业科研专项等整合而成，是针对事关国计民生的重大社会公益性研究的计划。国家重点研发计划事关产业核心竞争力、整体自主创新能力和国家安全的战略性、基础性、前瞻性重大科学问题、重大共性关键技术和产品，为我国国民经济和社会发展主要领域提供持续性的支撑和引领。

“智能电网技术与装备”重点专项是国家重点研发计划第一批启动的重点专项，是国家创新驱动发展战略的重要组成部分。该专项通过各项目的实施和研究，持续推动智能电网领域技术创新，支撑能源结构清洁化转型和能源消费革命。该专项从基础研究、重大共性关键技术研究到典型应用示范，全链条创新设计、一体化组织实施，实现智能电网关键装备国产化。

“十三五”期间，智能电网专项重点研究大规模可再生能源并网消纳、大电网柔性互联、大规模用户供需互动用电、多能源互补的分布式供能与微网等关键技术，并对智能电网涉及的大规模长寿命低成本储能、高压大功率电力电子器件、先进电工材料以及能源互联网理论等基础理论与材料等开展基础研究，专项还部署了部分重大示范工程。“十三五”期间专项任务部署中基础理论研究项目占 24%；共性关键技术项目占 54%；应用示范任务项目占 22%。

“智能电网技术与装备”重点专项实施总体进展顺利，突破了一批事关产业核心竞争力的重大共性关键技术，研发了一批具有整体自主创新能力的装备，形成了一批应用示范带动和世界领先的技术成果。预期通过专项实施，可显著提升我国智能电网技术和装备的水平。

基于加强推广专项成果的良好愿景，工业和信息化部产业发展促进中心与科学出版社联合策划出版以智能电网专项优秀科技成果为基础的“智能电网技术与装备丛书”，丛书为承担重点专项的各位专家和工作人员提供一个展示的平台。出版著作是一个非常艰苦的过程，耗人、耗时，通常是几年磨一剑，在此感谢承担“智能电网技术与装备”重点专项的所有参与人员和为丛书出版做出贡献的作者和工作人员。我们期望将这套丛书做成智能电网领域权威的出版物！

我相信这套丛书的出版，将是我国智能电网领域技术发展的重要标志，不仅能供更多的电力行业从业人员学习和借鉴，也能促使更多的读者了解我国智能电网技术的发展和成就，共同推动我国智能电网领域的进步和发展。

2019 年 8 月 30 日

序　一

在国际社会推动能源转型发展、应对全球气候变化背景下，大力发展可再生能源，实现能源生产的清洁化转型，是能源可持续发展的重要途径。近十多年来，我国可再生能源发展迅猛，已经成为世界上风电和光伏发电装机容量最大的国家。"高比例可再生能源并网"和"高比例电力电子装备接入"将成为未来电力系统的重要特征。

由中国电力科学研究院有限公司牵头、清华大学康重庆教授担任项目负责人的国家重点研发计划项目"高比例可再生能源并网的电力系统规划与运行基础理论"(2016YFB0900100)是"智能电网技术与装备"重点专项"十三五"首批首个项目。在该项目申报阶段的研讨过程中，根据大家的研判，确定了两大科学问题：一是高比例可再生能源并网对电力系统形态演化的影响机理和源-荷强不确定性约束下输配电网规划问题，二是源-网-荷高度电力电子化条件下电力系统多时间尺度耦合的稳定机理与协同运行问题。项目从未来电力系统结构形态演化模型及电力预测方法、考虑高比例可再生能源时空分布特性的交直流输电网多目标协同规划方法、高渗透率可再生能源接入下考虑柔性负荷的配电网规划方法、源-网-荷高度电力电子化的电力系统稳定性分析理论、含高比例可再生能源的交直流混联系统协同优化运行理论五个方面进行深入研究。2018 年 11 月，我在南京参加了该项目与《电力系统自动化》杂志社共同主办的"'紫金论电'——高比例可再生能源电力系统学术研讨会"，并做了这方面的主旨报告，对该项目研究的推进情况也有了进一步的了解。

经过四年多的研究，在 15 家高校和 3 家科研单位的共同努力下，项目进展顺利，在高比例可再生能源并网的规划和运行研究方面取得了新的突破。项目提出了高比例可再生能源电力系统的灵活性理论，并应用于未来电网形态演化；建立了高比例可再生能源多点随机注入的交直流混联复杂系统高效全景运行模拟方法，揭示了高比例可再生能源对系统运行方式的影响机理；创立了高渗透率可再生能源配电系统安全边界基础理论，提出了配电系统规划新方法；发现了电力电子化电力系统多尺度动力学相互作用机理及功角-电压联合动态稳定新原理，揭示了装备与网络的多尺度相互作用对系统稳定性的影响规律；提出了高比例可再生能源跨区协同调度方法及输配协同调度方法。整体上看，项目初步建立了高比例可再生能源接入下电力系统形态构建、协同规划和优化运行的理论与方法。

项目团队借助"十三五"的春风，同心协力，众志成城，取得了一系列显著成果，同时，他们及时总结，形成了系列专著共 5 部。该系列专著的第一作者鲁宗相、程浩忠、肖峻、胡家兵、姚良忠分别为该项目五个课题的负责人，其他作者也是课题的主要完成人，他们都是活跃于高比例可再生能源电力系统领域的研究人员。该系列专著的内容系项目团队成果的集成，5 部专著体系结构清晰、富于理论创新，学术价值高，同时具有指导工程实践的潜在价值。相信该系列专著的出版，将推动我国高比例可再生能源电力系统分析理论与方法的发展，为我国电力能源事业实现高效可持续发展的未来愿景提供切实可行的技术路线，为政府相关部门制定能源政策、发展战略和管理举措提供强有力的决策支持，同时为广大同行提供有益的参考。

祝贺项目团队和系列专著作者取得的丰硕学术成果，并预祝他们未来取得更大成绩！

周孝信

2021 年 6 月 28 日

序　二

发展风电和光伏发电等可再生能源是国家能源革命战略的必然选择，也是缓解能源危机和气候变暖的重要途径。我国已经连续多年成为世界上风电和光伏发电并网装机容量最大的国家。据预测，到 2030 年，我国可再生能源的发电量占比将达 30%以上，而局部地区非水可再生能源发电量占比也将超过 30%。纵观全球，许多国家都在大力发展可再生能源，实现能源生产的清洁化转型，丹麦、葡萄牙、德国等国家的可再生能源发电已占重要甚至主体地位。风、光资源存在波动性和不确定性等特征，高比例可再生能源并网对电力系统的安全可靠运行提出了严峻挑战，将引起电力系统规划和运行方法的巨大变革。我们需要前瞻性地研究高比例可再生能源电力系统面临的问题，并未雨绸缪地制定相应的解决方案。

“十三五”开局之年，科技部启动了国家重点研发计划“智能电网技术与装备”重点专项，2016 年首批在 5 个技术方向启动 17 个项目，在第一个技术方向“大规模可再生能源并网消纳”中设置的第一个项目就是基础研究类项目“高比例可再生能源并网的电力系统规划与运行基础理论”（2016YFB0900100）。该项目牵头单位为中国电力科学研究院有限公司，承担单位包括清华大学、上海交通大学、华中科技大学、天津大学、华北电力大学、浙江大学等 15 家高校和中国电力科学研究院有限公司、国网能源研究院有限公司、国网经济技术研究院有限公司 3 家科研院所。项目团队以长期奋战在一线的中青年学者为主力，包括众多在智能电网与可再生能源领域具有一定国内外影响力的学术领军人物和骨干研究人才。项目面向国家能源结构向清洁化转型的实际迫切需求，以未来高比例可再生能源并网的电力系统为研究对象，针对高比例可再生能源并网带来的多时空强不确定性和电力系统电力电子化趋势，研究未来电力系统的协调规划和优化运行基础理论。

经过四年多的研究，项目取得了丰富的理论研究成果。作为基础研究类项目，项目团队在国内外期刊发表了一系列有影响力的论文，多篇论文在国内外获得报道和好评；建立了软件平台 4 套、动模试验平台 1 套；构建了整个项目层面的共同算例数据平台，并在国际上发表；部分理论与方法成果已在我国西北电网、天津、浙江、江苏等典型区域开展应用。项目组在 *IEEE Transactions on Power Systems*、*IEEE Transactions on Energy Conversion*、《中国电机工程学报》、《电工技术学报》、《电力系统自动化》和《电网技术》等国内外权威期刊上主办了 20 余次与“高比例可再生能源电力系统”相关的专刊和专栏，在国内外产生了较大的影响。项目组主办和参与主办了多次国内外重要学术会议，积极参与 IEEE、国际大电网组织(CIGRE)、国际电工委员会(IEC)等国际组织的学术活动，牵头成立了相关工作组，发布了多本技术报告，受到国际广泛关注。

基于所取得的研究成果，5 个课题分别从自身研究重点出发，进行了系统的总结和凝练，梳理了课题研究所形成的核心理论、方法与技术，形成了系列专著共 5 部。

第一部著作对应课题 1“未来电力系统结构形态演化模型及电力预测方法”，系统地论述了面向高比例可再生能源的资源、电源、负荷和电网的未来形态以及场景预测结果。在资源与电源侧，研判了中远期我国能源格局变化趋势及特征，对未来电力系统时空动态演变机理以及我国中长期能源电力典型发展格局进行预测；在负荷侧，对广义负荷结构以及动态关联特性进行辨识和解析，并对负荷曲线形态演变做出研判；在电网侧，对高比例可再生能源集群送出的输电网结构形态以及高渗透率可再生能源和储能灵活接入的配电网形态演变做出判断。该著作可为未来高比例可再生能源电力系统中源-网-荷-储各环节互动耦合的形态发展与优化规划提供理论指导。

第二部著作对应课题 2“考虑高比例可再生能源时空分布特性的交直流输电网多目标协同规划方法”。以输电系统为研究对象，针对高比例可再生能源并网带来的多时空强不确定性问题，建立了考虑高比例可再生能源时空分布特性的交直流输电网网源协同规划理论；提出了考虑高比例可再生能源的输电网随机规划方法和鲁棒规划方法，实现了面向新型输电网形态的电网柔性规划；介绍了与配电网相协同的交直流输电网多目标规划方法，构建了输配电网的价值、风险、协调性指标；给出了基于安全校核与生产模拟融合技术的规划方案综合评价与决策方法。该著作的内容形成了一套以多场景技术、鲁棒规划理论、随机规划理论、协同规划理论为核心的输电网规划理论体系。

第三部著作对应课题 3“高渗透率可再生能源接入下考虑柔性负荷的配电网规划方法”。针对未来配电系统接入高比例分布式可再生能源引起的消纳与安全问题，详细论述了考虑高渗透率可再生能源接入的配电网安全域理论体系。该著作给出了配电网安全域的基本概念与定义模型，介绍了配电网安全域的观测方法以及性质机理，提出了基于安全边界的配电网规划新方法以及高比例可再生能源接入下配电网规划的新原则。配电网安全域与输电网安全域不同，在域体积、形状等方面特点突出，配电网安全域能够反映配电网的结构特征，有助于在研究中更好地认识配电网。配电网安全域是未来提高配电网效率和消纳可再生能源的一个有力工具，具有巨大的应用潜力。

第四部著作对应课题 4“源-网-荷高度电力电子化的电力系统稳定性分析理论”。针对高比例可再生能源并网引起的电力系统稳定机理的变革，以风光发电等可再生能源设备为对象、以含高比例可再生能源的电力电子化电力系统动态问题为目标，系统地阐述了系统动态稳定建模理论与分析方法。从风光发电等设备多时间尺度控制与序贯切换的基本架构出发，总结了惯性/一次调频、负序控制及对称/不对称故障穿越等典型控制，讨论了设备动态特性及其建模方法以及含高比例可再生能源的电力系统稳定形态及其分析方法，实现了不同时间尺度下多样化设备特性的统一刻画及多设备间交互作用的量化解析，可为电力电子化电力系统的稳定机理分析与控制综合提供理论基础。

第五部著作对应课题 5“含高比例可再生能源的交直流混联系统协同优化运行理论”。针对含高比例可再生能源的交直流混联系统安全经济运行问题，该著作分别从电网运行态势、高比例可再生能源集群并网及多源互补优化运行、源-网-荷交互的灵活重构与协同运行、多时间尺度运行优化与决策、高比例可再生能源输电系统与配电系统安全高效协同运行分析等多个方面进行了系统论述，并介绍了含高比例可再生能源交直流混联系统多类型源-荷互补运行策略以及实现高渗透率可再生能源配电系统源-网-荷交互的灵活重构与自治运行方法等最新研究成果。这些研究成果可为电网调度部门更好地运营未来高比例可再生能源电力系统提供有益参考。

作为“智能电网技术与装备丛书”的一个构成部分，该系列著作是对高比例可再生能源电力系统研究工作的系统化总结，其中的部分成果为高比例可再生能源电力系统的规划与运行提供了理论分析工具。出版过程中，系列著作的作者与科学出版社范运年编辑通力合作，对书稿内容进行了认真讨论和反复斟酌，以确保整体质量。作为项目负责人，我也借此机会向系列著作的出版表示祝贺，向作者和科学出版社表示感谢！希望这 5 部著作可以为从事可再生能源和电力系统教学、科研、管理及工程技术的相关人员提供理论指导和实际案例，为政府部门制定相关政策法规提供有益参考。

康重庆

2021 年 5 月 6 日

前　言

为实现碳达峰碳中和重大战略目标，预计 2030 年我国风电装机容量将达到 8 亿 kW，2060 年将达到 30 亿 kW，以风电为代表的新能源将成为我国新型电力系统的构建主体。该发展趋势下，电力系统中的发电装备将持续从由汽轮机或水轮机驱动的同步机演变为由风力机驱动、电力电子化装备并网的风机。截至 2022 年 3 月，在含高比例并网风电电力系统的运行实践中已陆续发生了与发电装备电力电子化相关的暂态事故，如冀北电网出现的风电脱网事故、英国电网大停电事故。上述事故产生的机理尚不完全明确，但严重威胁了电力系统的安全稳定运行。因此，含高比例风电电力系统的暂态问题已成为制约我国实现风电发展目标的主要科学技术障碍，也是欧美等风电开发中面临的共性科学技术挑战。

处于网络节点的发电装备是构成电力系统的基本要素之一，装备替代意味着电力系统中网络节点特性的变化，进而改变并决定了风电并网电力系统在故障等暂态扰动下的行为及其形成机理。围绕旋转转子、直流电容、交流电感等多时间尺度能量储存元件，风电机组构建了多时间尺度机电、电磁控制与保护结构，在动力学特性上与同步机等传统电磁变换装备迥异，使其在电力系统暂态扰动的响应过程中形成了以多时间尺度级联、序贯切换为代表的新特征。随着系统中风电装机比例的不断提高，新一代风电并网标准将风电场、风电机组的不对称故障穿越及负序电流调控、快速频率调控能力纳入要求，使风电机组、风电场在并网电力系统暂态过程中表现出更加复杂的暂态行为。基于同步机暂态特性长期形成的电力系统经典故障分析、暂态稳定分析理论正逐渐难以适应电网的新形态，急需开展针对电力电子化发电装备暂态特性及含高比例风电电力系统暂态问题的基础研究。本书的目的是从基础理论和关键技术的层面进行探讨并尝试提出相关建模与分析的基本思路。

本书以大型商用变速恒频风电机组及其规模化并网电力系统为对象，从风电装备多时间尺度控制与序贯切换的基本架构出发，通过对多时间尺度能量储存元件、常规多时间尺度级联控制、故障穿越控制保护策略及动态频率控制等与系统暂态行为密切相关的关键环节进行梳理，以形成对风电并网电力系统暂态新问题的基本认识，即构成绪论部分；上篇着重分析电网对称、不对称短路故障期间风电机组的故障电流特征；下篇分别分析机电时间尺度、电磁时间尺度下风电并网电力系统的暂态稳定问题。本书内容是对作者多年来国家级科研项目研究成果的总结和对研究生培养工作的提炼，理论上具有领跑国际先进风电技术规范与标准的重要意义，学术上具有原创性，技术上具有工程应用前景。本书对于从事新型电力系统分析控制的广大高校师生，特别是对于学习高比例并网风电建模及其电力系统暂态分析的研究生来说是一本兼具理论意义与工程实用价值的参考书。

本书由华中科技大学胡家兵教授、蒙特利尔大学常远瞩博士、南方电网科学研究院有限责任公司唐王倩云博士、华中科技大学李英彪博士共同撰写。张睿、杨子玉等对本书的研究成果及出版工作做出了贡献。

本书获得了国家重点研发计划项目课题“源-网-荷高度电力电子化的电力系统稳定性分析理论”(2016YFB0900104)的资助。本书撰写过程中参阅了不少国内外相关文献，在此向作者们致谢。

本书作者才疏学浅，书中难免存在不足之处，请广大读者不吝赐教。热忱欢迎专家同行来信指导，联系邮箱：j.hu@mail.hust.edu.cn。

胡家兵

2022 年 3 月 27 日

目　录

绪　论

绪　　论

第 1 章　高比例并网风电与电力系统暂态问题

1.1　风电发展现状与趋势

自 21 世纪以来，国内外风电市场保持着高速增长，全球风电的装机容量从 2001 年的 24GW 跃升至 2020 年的 743GW[1]，近年全球和我国风电新增及总装机容量分别如图 1-1、图 1-2 所示。为实现碳达峰碳中和重大战略目标，预计 2030

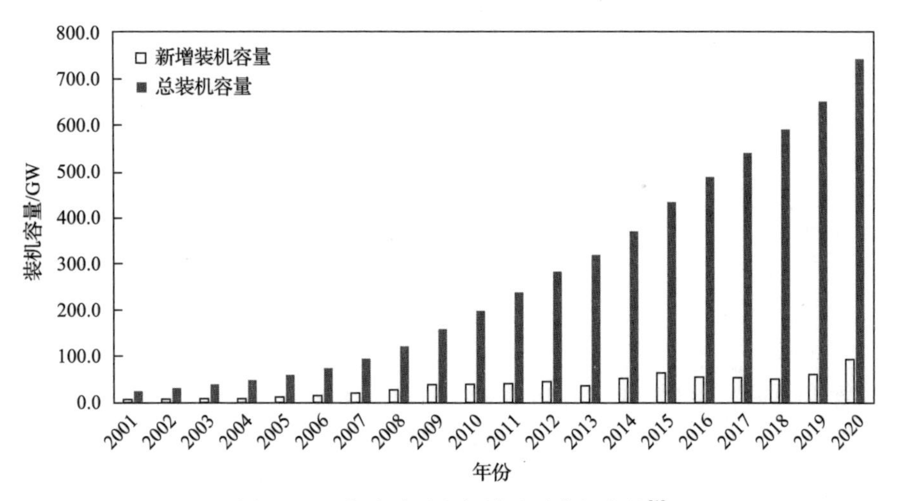

图 1-1　近年全球风电新增及总装机容量[1]

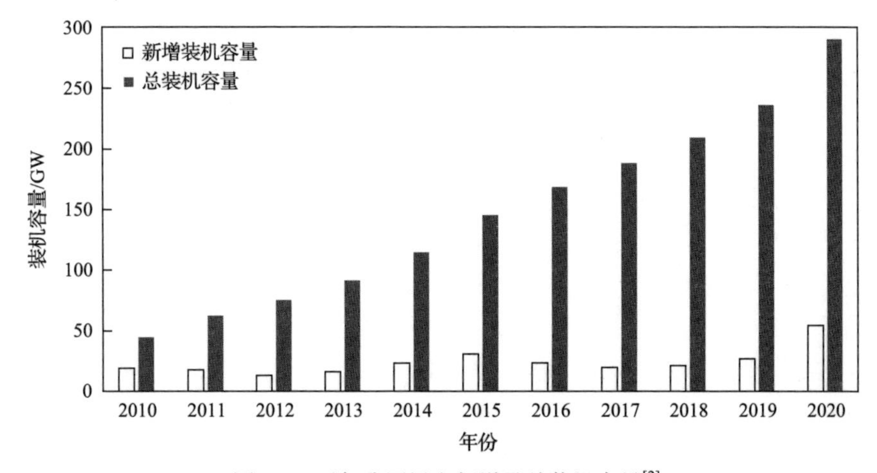

图 1-2　近年我国风电新增及总装机容量[2]

年我国风电装机容量将达到8亿kW，2060年达到30亿kW，以风电为代表的新能源将成为新型电力系统的构建主体。

随着风电的快速开发，局部高比例并网风电已成为我国电力系统的重要运行场景。当前，我国在风电资源富集区域建成的数个大规模风电基地早已陆续并网发电。在西北地区，甘肃省实时风电功率于2021年1月10日达到10.24GW，占全省发电出力的39.76%，占甘肃电网用电负荷的66.76%[3]。在西南地区，以水电为主力电源的云南电网，风电电源的装机容量虽仅占全部电源容量的13%，但在枯水期等低负荷、低外送运行方式下已多次出现并网风电高比例场景运行方式。在华东地区，海上风电装机容量快速增长，其中江苏省在2020年新增风电装机容量达5GW，累计装机容量达到15.5GW[4]。并网风电等新能源电源已成为我国19个省级电网的第一、第二大电源[5]，且风电并网容量占当地电源总容量的比例仍在继续上升。

与此同时，随着远海海上风电、分布式风电并网规模的快速增长，风电高比例并网场景将由局部向全局发展，成为国内外新型电力系统的重要运行特征。

在海上风电方面，据海洋可再生能源行动联盟(Ocean Renewable Energy Action Coalition，OREAC)预测，全球海上风电装机容量将于2050年达到1400GW，并覆盖全球电力需求的十分之一[6]。2009年之前，全球海上风电年新增装机容量占全部风电年新增装机容量的比例不到1%，在2010～2014年这一比例增长到约3%，而在2016年这一比例达到了9%。欧洲作为这一时期海上风电发展最快的地区，海上风电占总风电装机容量的比例在2020年达到11.3%，而当年欧洲海上风电新增装机容量占总新增装机容量的比例为24.6%。其中，英国作为全球海上风电装机容量最高的国家，在2020年已实现10.4GW海上风电的并网运行，海上风电占总风电装机容量的比例高达43%。2019年我国提前完成了“十三五”规划中5GW海上风电并网的目标，并在2018～2020年连续三年成为海上风电新增装机容量最多的国家。未来，海上风电仍将是我国新能源发电的重点发展方向。

在分布式风电方面，丹麦等欧洲国家经过多年发展形成了相当的并网规模。其中，丹麦的分布式风电是其陆上风电的主要形式。在德国的清洁能源转型中，分布式风电等分布式能源并网起到了重要作用。分布式发电具备就地并网、就地消纳的优势，其发展与当地政策息息相关。自21世纪初，欧美国家就已从政策上大力扶持分布式发电[7]。自2019年以来，我国也重点布局了分布式风电及其并网项目。国家发展改革委、司法部联合印发的《关于加快建立绿色生产和消费法规政策体系的意见》[8]中明确了加大对分布式能源的政策支持力度，多省也已经出台分布式风电规划鼓励的相关政策[9]，我国的分布式风电也进入了新的快速发展阶段。

可以预期，在不久的将来，我国的风电并网模式将形成陆上大规模并网、海上集中式并网、分布式就地并网的新局面。随着风电市场的持续发展，将有越来越多的地区出现高比例风电并网的场景，新型电力系统中的高比例风电并网场景将逐步由局部过渡至全局。

1.2　高比例风电并网电力系统的暂态事故与影响

1.2.1　典型暂态事故

由于风电机组与传统同步机具有截然不同的并网属性，高比例风电并网改变了电力系统暂态特征与暂态稳定的内涵，国内外含高比例并网风电的电力系统已陆续出现与电网故障等暂态扰动相关的事故，引发了风电机组及其他电源的规模化脱网、系统解列、频率骤降甚至长时间停电，对电力系统的安全稳定运行造成了严重危害，其中部分事故如表 1-1 所示。

表 1-1　国内外高比例风电并网引起的典型事故[10-15]

事故类型	发生时间	国家/地区	事故名称
风电机组脱网事故	2011 年 2 月	中国甘肃	酒泉风电场风电机组脱网事故
	2011 年 4 月	中国甘肃	瓜州风电场风电机组脱网事故
	2019 年 4 月	中国河北	张家口风电场风电机组脱网事故
	2016 年 9 月	澳大利亚南澳大利亚州	南澳大利亚州风电场风电机组脱网事故
系统频率越限事故	2011 年 7 月	加拿大魁北克	魁北克电网频率下降事故
	2015 年 2 月	中国云南	云南电网频率越限事故
	2019 年 8 月	英国	英国“2019•8•9”大停电事故

充分认识当前高比例风电并网场景中各类暂态事故的起因、经过及其引起的严重后果，掌握事故发生的原因，对风电并网标准制定、风电设计制造及系统保护与安全稳定运行均具有重要意义。本节将以冀北风电脱网事故与英国电网大停电事故为例做进一步介绍。

1.2.2　冀北风电脱网事故

2011 年 4 月 17 日，我国冀北某风电场 35kV 架空线发生 BC 相间短路故障，直接引发 4 座风电场 344 台风机脱网，并最终造成张家口地区损失风电出力 854MW，占事故前张家口地区风电出力的 45.8%[10]。此外，2018～2019 年，河北电网 110kV、220kV、500kV 输电网陆续发生单相接地短路故障十余次，故障发生后继电保护将故障相线路切除，在重合闸之前形成了连续的非全相运行场景，时序如图 1-3 所示。电网在不对称短路故障及非全相运行期间形成的暂态过电压等问题是脱网事故规模持续扩大的重要原因。

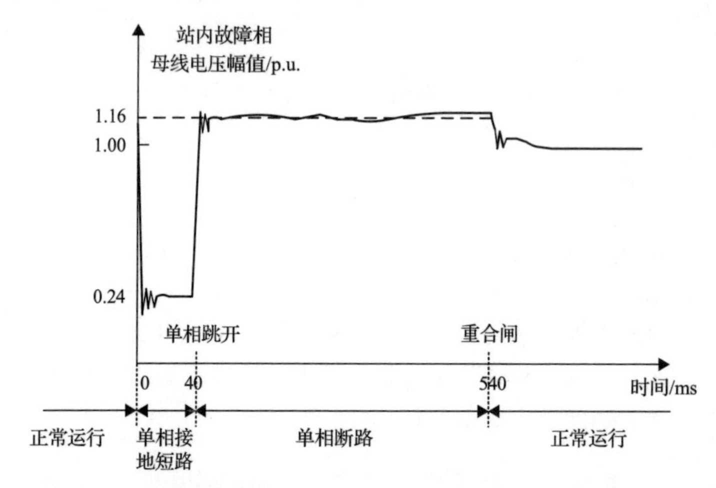

图 1-3　某次单相接地短路故障事故时序及站内故障相母线电压幅值变化情况示意图

风电机组在电网短路故障、非全相运行期间的脱网行为与风机电力电子变换器的弱过载能力密切相关。不同于同步机配备的基于晶闸管的半控直流励磁器具有较强的过载能力，现代变速恒频风机中配备的是基于绝缘栅双极型晶体管(insulated gate bipolar transistor，IGBT)的全控变换器。在电网故障暂态前后，风机装备的电力电子变换器因暂态过电流、过电压触发的保护措施是导致风机脱离电网的直接原因。

基于上述风电机组脱网事故及电力系统运行经验，许多国家、地区或电力运营企业制定了风电机组的低电压、高电压穿越要求，即要求风机在一定的电压跌落、骤升条件下具备一定时间的连续并网运行能力。

1.2.3　英国电网大停电事故

2019 年 8 月 9 日，英国小巴福燃气电站和霍恩西海上风电相继脱网，使系统陆续损失电源出力达 1630MW(占当时英国电网总发电功率的 6.43%)，系统频率下降至 48.9Hz。由于系统频率超出设定的频率波动范围，低频减载启动，造成英国大规模停电事故。当时，英国电网中风电电源占总电源出力的比例为 34.71%，霍恩西海上风电场总出力约为总电源出力的 3.55%[13]。虽然系统频率越限是导致该停电事故规模扩大的直接原因，但在后续的事故分析报告[14]中可以发现，事故的起因和发展与电网短路及风电机组、常规发电机组脱网密切相关，事故的发展时序如图 1-4 所示。

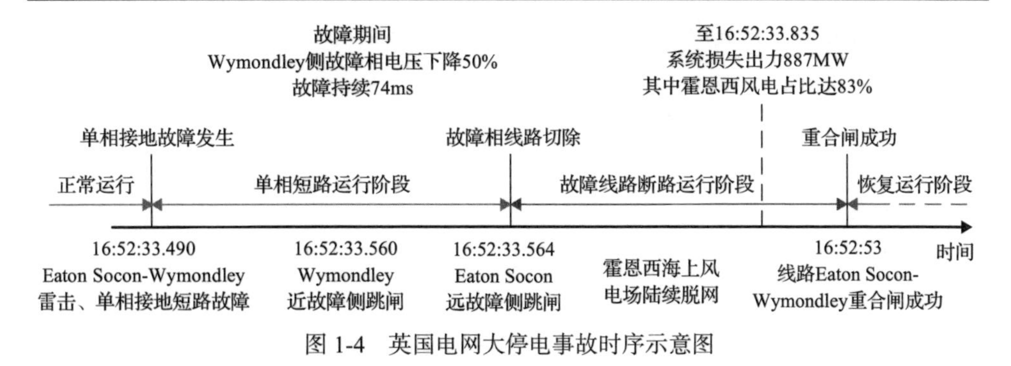

图 1-4 英国电网大停电事故时序示意图

由上述故障时序分析可见，电网短路故障切除后陆续发生的风电机组、常规发电机组脱网是引发系统发电功率缺额，进而引发电力系统频率大范围变化的重要原因。风电机组在电网短路故障切除后的脱网行为与风机电力电子变换器的同步方式和特殊的机电暂态特性密切相关。不同于同步机间由功角形成的同步方式能够在系统频率波动时自动释放转子动能减缓系统频率波动，现代变速恒频风机中普遍采用基于快速锁相同步的控制方式，当电网频率发生扰动时，锁相环能使风机快速与电网同步运行，在功率外环的控制下风电机组输出的功率不响应系统频率变化，实质上降低了系统的惯量，直接恶化了系统在暂态扰动下的频率响应行为。此外，风机内设置了包含机械转子、直流电容、交流电感等载体形式不同、容量大小不一的多种能量储存元件，在电网故障等暂态扰动的作用下，上述能量储存元件状态的失稳是引发故障切除后脱网事故的重要原因。

基于上述系统频率越限事故及电力系统运行经验，许多国家、地区或电力运营企业制定了风电机组的快速频率响应要求，即要求风机能够依据系统频率变化改变其输出的功率，为系统提供惯量、一次调频等服务。

综上所述，当前高比例并网风电场景中电力系统的运行经验已指出，由电网故障等暂态扰动引发的事故已成为危害电力系统安全稳定运行的重要因素。这些暂态事故的经验催生了风电并网标准的形成与发展。

1.3 风电并网标准及其演化

1.3.1 风电并网标准的发展趋势

随着风电并网比例的提高，风电电源对电力系统安全稳定运行的影响逐渐增大。许多国家、地区的输配电企业发布了风电并网标准，要求风电场满足一系列技术要求。尽管各并网标准的技术规范细节存在差异，但这些并网标准具有相同的目的，即要求风电场的并网行为符合既定的技术规范以保障电力系统输供电的安全可靠。

在风电发展的初始阶段，风电机组可以随时在电网扰动中以保护自身为目的从电网中切出，由于风电并网比例很低，这种脱网行为并不会对电力系统产生重要影响。随着风电并网比例的增加，德国 E.ON 公司于 2006 年发布了首个风电并网标准，明确接入 110～380kV 电网的风电场必须具备的技术性能要求[16]。2007 年，为有效整合北欧电力市场，提高供电质量与系统可靠性，北欧多个电力调度系统供应商协同制定了北欧输电网技术规范[17]，应用于挪威、瑞典、芬兰和丹麦四个国家。我国首部适用于 110(66)kV 以上电压等级的《风电场接入电力系统技术规定》(GB/T 19963—2011)于 2011 年正式发布[18]，并于 2021 年正式更新为《风电场接入电力系统技术规定 第 1 部分：陆上风电》(GB/T 19963.1—2021)(以下简称 GB/T 19963.1—2021)[19]。

随着风电并网比例的变化，电力系统安全可靠运行的实质问题也发生了改变，因此并网标准的技术细则也在不断地发展迭代。按照功能区分，现有并网标准中的技术细则主要包含静态运行范围要求、功率控制能力要求、故障穿越要求等，详见文献[20]。本节将以 GB/T 19963.1—2021 为主并结合其他主要并网标准，着重介绍与电网暂态相关的技术细则。

1.3.2 有功功率与频率控制能力

交流电力系统的运行频率取决于有功功率产生与消耗的平衡。为维持电力系统频率在可接受的工作范围，风电场应具备依据电力系统频率信息主动调节输出有功功率的能力，使其具有类似于传统发电厂的频率响应性能。按照驱动风电场有功功率调节的频率信息与响应顺序，并网标准要求的有功功率与频率控制功能包含惯量控制、一次调频控制等。

惯量控制要求风电场在一定的出力范围内依据电网频率的变化率(rate of change of frequency，ROCOF)改变其输出的有功功率。在部分风电发展较快的国家及地区，风电场的惯量响应需求已纳入并网标准。例如，2006 年加拿大魁北克电网导则中规定，装机容量超过 10MW 的风电场必须具备惯量响应功能，其响应性能应等同或超过惯性时间常数为 3.5s 的同步机组，即要求 10s 内电网频率跌落超过 0.5Hz 时风电机组必须迅速提供至少 5%的额定功率[21]。风电场的惯量响应功能也已被纳入我国的风电并网标准中，GB/T 19963.1—2021[19]中要求当系统频率变化率大于死区范围且风电场出力大于 20%额定功率时，风电场应在满足式(1-1)的条件下提供额外的有功功率 ΔP，如式(1-2)所示，该惯量响应时间应不大于 1s，允许偏差不大于 2%的额定功率。

$$\Delta f \cdot \frac{\mathrm{d}f}{\mathrm{d}t} > 0 \tag{1-1}$$

$$\Delta P \geqslant -\frac{T_{\mathrm{J}}}{f_{\mathrm{N}}} \cdot \frac{\mathrm{d}f}{\mathrm{d}t} \cdot P_{\mathrm{N}} \tag{1-2}$$

式中，f 为电网频率；f_{N} 为电网额定频率；Δf 为电网频率与额定频率的偏差量；P_{N} 为风电场的额定功率；T_{J} 为风电场惯性时间常数，一般设置为 8～12s。

式(1-1)的作用是保证惯量功能仅在系统频率偏离且正在加速偏离额定值时启动。

一次调频控制要求风电场在一定的出力范围内依据电网频率与频率额定值的偏差量改变输出的有功功率。例如，西班牙电网规定风电机组必须预留 1.5%额定容量作为有功备用容量[22]，德国电网导则中要求额定容量大于 100MW 的风电场提供一次调频控制，对于 0.2Hz 的频率偏差，风电场需在 30s 内提供至少 2%额定容量的额外有功功率，并至少可维持 15min[16]。GB/T 19963.1—2021[19]对风电场参与一次调频也做出了规定，即要求当系统频率偏差大于死区范围且风电场出力大于 20%额定功率时，风电场应具备参与一次调频的能力，有功功率变化量满足：

$$\Delta P = -K_{\mathrm{f}} \cdot \frac{\Delta f}{f_{\mathrm{N}}} \cdot P_{\mathrm{N}} \tag{1-3}$$

式中，K_{f} 为有功调频系数，其值一般设置为 10～50。风电场一次调频功能通常由图 1-5 所示的一次调频曲线确定，其中风电场在当前风速下可输出的最大有功功率限制对应为(1+0.06) P_{t}，P_{t} 为额定频率下的输出功率。

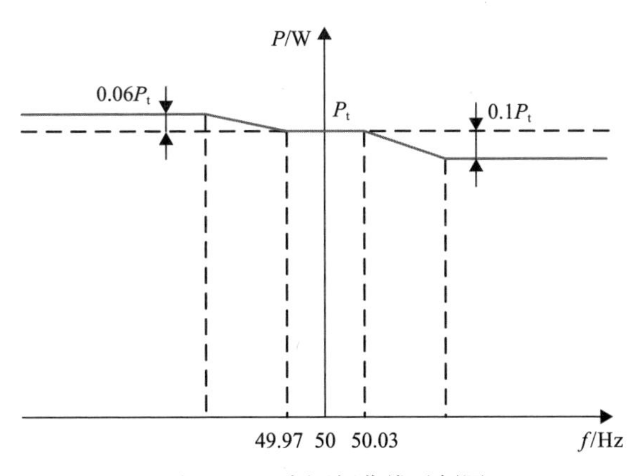

图 1-5　一次调频曲线示例图

1.3.3　故障穿越能力

故障穿越(fault ride through，FRT)能力是各国并网标准中普遍涉及的一项技术细则。在电网短路故障这一典型暂态扰动下，风电机组的脱网行为给电力系统安全可靠运行带来了许多问题，其中主要的问题包含以下两点。

(1)电网短路故障发生后，若大规模风电场迅速脱网，则电力系统电源注入的短路电流减少进而导致电力系统电压水平大幅度下降，此外，以电网电压/电流变化量为工作原理的继电保护装置将存在灵敏性降低甚至误动作的风险，这将延长电力系统非正常运行的时间并扩大故障的影响范围。

(2)由于风电场脱网后的重新并网需经历较长的调整过程，大规模风电场脱网将导致故障清除后电力系统缺失大量有功电源，引发后续的频率问题，需要更多的备用电源快速响应来弥补风电场减少的有功功率。

因此，针对上述问题，并网导则对故障穿越能力的要求主要包含以下三点。

(1)要求风电场及机组在一定严重程度的电压跌落、电压骤升下保持不脱网连续运行一定时间。以 GB/T 19963.1—2021[19]为例，当并网点电压幅值跌落至额定值的 20%时，应保持并网连续运行至少 625ms，如图 1-6 所示；当并网点电压幅值骤升至额定值的 130%时，应保持并网连续运行至少 500ms，如图 1-7 所示。除了图 1-6、图 1-7 所示的单纯电压降低、升高场景，还要求风电场在电网发生连续低电压、高电压过程中保持并网，如图 1-8 所示，其中，各阶段的时间间隔需要

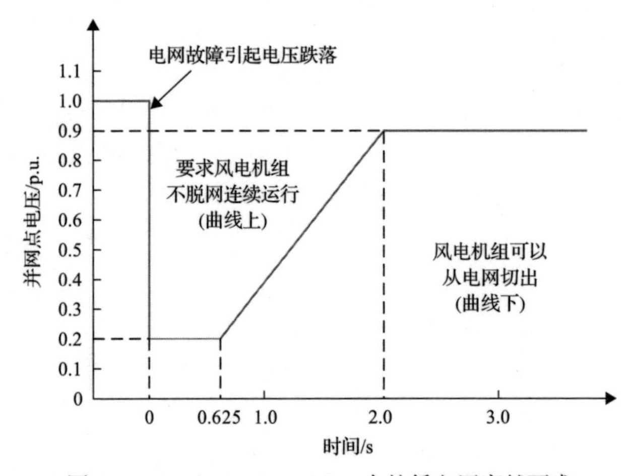

图 1-6　GB/T 19963.1—2021 中的低电压穿越要求

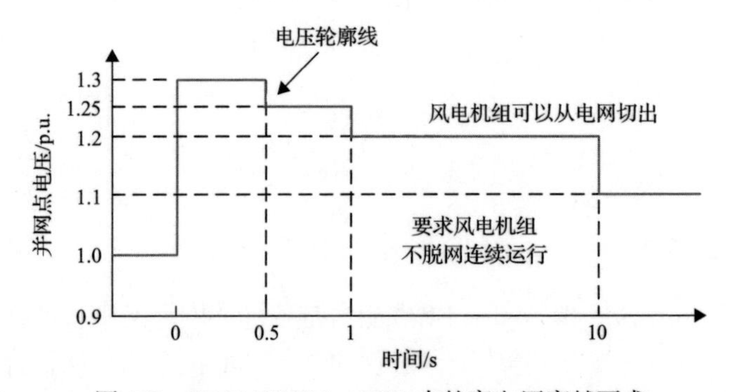

图 1-7　GB/T 19963.1—2021 中的高电压穿越要求

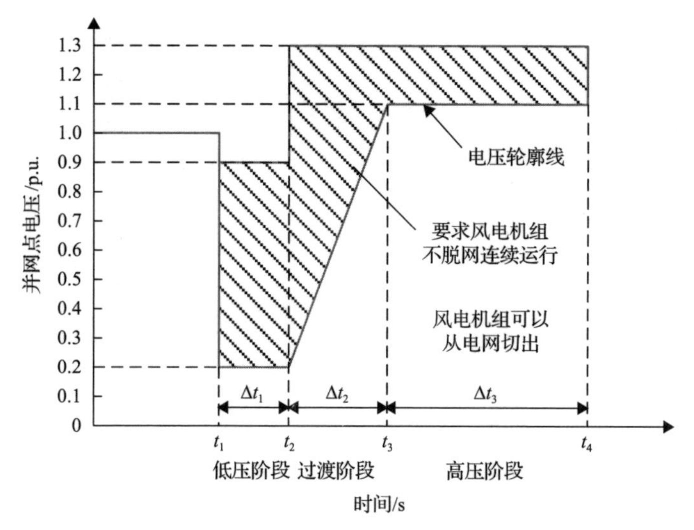

图 1-8　GB/T 19963.1—2021 中的低-高电压穿越要求

通过具体的专题研究确定。

(2)要求风电场及机组在三相对称故障发生后的规定时间内，向电网注入一定增量的正序无功电流，以支撑电网电压水平并提供一定的短路电流。以 GB/T 19963.1—2021[19]为例，在并网点电压因三相对称故障跌落后的 75ms 内，风电场需注入的无功电流幅值 ΔI_{T} 应达到式(1-4)的要求，且持续注入时间不应少于 550ms。

$$\Delta I_{\mathrm{T}} \geqslant K_1 \times (0.9 - U_{\mathrm{T}}) I_{\mathrm{N}}，\ 0.2 \leqslant U_{\mathrm{T}} \leqslant 0.9 \tag{1-4}$$

式中，ΔI_{T} 为风电场需额外注入的正序无功电流幅值；K_1 为对称无功电流注入系数，取值应大于 1.5 且小于 3；U_{T} 为风电场并网点残余正序电压幅值；I_{N} 为风电场的额定电流。

(3)要求风电场及机组在三相不对称故障发生后的规定时间内，一方面向电网注入额外的正序无功电流提升电网正序电压，另一方面需从电网吸收一定的负序无功电流以降低电网中的负序电压水平。以 GB/T 19963.1—2021[19]为例，需增加的正序、负序无功电流幅值分别如式(1-5)、式(1-6)所示：

$$\Delta I^{+} \geqslant K^{+} \times (0.9 - U^{+}) I_{\mathrm{N}}，\ 0.6 \leqslant U_{\mathrm{T}} \leqslant 0.9 \tag{1-5}$$

$$\Delta I^{-} \geqslant K^{-} \times U^{-} \times I_{\mathrm{N}} \tag{1-6}$$

式中，ΔI^{+} 和 ΔI^{-} 分别为风电场需额外注入(吸收)的正序、负序无功电流幅值；K^{+} 和 K^{-} 分别为正序、负序电流注入(吸收)系数，K^{+} 与 K^{-} 应取值一致且应不小于 1.0；U^{+} 和 U^{-} 分别为风电场并网点的正序、负序电压幅值；I_{N} 为风电场的额定电流。

除 GB/T 19963.1—2021 外，德国发布的并网导则 VDE-AR-N 4120 中也规定了关于不对称故障穿越的要求细则[23]，要求风电场能够在送出线发生两相相间短路时保持并网运行且同时提供额外的正序、负序无功电流，如图 1-9 及图 1-10 所示。

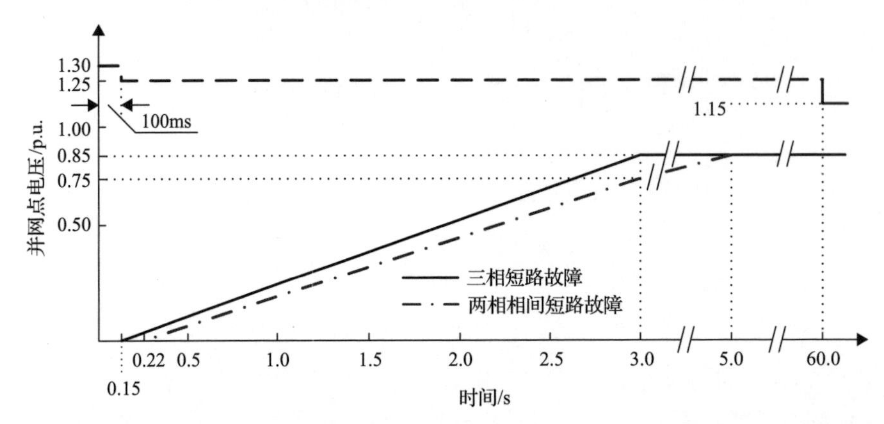

图 1-9　德国 VDE-AR-N 4120 中关于两相相间短路故障和三相短路故障的穿越要求

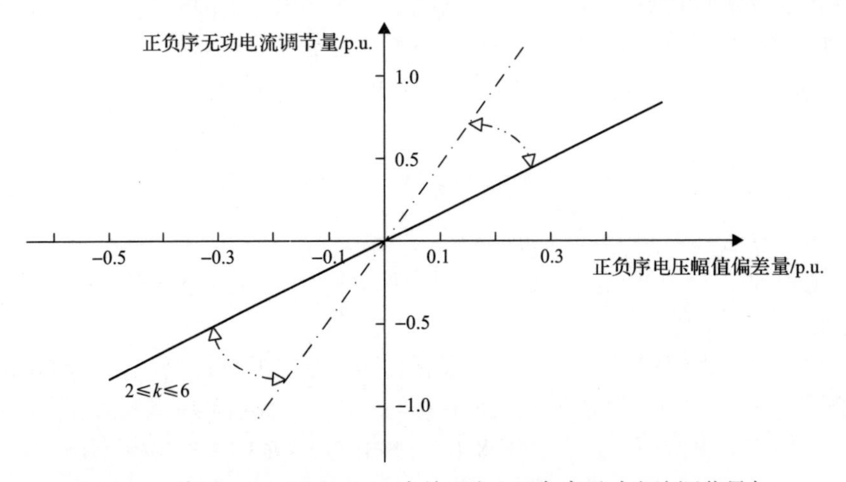

图 1-10　德国 VDE-AR-N 4120 中关于注入正负序无功电流调节量与正负序电压幅值偏差量之间的要求

k 为无功电流响应增益

1.4　本书的章节安排

本书共 9 章，分为绪论、风电并网电力系统的故障电流分析及风电并网电力系统的暂态稳定分析共三个部分，本书的章节关系如图 1-11 所示。

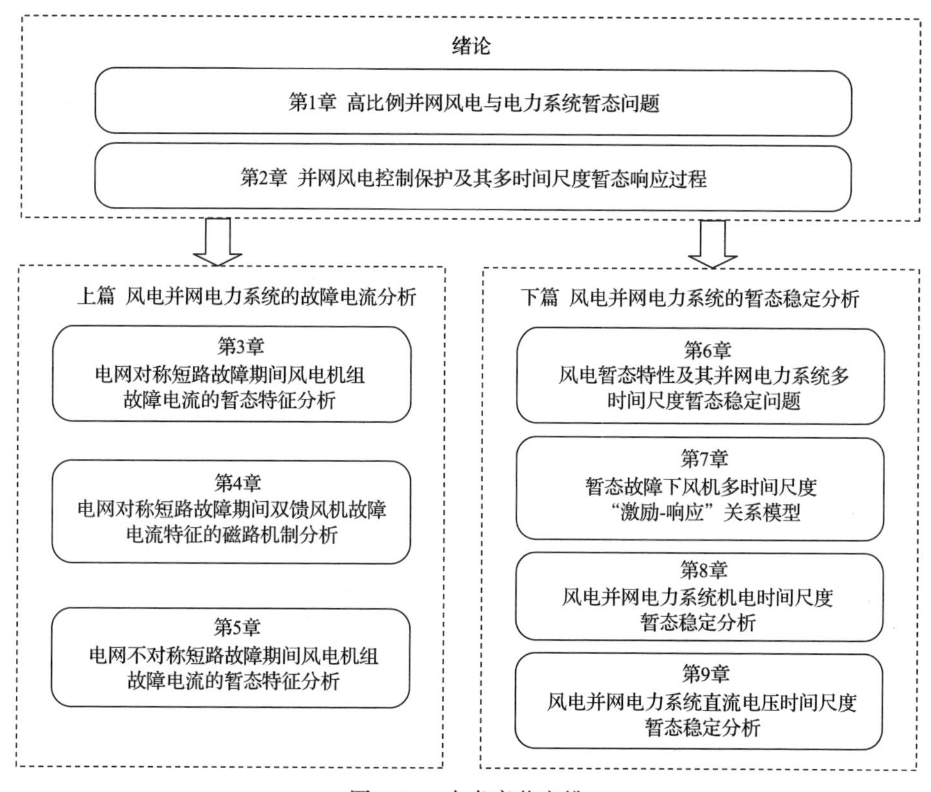

图 1-11　本书章节安排

绪论部分为第 1、2 章，第 1 章介绍了高比例风电并网电力系统的形成与发展趋势，介绍了与电网短路等暂态扰动事件相关的典型事故，并由此介绍了当前风电并网标准中与暂态相关的技术要求。第 2 章系统性地介绍风电机组为实现并网发电及并网导则要求而部署的各种控制、保护策略，并由此分析并网风电参与电力系统暂态扰动的基本特征。绪论的内容能够帮助读者建立相关研究的基础与认识，明确相关问题研究的特殊性、意义与价值。

上篇为风电并网电力系统的故障电流分析，为第 3～5 章。这一部分以分析电网短路故障期间的故障电流为目标，分别对电网对称短路、不对称短路下的故障电流暂态、稳态分量进行数学物理分析，这一内容对应于经典电力系统分析中的故障分析部分[24,25]，描述电力系统中并网风电电源的故障特征，并为风电并网电力系统的继电保护、装备选型等应用提供支撑。

下篇为风电并网电力系统的暂态稳定分析，为第 6～9 章，该部分以分析电网故障持续阶段、故障恢复阶段风电并网电力系统的行为特征与稳定性为目标，分别对机电时间尺度、直流电压时间尺度下的风机进行建模并开展稳定性分析，这一内容对应于经典电力系统分析中的暂态稳定分析部分[24,25]，描述并网电力系统中风电电源参与系统稳定的特征与行为，为风电并网电力系统的暂态稳定控制提供支撑。

参 考 文 献

[1] Global Wind Energy Council. Global wind report 2021[EB/OL].（2021-03-20）[2022-03-02]. https://gwec.net/global-wind-report-2021.

[2] 中国可再生能源学会风能专业委员会. 2020 年中国风电吊装容量统计简报[EB/OL].（2021-10-27）[2022-03-02]. http://www.eastwp.net/news/show.php?itemid=64325.

[3] 兰州晨报. “开门红”甘肃省新能源负荷占比和风电发电量均创历史新高[EB/OL].（2021-01-13）[2021-06-01]. https://baijiahao.baidu.com/s?id=1688720272098233666&wfr=spider&for=pc.

[4] 中国储能网新闻中心. 深度解析 2020 年全国六大区域风电装机布局[EB/OL].（2021-04-13）[2021-06-01]. http://www.escn.com.cn/news/show-1203105.html.

[5] 倪旻. 新能源发展是绿色发展的生动实践——访国网能源研究院有限公司董事长(院长)、党委书记 张运洲[N]. 国家电网报, 2018-12-21.

[6] Global Wind Energy Council. OREAC: 1400GW of offshore wind is possible by 2050, and will be key for green recovery [EB/OL].（2020-06-08）[2020-06-23]. https://gwec.net/oreac-1400-gw-of-offshore-wind-is-possible-by-2050-and-will-be-key-for-green-recovery.

[7] 国家能源局. 欧美日本等国家鼓励分布式发电[EB/OL].（2012-08-15）[2020-03-11]. http://www.nea.gov.cn/2012-08/15/c_131785722.htm.

[8] 中华人民共和国国家发展和改革委员会. 关于加快建立绿色生产和消费法规政策体系的意见[EB/OL].（2020-03-11）[2020-06-23]. https://www.ndrc.gov.cn/xxgk/zcfb/tz/202003/t20200317_1223470.html.

[9] 北极星风力发电网. 2019 全年风电政策汇总[EB/OL].（2020-02-17）[2020-06-23]. http://news.bjx.com.cn/html/20200217/1044202.shtml.

[10] 国家电力监督委员会. 关于近期三起风电机组大规模脱网事故的通报[EB/OL].（2011-05-06）[2022-06-23]. http://www.gov.cn/gzdt/2011-05/06/content_1859103.htm.

[11] Australian Energy Market Operator. Black system South Australia 28 September 2016: Final report[EB/OL].（2017-05-06）[2020-06-23]. https://www.aemo.com.au/-/media/Files/Electricity/NEM/Market Notices and Events/Power System Incident Reports/2017/IntegratedFinal-Report-SA-Black-System-28-September-2016.pdf.

[12] 李明节，于钊，许涛，等. 新能源并网系统引发的复杂振荡问题及其对策研究[J]. 电网技术，2017，41(4)：1035-1042.

[13] 孙华东，许涛，郭强，等. 英国“8·9”大停电事故分析及对中国电网的启示[J]. 中国电机工程学报，2019，39(21)：6183-6192.

[14] National Grid ESO. Interim report into the low frequency demand disconnection（LFDD）following generator trips and frequency excursion on 9 Aug 2019[EB/OL].（2019-08-16）[2022-03-07]. https://www.nationalgrideso.com/document/151081/download.

[15] Brisebois J, Aubut N. Wind farm inertia emulation to fulfill Hydro-Québec's specific need[C]. 2011 IEEE Power and Energy Society General Meeting, Detroit, 2011.

[16] E.ON Netz GmbH. Grid code: High and extra high voltage [S]. Bayreuth: E. ON Netz GmbH, 2006.

[17] Nordel. Nordic grid code 2007（Nordic collection of rules）[EB/OL].（2007-01-15）[2009-08-29]. http://www.entsoe.eu/_library/publications/nordic/planning/070115_entsoe_nordic_NordicGridCode.pdf.

[18] 中华人民共和国国家质量监督检验检疫总局, 中国国家标准化管理委员会. 风电场接入电力系统技术规定: GB/T 19963—2011[S]. 北京: 中国标准出版社, 2012.

[19] 国家市场监督管理总局, 国家标准化管理委员会. 风电场接入电力系统技术规定 第 1 部分: 陆上风电: GB/T 19963.1—2021[S]. 北京: 中国标准出版社, 2021.

[20] 胡家兵, 谢小荣. 高比例并网风电及系统动态分析[M]. 北京: 科学出版社, 2022.

[21] Hydro-Québec TransÉnergie. Transmission provider technical requirements for the connection of power plants to the Hydro-Québec transmission system [R]. Montreal: Hydro-Québec, 2009.

[22] Milligan M, Donohoo P, Lew D, et al. Operating reserves and wind power integration: An international comparison [C]. 9th International Workshop on LargeScale Integration of Wind Power into Power Systems as well as on Transmission Networks for Offshore Wind Power Plants, Québec, 2010.

[23] VDE. Technical requirements for the connection and operation of customer installations to the high-voltage network: VDE-AR-N 4120[S]. Offenbach: VDE Verlag, 2017.

[24] 刘万顺. 电力系统故障分析[M]. 北京: 中国水利水电出版社, 1988.

[25] 李光琦. 电力系统暂态分析[M]. 北京: 中国电力出版社, 2007.

第 2 章　并网风电控制保护及其多时间尺度暂态响应过程

2.1　引　　言

相对于以同步机为主要电源的经典电力系统，风电并网电力系统的独特性源于新增的风电机组，而风电机组参与电力系统暂态行为的特性又与其特殊的控制、保护策略密不可分。本章首先介绍风电机组的基本构成与功能，梳理电力系统暂态过程中风电机组的控制保护策略及其动作规律，并以此为基础总结风电机组作为电力系统节点装备参与电力系统暂态行为的特性。本章的梳理与认识是进行后续故障电流分析与暂态稳定分析的基础。

2.2　风电机组的基本组成与功能

风力发电是将风能转化为机械能，进而转化为符合电网特定频率/电压要求的电能的过程，风电机组是实现风力发电的基本单元。按照风力发电的功能区分，现代风电机组主要由风力机、发电机、电力电子变换器三个核心部件组成。其中，风力机的功能是将风能转换为机械能，风力机的控制系统能够调控捕获的风能进而调节输入发电机的机械功率。发电机的功能是将传动链中的机械能变换为电能。由于风力机捕获的机械功率随风速风向等条件时刻变化，风电机组还必须使用电力电子变换器将变速的机械能变换为电网所需特定电压幅值、频率要求的电能(即变速恒频发电功能[1,2])。其中，靠近发电机侧的电力电子变换器称为机侧变换器(machine side converter，MSC)，靠近电网侧的电力电子变换器称为网侧变换器(grid side converter，GSC)。电力电子变换器的控制系统除了能够对发电机输出的电磁功率进行有效控制，还负责执行并网标准中的各项技术要求，决定着整个发电系统的涉网行为、发电效率和输出电能质量。

按照以上核心部件在风电机组中的部署关系，现代变速恒频风电机组主要分为双馈风电机组(以下简称双馈风机)和全功率风电机组(以下简称全功率风机)两类。其中，全功率风机所采用的发电机又可分为鼠笼式异步电机(squirrel-cage induction generator, SCIG)和永磁式同步电机(permanent magnet synchronous generator, PMSG)两种。以上三种风电机组的基本拓扑结构如图 2-1 所示。

图 2-1(a)为目前广泛使用的双馈风机。该类型风电机组采用双馈发电机

(doubly fed induction generator，DFIG) 且其定子绕组直接与电网相连，双馈风机使用变速齿轮箱将发电机转子转速调整至同步速上下 30%的范围内，再通过电力电子变换器对双馈发电机转子三相绕组实施交流励磁以实现变速恒频发电。依据异步电机运行理论，在该正常运行工况下，电力电子变换器仅需处理滑差有功功率，因此该类型风电机组采用的电力电子变换器容量一般仅为发电机额定功率的 30%左右，具有一定的成本优势。然而正是由于其配备的电力电子变换器的控制能力有限，该类型风机对电网故障等暂态扰动较为敏感。为满足现代并网标准的故障穿越要求，除常规控制策略外还需要配置附加的软件控制策略与硬件保护电路。

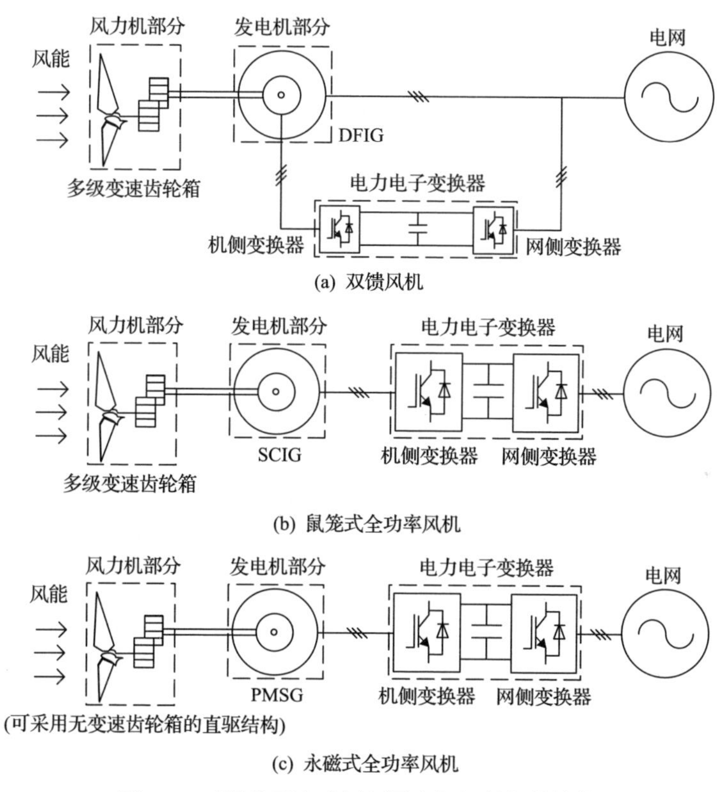

图 2-1　三种典型变速恒频风电机组的拓扑结构

全功率风机即为图 2-1(b) 及图 2-1(c) 所示风机种类的总称[3,4]。该类风电机组的发电机定子通过功率容量和风机额定功率相当的电力电子变换器与电网相连，理论上可以实现全转速范围内的发电运行。其中，鼠笼式全功率风机采用多级变速齿轮箱结构；永磁式全功率风机可采用无变速齿轮箱的直驱结构，但由于发电机转子工作于低转速(一般仅为 10～25r/min)，所需电机极对数很多，产生相同功率容量所需的电磁转矩大，发电机体积庞大，提高了发电机的制造成本与难度。全功率风机均通过电力电子变换器并网，风力机、发电机的运行特性与涉网行为相对解耦。

2.3　电网对称条件下风机的控制保护策略

基于 2.2 节对风电机组关键组成部分功能的认识，本节将继续介绍风电机组在正常运行及电网对称短路工况下的控制保护策略。

2.3.1　并网风机的常规控制

1. 风力机控制

风力机是捕获风能并将其转化为机械能的装置。某典型风力机及机舱的结构示意图如图 2-2 所示[5]。风力机主要由桨叶、轮毂与变桨系统、转轴、变速齿轮箱等部件构成。在风力的驱动下，风力机的桨叶带动风轮(桨叶及轮毂)旋转产生机械能，风轮通过转轴和变速齿轮箱(部分全功率风机采用无变速齿轮箱结构)带动发电机转子旋转。

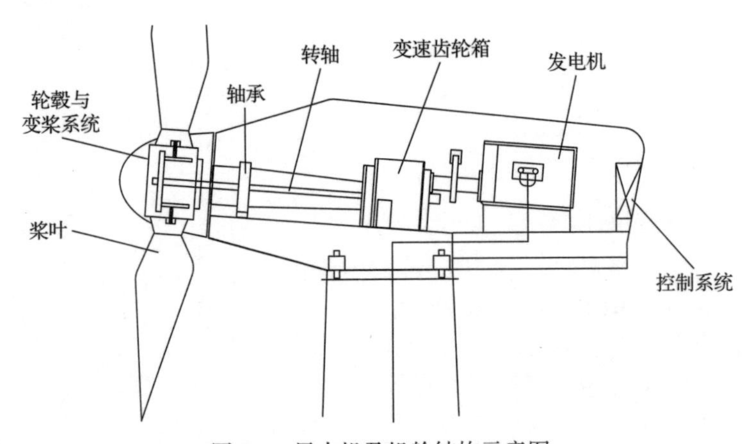

图 2-2　风力机及机舱结构示意图

风力机从空气中捕获的风能由风轮的空气动力学特性决定，捕获功率与桨叶形状、转速等多个因素相关。现代大型风力机中的桨叶由变桨机构驱动，通过调节桨距角可以调节风力机捕获的机械功率。

在正常运行工况下，风力机控制的主要目标是在其他部件(电力电子变换器、传动链)的应力承载范围内尽可能多地捕获风能。依据风力机的空气动力学特性，这一控制目标由转速控制与桨距角控制实现。一方面，通过转速控制可使风力机工作在捕获最多风能的最优转速；另一方面，在高风速运行时可以通过桨距角控制对捕获的功率做进一步调整。此外，风力机控制还有若干附加控制目标，如为了抑制传动链振荡加入的阻尼控制、为实现并网标准中惯性响应与一次调频特性而附加的控制。风力机的控制结构如图 2-3 所示。

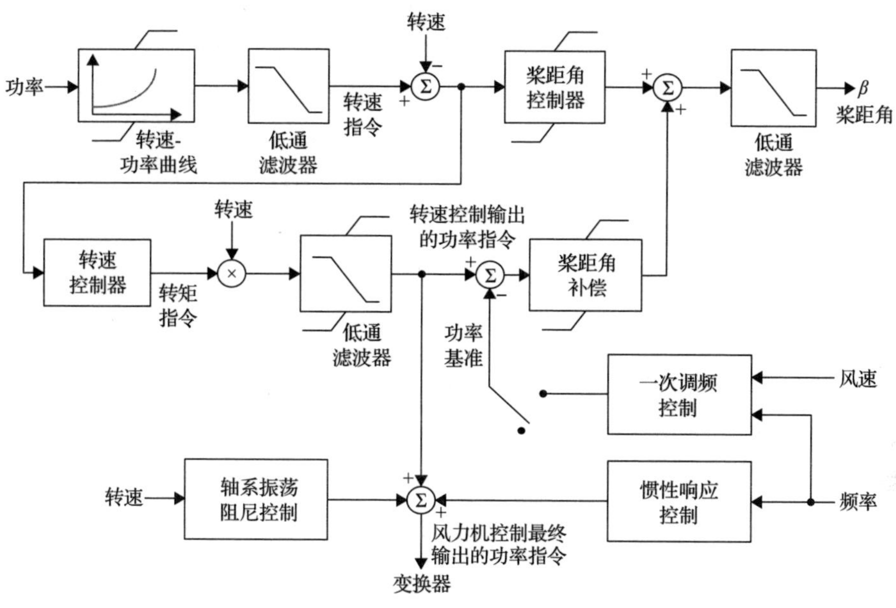

图 2-3　风力机控制结构示意图

2. 电力电子变换器控制

在风电机组中，机侧变换器常规控制的主要目标是调节发电机的电磁转矩(或功率)，网侧变换器常规控制的主要目标是维持变换器直流母线的电压。此外，依据风电机组采用的拓扑结构，双馈风机、全功率风机中的机侧、网侧变换器还承担其他次要控制任务。以下将按照风电机组的类型分别阐述。

双馈风机中的电力电子变换器如图 2-4 所示。机侧、网侧变换器常采用背靠背(back-to-back)形式的三相两电平电压源型变换器结构。

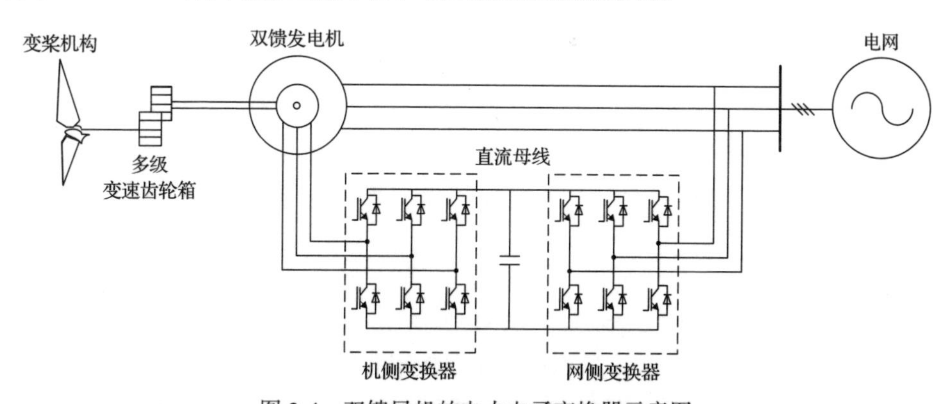

图 2-4　双馈风机的电力电子变换器示意图

双馈风机中的变换器常规控制普遍采用内外环级联的基本结构，如图 2-5 中虚线框所示。首先，锁相环(phase-lock loop，PLL)参照定子电压相位信息建立一个二维控制参考坐标系(即锁相坐标系)。在锁相完成后，锁相坐标系的 d 轴将与电网电压矢量重合(即电网电压定向)，由视在功率的表达式可知，定转子电流在锁相坐标系中的 d 轴分量、q 轴分量分别对应于有功、无功电流分量。以此为基础，双馈风机分别在机侧、网侧变换器 d 轴、q 轴上设置了外环、内环级联的控制器。

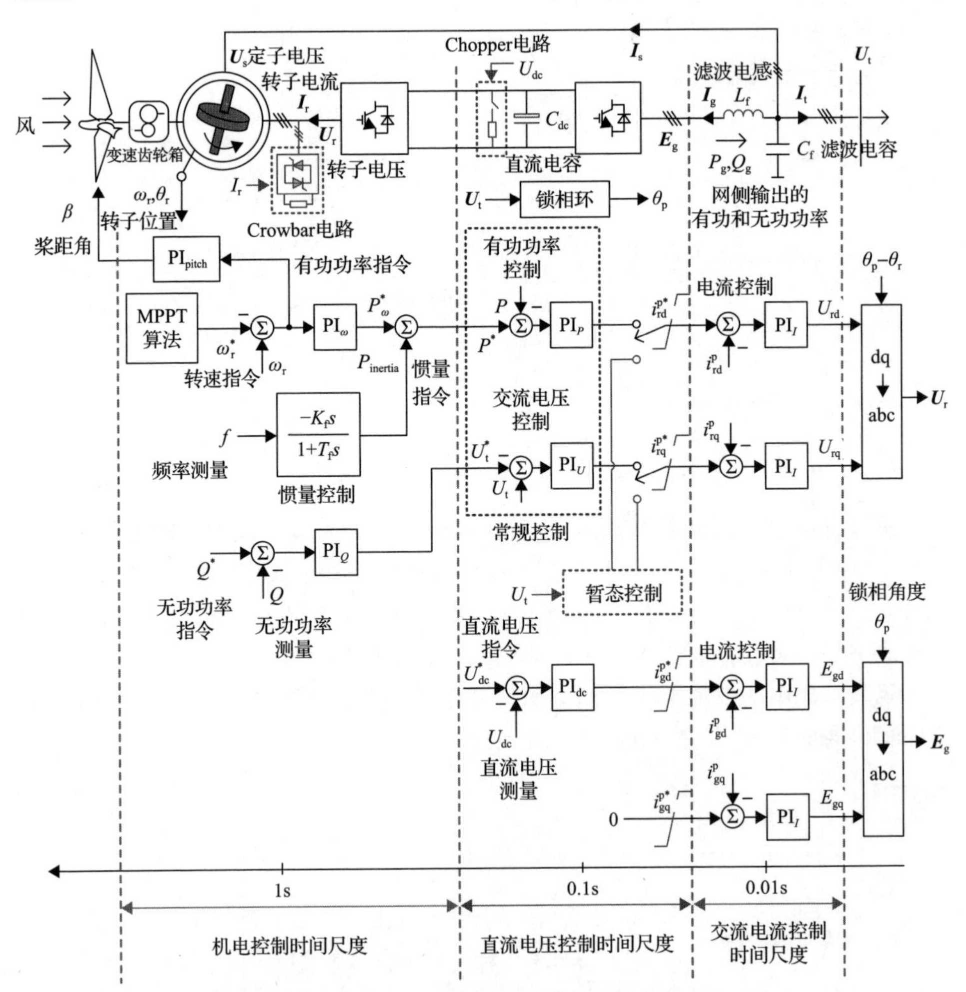

图 2-5　双馈风机变换器的典型控制系统示意图

网侧变换器主要用于直流电压控制，主要由直流电压外环与电流内环级联构成。在有功分量(d 轴)方面，直流电压控制器依据直流电压测量值 U_{dc} 与指令值 U_{dc}^{*} 的偏差调控网侧变换器的有功电流指令 i_{gd}^{p*}(上标 p 表示锁相坐标系)；在无功分量

(q 轴)方面，由于网侧变换器的容量有限且一般不参与无功功率调节，网侧无功电流的指令值 i_{gq}^{p*} 一般设置为 0。依据网侧变换器的电流容量，常规控制按照有功(d 轴)分量优先的原则对网侧变换器有功、无功电流分量进行限幅，之后由电流控制器依据网侧电流测量值(i_{gd}^{p} 与 i_{gq}^{p})与指令值(i_{gd}^{p*} 与 i_{gq}^{p*})的偏差分别调控网侧变换器输出的调制电压(E_{gd} 与 E_{gq})，并合成输出电压矢量 $\boldsymbol{E}_{g}$。

机侧变换器主要用于控制双馈发电机输出的有功功率(或电磁转矩)，并利用剩余容量进行无功功率调节。在有功分量(d 轴)方面，机侧变换器从风力机控制处获得需执行的有功功率指令 P^*，有功功率控制器依据有功功率测量值 P 与指令值 P^* 的偏差调控机侧变换器的有功电流指令 i_{rd}^{p*}；在无功分量(q 轴)方面，风电场控制从电网调度中心获取需执行的无功功率指令 Q^*，一般位于风电场控制的无功功率控制器依据无功功率测量值 Q 与指令值 Q^* 的偏差形成双馈风机的交流电压控制指令 U_t^*，风机的交流电压控制器依据机端交流电压测量值 U_t 与指令值 U_t^* 的偏差形成机侧变换器的无功电流指令 i_{rq}^{p*}；依据机侧变换器的电流容量，常规控制按照有功分量(d 轴)优先的原则对机侧变换器有功、无功电流分量进行限幅，之后由电流控制器依据机侧电流测量值(i_{rd}^{p} 与 i_{rq}^{p})与指令值(i_{rd}^{p*} 与 i_{rq}^{p*})的偏差分别调控机侧变换器输出的调制电压(U_{rd} 与 U_{rq})，并合成输出电压矢量 $\boldsymbol{U}_{r}$。

以上双馈风机变换器的常规控制策略既是基于电网电压定向的矢量控制，也是商用兆瓦级风机最为常见的控制结构[2,5-7]。除此之外，双馈风机的变换器还可采用基于磁链定向的矢量控制[8-11]、直接转矩控制(DTC)[12-14]、直接功率控制(DPC)[15]等方案。

全功率风机中发电机及变换器的拓扑结构如图 2-6 所示。机侧、网侧变换器仍然多采用背靠背形式的三相两电平(或多电平)电压源型变换器结构。其中，低功率机型中的机侧变换器也有的采用二极管不控整流级联直流变换器结构。

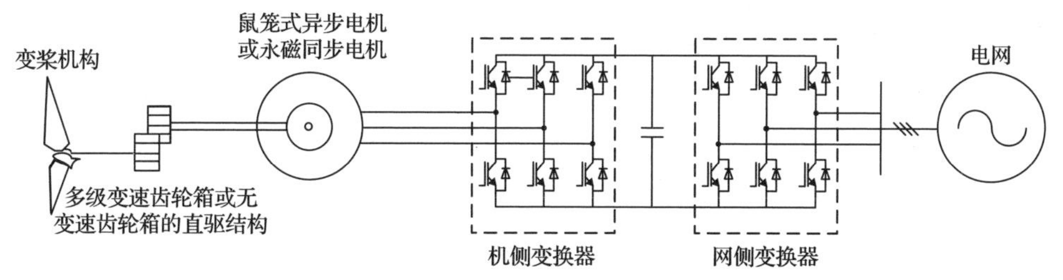

图 2-6　全功率风机中发电机及变换器的拓扑结构示意图

与双馈风机中电力电子变换器的功能类似，全功率风机中变换器的常规控制也普遍采用内外环级联的基本结构，如图 2-7 所示。其中，发电机与电网经变换器隔离，机侧变换器的控制建立在以电机磁链矢量为基准的控制坐标系中，而网侧变换器仍建立在电网电压定向的锁相坐标系中。

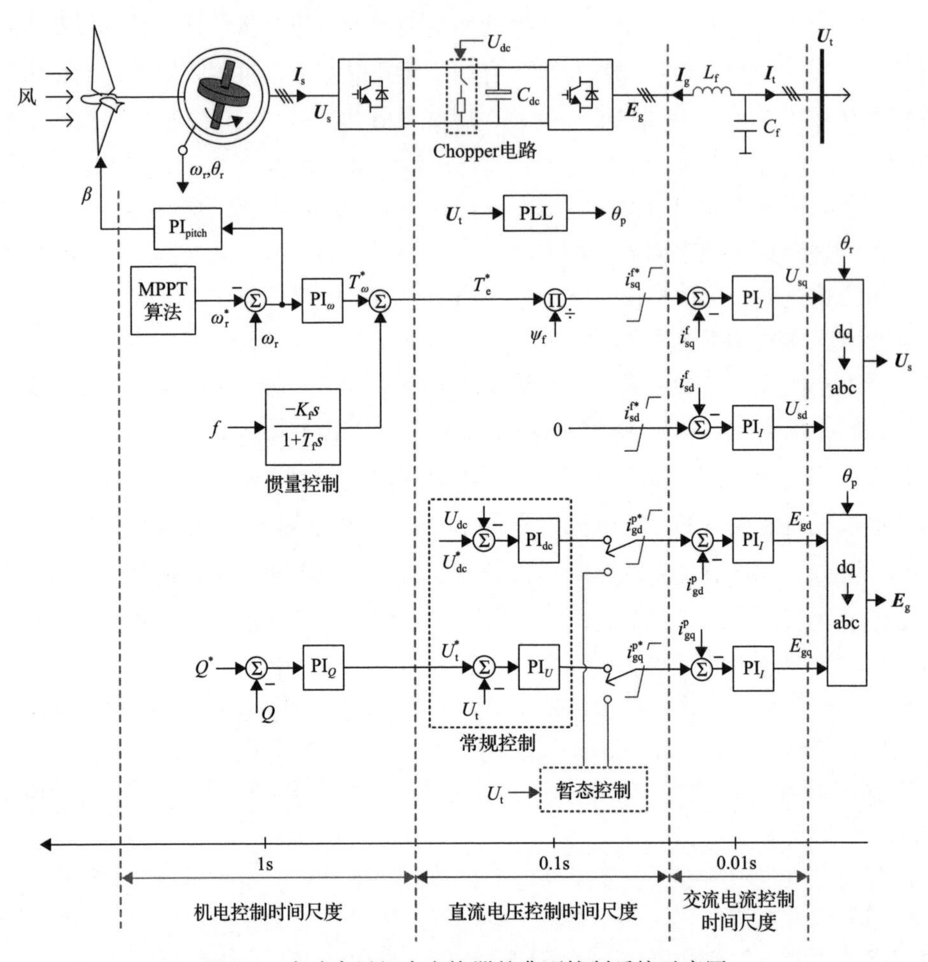

图 2-7 全功率风机中变换器的典型控制系统示意图

全功率风机中，网侧变换器的常规控制除了主要负责调节直流电压外还利用剩余容量进行无功功率调节。在有功分量(d 轴)方面，直流电压控制器依据直流电压测量值 U_{dc} 与指令值U_{dc}^*的偏差调控网侧变换器的有功电流指令 i_{gd}^{p*}；在无功分量(q 轴)方面，风电场控制从电网调度中心获取需执行的无功功率指令 Q^*，无功功率控制器依据无功功率测量值 Q 与指令值 Q^*的偏差形成全功率风机的交流电压指令U_t^*，交流电压控制器依据机端交流电压测量值 U_t与指令值U_t^*的偏差形成机侧变换器的无功电流指令 i_{gq}^{p*}。依据网侧变换器的电流容量，常规控制按照有功分量优先的原则对网侧变换器有功、无功电流分量进行限幅，之后由电流控制器依据网侧电流测量值(i_{gd}^{p} 与 i_{gq}^{p})与指令值(i_{gd}^{p*} 与 i_{gq}^{p*})的偏差分别调控网侧变换器输出的调制电压(E_{gd}与E_{gq})，并合成输出电压矢量$\boldsymbol{E}_g$。

全功率风机中，机侧变换器的常规控制主要负责调节发电机的有功功率或电磁转矩。在电机磁链定向的控制坐标系中(以上标 f 表示)，q 轴分量表征有功电流，而 d 轴分量表征无功电流。为此，在有功分量(q 轴)方面，机侧变换器从风力机控制处获取需执行的转矩指令T_{ω}^{*}，与惯量控制形成的指令加和，形成电磁转矩指令T_e^*电磁转矩控制器依据电磁转矩指令T_e^*与电机磁链ψ_f直接生成机侧变换器的有功电流指令i_{sq}^{f*}；在无功分量(d 轴)方面，对于永磁同步电机，无须通过调节无功功率维持磁链水平，故机侧无功电流的指令值i_{sd}^{f*}一般设置为 0；对于采用鼠笼式异步电机的全功率风机，还需在 d 轴上附加辅助的励磁控制维持电机的磁链水平。依据机侧变换器的电流容量，常规控制按照有功分量优先的原则对机侧变换器有功、无功电流分量进行限幅，之后由电流控制器依据机侧电流测量值(i_{sd}^{f}与i_{sq}^{f})与指令值(i_{sd}^{f*}与i_{sq}^{f*})的偏差分别调控机侧变换器输出的调制电压(U_{sd}与U_{sq})，并合成输出电压矢量$\boldsymbol{U}_s$。

2.3.2　并网风机快速频率响应控制

按照时间尺度划分，以同步机为主的常规电力系统频率响应过程可分为惯性响应、一次调频、二次调频和三次调频。其中，惯性响应和一次调频是同步机在系统发生频率事件后的自发行为，响应较快(秒级)；二次调频涉及区域间的联络线传输功率，用以消除系统频率与基准值之间的偏差，响应时间为 30s～10min；三次调频则是日前计划，是由调度部门对网络功率做出的提前规划，用以实现经济运行。风电机组主要参与的频率响应阶段为惯性响应和一次调频阶段，统称为快速频率响应控制。在系统频率发生变化后，惯量控制迅速改变风电机组的有功出力来减小频率的变化率，而一次调频则根据系统频率的偏差量来调节风电机组的有功出力以减小系统的功率缺额。由于上述快速频率响应控制涉及风力机转速和机械功率的调节，风电机组的惯性响应及一次调频控制分别在变换器和风力机控制系统中实现。

1. 风电机组的惯量控制

风电机组与同步机一样具有旋转的转子，传统火力发电机组和水电机组的惯性时间常数分别在 2～9s 和 2～4s[16]，计及风力机、传动链及发电机转子的转动惯量，兆瓦级风电机组中的转子惯性时间常数为 2～6s[17]。可见，正常运行时，相同容量的风电机组、传统同步机组存储的动能是相当的，风电机组具备为电网提供惯性响应的能力。在常规控制中，风电机组一般工作于最大功率点跟踪(MPPT)模式，其输出功率和电网频率解耦，转子中蕴藏的动能被有功功率控制器“隐藏”起来，无法在电网频率波动时自然地释放到电网中。

虽然风电机组制造商开发的惯量控制策略各不相同，但均基于在 2.3.1 节中的常规控制中附加辅助控制器实现[18-24]，如图 2-3 所示。这些惯量控制策略识别电网频率的变化率，通过变换器控制快速释放部分机械旋转动能或吸收部分电网电能以暂时缓解电网频率的变化速率。

这里以 GE 公司的 WindInertia™ 惯量控制方案为例，其基本控制框图如图 2-8 所示[25]。首先计算电网频率 f 与给定频率参考 f^* 的偏移量，在偏移量超过死区的阈值后，再经过低通滤波器、惯性增益与高通滤波器，产生附加有功功率指令并叠加在转速控制输出的常规有功功率指令上。图中 DB_{wi} 表示频率死区大小，T_{lpwi} 表示低通滤波器的滤波时间常数，T_{wowi} 表示高通滤波器的滤波时间常数，K_{wi} 为惯性增益的增益系数。

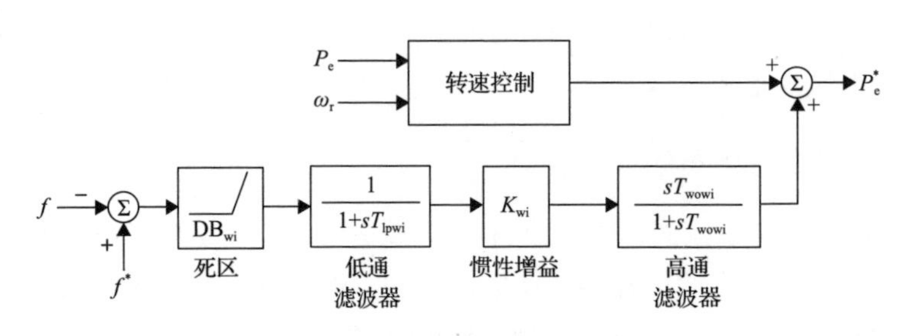

图 2-8　GE WindInertia™ 惯量控制方案

s 为拉普拉斯算子

2. 风电机组的一次调频控制

不同于惯量控制仅需在短时内快速改变风电机组输出的有功功率，一次调频要求风电机组能够依据频率的偏差长期地改变其输出的有功功率，因此风电机组提供一次调频服务的前提是风力机工作于当前风速的非最佳运行点，即留有功率备用。当检测到的电网频率低于设定阈值后，一次调频控制随即使风力机的工作点向最佳运行点方向过渡，以此增大风电机组输出的有功功率；当检测到的电网频率高于设定阈值后，一次调频控制随即使风力机的工作点进一步偏离最佳运行点，以此减小风电机组输出的有功功率。依据风力机的空气动力学特性，一次调频可以通过桨距角调节和转速控制实现。由于通过转速控制实现减载运行的方式可能引发风力机失速[5]，典型的一次调频控制策略是由附加于常规桨距角控制的桨距角补偿支路实现的，其工作原理类似于常规同步机组调节汽门开度实现一次调频响应的过程，如图 2-9 所示，A_{opt} 为风电机组最佳运行点，P_{opt} 为当前风速下最大可获取功率，A_{del} 为执行一次调频控制策略后的实际运行点。

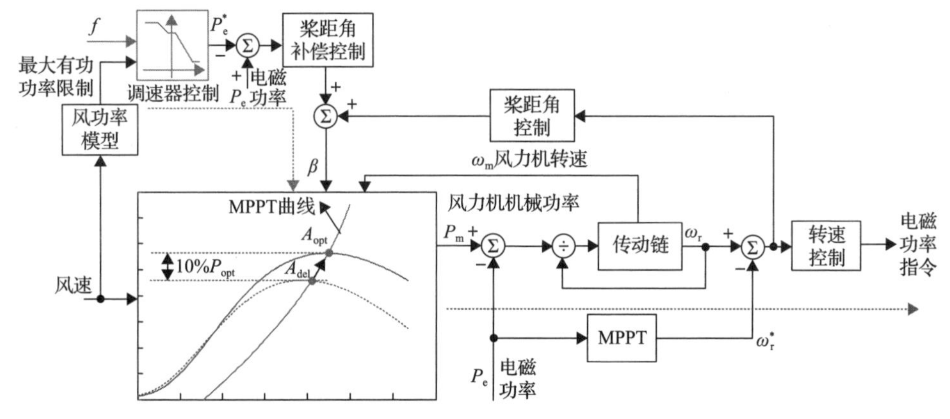

图 2-9　风电机组典型一次调频控制策略

一次调频控制首先计算电网频率f并依据电网导则给定的一次调频曲线(即调速器控制)获得需执行的电磁功率指令 P_e^*，依据风电机组实际输出的电磁功率 P_e 与电磁功率指令 P_e^* 之间的偏差，桨距角补偿控制支路将计算出一个桨距角偏移量。由于常规桨距角控制以实现最大功率点跟踪为目标，由桨距角补偿控制生成的偏移量将使风力机工作在偏离最大功率点的减载模式。当电网频率低于一次调频曲线设置的死区阈值时，风电机组给定的电磁功率将增加，桨距角补偿控制将减小偏移量，风力机的运行工作点将向最优工作点移动；当电网频率高于一次调频曲线设置的死区阈值时，风电机组给定的电磁功率将减小，桨距角补偿控制将增加偏移量，风力机的运行工作点将进一步远离最优工作点，从而减小输出的电磁功率。

2.3.3　并网风机故障穿越策略

除 2.3.1 节及 2.3.2 节所涉及的常规控制及快速频率响应控制外，当电网发生短路故障后，风电机组并网点电压骤降，若仍沿用上述控制策略，风电机组将面临一系列严重的暂态应力过载风险并最终导致风电机组的保护脱网。为应对这一严重暂态扰动事件，风电机组必须紧急启动一系列软件控制算法与硬件保护策略，一方面避免风电机组内的各种能量储存元件应力过载，另一方面也需要按照并网导则的故障穿越要求执行既定的电网服务。

由于全功率风机实现故障穿越的策略与双馈风机具有相似性，本节将以双馈风机为主介绍故障穿越策略，其间对全功率风机进行必要补充。

1. 电网电压对称跌落下双馈发电机的转子感应电动势

在电动机惯例规定的电流正方向下，双馈发电机的动态数学模型可参考文献[1]、[2]及文献[26]。在同步速旋转坐标系中(以下标 dq 表示)，转子侧的电压磁链

动态方程为

$$\boldsymbol{U}_{\mathrm{rdq}} = R_{\mathrm{r}}\boldsymbol{I}_{\mathrm{rdq}} + \mathrm{j}\omega_{\mathrm{slip}}\sigma L_{\mathrm{r}}\boldsymbol{I}_{\mathrm{rdq}} + \boldsymbol{E}_{\mathrm{rdq}} + \sigma L_{\mathrm{r}}\frac{\mathrm{d}\boldsymbol{I}_{\mathrm{rdq}}}{\mathrm{d}t} \tag{2-1}$$

式中，$\boldsymbol{U}_{\mathrm{rdq}}$为转子电压矢量；$\boldsymbol{E}_{\mathrm{rdq}}$为转子感应电动势矢量，如式(2-2)所示；$R_{\mathrm{r}}$为转子电阻；$\sigma$为漏磁系数，如式(2-3)所示；$L_{\mathrm{r}}$为转子电感；$\boldsymbol{I}_{\mathrm{rdq}}$为转子电流矢量；$\omega_{\mathrm{slip}}$为滑差角速度。

$$\boldsymbol{E}_{\mathrm{rdq}} = \frac{L_{\mathrm{m}}}{L_{\mathrm{s}}}\left(\frac{\mathrm{d}\boldsymbol{\psi}_{\mathrm{sdq}}}{\mathrm{d}t} + \mathrm{j}\omega_{\mathrm{slip}}\boldsymbol{\psi}_{\mathrm{sdq}}\right) \tag{2-2}$$

$$\sigma = 1 - \frac{L_{\mathrm{m}}^2}{L_{\mathrm{s}}L_{\mathrm{r}}} \tag{2-3}$$

式中，L_{m}为励磁电感；L_{s}为定子电感；$\boldsymbol{\psi}_{\mathrm{sdq}}$为定子磁链。

在正常运行工况下，$\mathrm{d}\boldsymbol{\psi}_{\mathrm{sdq}} / \mathrm{d}t$为零且有定子电压矢量$\boldsymbol{U}_{\mathrm{sdq}} \approx \mathrm{j}\omega_1\boldsymbol{\psi}_{\mathrm{sdq}}$，则转子感应电动势进一步简化为

$$\boldsymbol{E}_{\mathrm{rdq}} = \mathrm{j}\omega_{\mathrm{slip}}\frac{L_{\mathrm{m}}}{L_{\mathrm{s}}}\boldsymbol{\psi}_{\mathrm{sdq}} \approx \frac{\omega_{\mathrm{slip}}}{\omega_1}\frac{L_{\mathrm{m}}}{L_{\mathrm{s}}}\boldsymbol{U}_{\mathrm{sdq}} = s\frac{L_{\mathrm{m}}}{L_{\mathrm{s}}}\boldsymbol{U}_{\mathrm{sdq}} \tag{2-4}$$

式中，ω_1为电网角速度；滑差$s = \omega_{\mathrm{slip}} / \omega_1 = (\omega_1 - \omega_{\mathrm{r}}) / \omega_1$，$\omega_{\mathrm{r}}$为转子转速。

由于$L_{\mathrm{m}} / L_{\mathrm{s}} \approx 1$，由式(2-4)可知，在正常运行工况下，双馈发电机转子感应电动势的幅值约为定子电压幅值乘以滑差。由于双馈发电机的滑差一般不超过25%，该感应电动势幅值相对较低。需要注意，上述转子感应电动势的值是折算至定子侧的标幺值，转子感应电动势的实际幅值还应在标幺值的基础上乘以转子与定子的匝数比。

以一台定子、转子额定电压分别为 690V、1975V 的双馈发电机为例，其$L_{\mathrm{m}} / L_{\mathrm{s}}$=0.954，当转子转速为 1.2p.u.(滑差为–0.2)时，转子绕组中的感应电动势实际幅值为

$$\left|\boldsymbol{E}_{\mathrm{r}}\right| = \left|-0.2 \times 0.954 \times 690 \times \sqrt{\frac{2}{3}} \times \frac{1975}{690}\right| = 307.68\mathrm{V} \tag{2-5}$$

当双馈发电机定子电压因电网故障而对称跌落时，由于磁链守恒，定子磁链由稳态分量与暂态分量构成：

$$\boldsymbol{\psi}_{\mathrm{sdq}}(t) = \boldsymbol{\psi}_{\mathrm{sdq}\infty}(t) + \boldsymbol{\psi}'_{\mathrm{sdq}}(t),\ \ \boldsymbol{\psi}_{\mathrm{sdq}\infty}(t) = \frac{\boldsymbol{U}_{\mathrm{sdq.post}}}{\mathrm{j}\omega_1},\ \ \boldsymbol{\psi}'_{\mathrm{sdq}}(t) = \frac{\boldsymbol{U}_{\mathrm{sdq.pre}} - \boldsymbol{U}_{\mathrm{sdq.post}}}{\mathrm{j}\omega_1}\mathrm{e}^{-\frac{t}{\tau} - \mathrm{j}\omega_1 t} \tag{2-6}$$

式中，$\boldsymbol{\psi}_{\text{sdq}\infty}$ 为定子磁链的稳态分量；$\boldsymbol{\psi}'_{\text{sdq}}$ 为定子磁链的暂态分量；τ 为定子暂态分量的衰减时间常数；$\boldsymbol{U}_{\text{sdq.post}}$ 为故障后的定子电压；$\boldsymbol{U}_{\text{sdq.pre}}$ 为故障前的定子电压。

将式(2-6)代入式(2-2)，可得此时的转子感应电动势为

$$\boldsymbol{E}_{\text{rdq}}(t)=\frac{\omega_{\text{slip}}}{\omega_1}\frac{L_{\text{m}}}{L_{\text{s}}}\boldsymbol{U}_{\text{sdq.post}}+\frac{L_{\text{m}}}{L_{\text{s}}}\frac{\text{d}\boldsymbol{\psi}'_{\text{sdq}}}{\text{d}t}\text{e}^{-\text{j}\omega_1 t}-\frac{\omega_{\text{r}}}{\omega_1}\frac{L_{\text{m}}}{L_{\text{s}}}(\boldsymbol{U}_{\text{sdq.pre}}-\boldsymbol{U}_{\text{sdq.post}})\text{e}^{-\frac{t}{\tau}-\text{j}\omega_1 t} \tag{2-7}$$

式(2-7)中的第二项为暂态定子磁链产生的变压器电动势，第三项为旋转电动势。由于定子暂态磁链相对转子绕组以转速频率旋转，且其幅值以指数衰减，其产生的变压器电动势幅值远小于旋转电动势，可忽略转子感应电动势中的变压器电动势[15]，可得

$$\boldsymbol{E}_{\text{rdq}}(t)=\frac{\omega_{\text{slip}}}{\omega_1}\frac{L_{\text{m}}}{L_{\text{s}}}\boldsymbol{U}_{\text{sdq.post}}-\frac{\omega_{\text{r}}}{\omega_1}\frac{L_{\text{m}}}{L_{\text{s}}}(\boldsymbol{U}_{\text{sdq.pre}}-\boldsymbol{U}_{\text{sdq.post}})\text{e}^{-\frac{t}{\tau}-\text{j}\omega_1 t} \tag{2-8}$$

转子感应电动势的最大值约为

$$\left|\boldsymbol{E}_{\text{r}}(t)\right|_{\max}=\frac{L_{\text{m}}}{L_{\text{s}}}[|s\boldsymbol{U}_{\text{sdq.post}}|+|(1-s)(\boldsymbol{U}_{\text{sdq.pre}}-\boldsymbol{U}_{\text{sdq.post}})|] \tag{2-9}$$

仍以式(2-5)中的双馈发电机为例，在其定子电压对称跌落至额定值的 50%后，转子感应电动势的初始幅值为

$$\left|\boldsymbol{E}_{\text{r}}(t)\right|_{\max}=0.954\times\left(0.2\times0.5\times690\times\sqrt{\frac{2}{3}}+1.2\times0.5\times690\times\sqrt{\frac{2}{3}}\right)\times\frac{1975}{690}=1076.88\,\text{V} \tag{2-10}$$

对比式(2-4)与式(2-9)、式(2-5)与式(2-10)可见，由于双馈发电机的滑差在–0.3～0.3，电压跌落后，暂态定子磁链产生的转子感应电动势幅值非常大，甚至超过定子额定电压。图 2-10 为某双馈发电机定子电压跌落至零时转子的三相感应电动势。

2. 动态全前馈控制策略

由 2.3.1 节可知，双馈风机、全功率风机变换器的内环控制器通过改变其调制的电压来实现对电流的调节。以双馈风机的机侧变换器为例，由式(2-1)可知，转子电流是转子电压、转子感应电动势及电路压降的积分结果，即

$$\boldsymbol{I}_{\text{rdq}}=\frac{1}{\sigma L_{\text{r}}}\int(\boldsymbol{U}_{\text{rdq}}-\boldsymbol{E}_{\text{rdq}}-R_{\text{r}}\boldsymbol{I}_{\text{rdq}}-\text{j}\omega_{\text{slip}}\sigma L_{\text{r}}\boldsymbol{I}_{\text{rdq}})\text{d}t \tag{2-11}$$

式(2-11)对应于图 2-11 所示的等效电路。

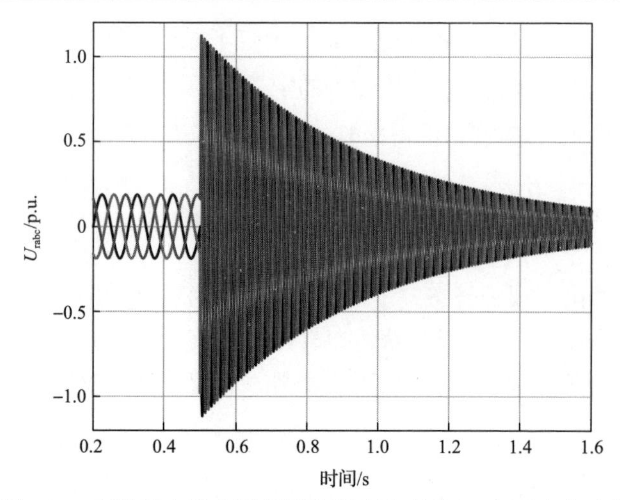

图 2-10 双馈发电机定子电压跌落至零时转子三相感应电动势

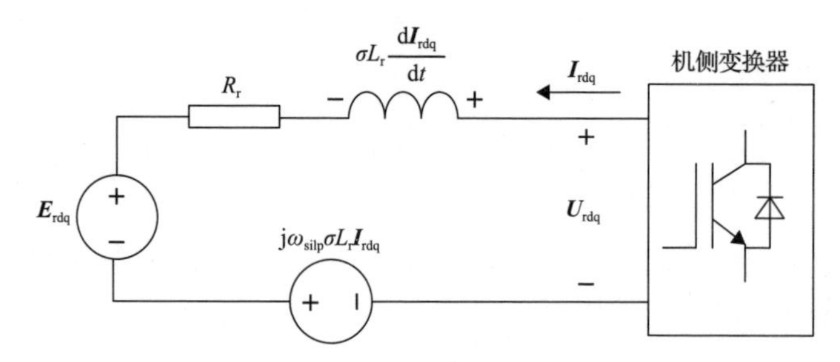

图 2-11 双馈发电机转子侧等效电路

当电网故障发生后，由式(2-7)可知转子感应电动势将快速增大，若此时机侧变换器输出的转子电压不能快速跟随转子感应电动势，在两者电压差的驱动下，转子电流将快速增大并引发机侧变换器过电流。在常规电流控制中，除了基于比例积分的控制器外，还附加了前馈解耦项，机侧变换器生成的电压为

$$\boldsymbol{U}_{rdq}^* = R_r\boldsymbol{I}_{rdq} + j\omega_{slip}\sigma L_r\boldsymbol{I}_{rdq} + j\omega_{slip}\frac{L_m}{L_s}\boldsymbol{\psi}_{sdq} + K_{pi}(\boldsymbol{I}_{rdq}^* - \boldsymbol{I}_{rdq}) + K_{ii}\int(\boldsymbol{I}_{rdq}^* - \boldsymbol{I}_{rdq})dt \tag{2-12}$$

式中，K_{pi}、K_{ii} 分别为机侧变换器电流控制的比例、积分参数；$\boldsymbol{I}_{rdq}^*$ 为转子电流控制指令。

对比式(2-12)与式(2-1)可知，该前馈项忽略了定子磁链的微分项，即该前馈解耦项仅能使机侧变换器输出的转子电压追踪由稳态定子磁链生产的转子感应电动势。将式(2-12)及式(2-2)代入式(2-11)可得

$$\boldsymbol{I}_{rdq} = \frac{1}{\sigma L_r}\int[K_{pi}(\boldsymbol{I}_{rdq}^* - \boldsymbol{I}_{rdq}) + K_{ii}\int(\boldsymbol{I}_{rdq}^* - \boldsymbol{I}_{rdq})dt - \Delta\boldsymbol{E}_{rdq}]dt \tag{2-13}$$

式中

$$\Delta \boldsymbol{E}_{\mathrm{rdq}} = \frac{L_{\mathrm{m}}}{L_{\mathrm{s}}} \frac{\mathrm{d}\boldsymbol{\psi}_{\mathrm{sdq}}}{\mathrm{d}t} \tag{2-14}$$

结合定子侧动态方程 $\boldsymbol{U}_{\mathrm{sdq}} = R_{\mathrm{s}}\boldsymbol{I}_{\mathrm{sdq}} + \mathrm{d}\boldsymbol{\psi}_{\mathrm{sdq}}/\mathrm{d}t + \mathrm{j}\omega_1\boldsymbol{\psi}_{\mathrm{sdq}}$ 可得

$$\Delta \boldsymbol{E}_{\mathrm{rdq}} = \frac{L_{\mathrm{m}}}{L_{\mathrm{s}}}(\boldsymbol{U}_{\mathrm{sdq}} - R_{\mathrm{s}}\boldsymbol{I}_{\mathrm{sdq}} - \mathrm{j}\omega_1\boldsymbol{\psi}_{\mathrm{sdq}}) \tag{2-15}$$

由式(2-8)可知，在电压跌落瞬间，由定子磁链暂态分量产生的转子感应电动势是稳态转子感应电动势的数倍。由图 2-11 所示的等效电路可知，在常规前馈解耦项的作用下，一旦发生电压跌落，这一部分暂态转子感应电动势将直接施加在转子漏抗与电阻上，是导致机侧变换器过电流的主要原因。

为屏蔽这一暂态转子电动势扰动对机侧变换器电流控制的影响，参考式(2-15)构建定子磁链动态全前馈[27,28]，双馈风机机侧变换器的电流控制方程为

$$\begin{aligned} \boldsymbol{U}_{\mathrm{rdq}}^{*} &= R_{\mathrm{r}}\boldsymbol{I}_{\mathrm{rdq}} + \mathrm{j}\omega_{\mathrm{slip}}\sigma L_{\mathrm{r}}\boldsymbol{I}_{\mathrm{rdq}} + \Delta\boldsymbol{E}_{\mathrm{rdq}} + \mathrm{j}\omega_{\mathrm{slip}}\frac{L_{\mathrm{m}}}{L_{\mathrm{s}}}\boldsymbol{\psi}_{\mathrm{sdq}} \\ &\quad + K_{\mathrm{pi}}(\boldsymbol{I}_{\mathrm{rdq}}^{*} - \boldsymbol{I}_{\mathrm{rdq}}) + K_{\mathrm{ii}}\int(\boldsymbol{I}_{\mathrm{rdq}}^{*} - \boldsymbol{I}_{\mathrm{rdq}})\mathrm{d}t \end{aligned} \tag{2-16}$$

联立式(2-16)与式(2-11)可得

$$\boldsymbol{I}_{\mathrm{rdq}} = \frac{1}{\sigma L_{\mathrm{r}}}\int\left[K_{\mathrm{pi}}(\boldsymbol{I}_{\mathrm{rdq}}^{*} - \boldsymbol{I}_{\mathrm{rdq}}) + K_{\mathrm{ii}}\int(\boldsymbol{I}_{\mathrm{rdq}}^{*} - \boldsymbol{I}_{\mathrm{rdq}})\mathrm{d}t\right]\mathrm{d}t \tag{2-17}$$

在采用该全前馈策略后，双馈风机机侧变换器的比例积分控制器能够直接作用于转子电流调节，因电压跌落产生的暂态定子磁链不会直接影响转子电流的调节。

类似于双馈风机机侧变换器电流控制中的动态磁链全前馈策略，类似原理的动态矫正策略也被应用于锁相控制中[29,30]。电网短路故障将使机端电压发生相角跳跃[31,32]，常规锁相控制需要经历较长的调节时间才能使锁相坐标系重新与端电压矢量重合。而在该调节过程中，由于锁相坐标系与端电压位置间的偏差，d 轴、q 轴分量不能对应于实际的有功、无功分量，安置在 d 轴、q 轴上的有功、无功等控制器的调节将相互冲突。为缩短锁相环在电压相角突变后的再次同步过程，在检测到故障后，可将锁相环角度积分器的状态重置为故障后电压的相位信息，以此缩短锁相控制的调节行程。

3. 去磁电流控制策略

由式(2-8)可知，电网故障后定子磁链的暂态分量是转子感应电动势突增进而

引发过电流的根本原因。电压跌落发生后，该暂态定子磁链将以一定的时间常数按照指数衰减。值得注意的是，由于暂态定子磁链相对于定子绕组静止且以锁相角速度相对于控制坐标系旋转，当给定的电流控制指令仅为直流量(分别对应于有功、无功电流指令)时，电流控制排斥磁链衰减产生的转子电流暂态分量，进而使暂态定子磁链衰减的时间常数非常大，这一行为增加了风电机组提供动态电流支撑的响应时间且会导致动态无功电流的振荡。去磁电流控制的目的即是通过引入去磁电流指令加速暂态定子磁链的衰减。

依据叠加原理可仅关注与暂态定子磁链相关的电气量，在定子两相静止坐标系中定子的电压磁链方程为

$$\boldsymbol{U}_{\mathrm{s\alpha\beta}} = R_{\mathrm{s}}\boldsymbol{I}_{\mathrm{s\alpha\beta}} + \frac{\mathrm{d}\boldsymbol{\psi}'_{\mathrm{s\alpha\beta}}}{\mathrm{d}t} \tag{2-18}$$

式中，下标 αβ 代表定子两相静止坐标系；R_{s} 为定子电阻。

由于电压跌落后定子电压中不含相对于定子绕组静止的直流电压，故式(2-18)可变为

$$\frac{\mathrm{d}\boldsymbol{\psi}'_{\mathrm{s\alpha\beta}}}{\mathrm{d}t} = -R_{\mathrm{s}}\boldsymbol{I}_{\mathrm{s\alpha\beta}} \tag{2-19}$$

依据磁链电流方程 $\boldsymbol{I}_{\mathrm{s\alpha\beta}} = \dfrac{\boldsymbol{\psi}'_{\mathrm{s\alpha\beta}}}{L_{\mathrm{s}}} - \dfrac{L_{\mathrm{m}}}{L_{\mathrm{s}}}\boldsymbol{I}_{\mathrm{r\alpha\beta}}$，用定子磁链、转子电流替换定子电流，可得

$$\frac{\mathrm{d}\boldsymbol{\psi}'_{\mathrm{s\alpha\beta}}}{\mathrm{d}t} = \frac{-R_{\mathrm{s}}}{L_{\mathrm{s}}}\boldsymbol{\psi}'_{\mathrm{s\alpha\beta}} + \frac{L_{\mathrm{m}}}{L_{\mathrm{s}}}R_{\mathrm{s}}\boldsymbol{I}_{\mathrm{r\alpha\beta}} \tag{2-20}$$

由式(2-20)可见，暂态定子磁链的衰减速率不仅取决于定子绕组的电气参数 R_{s} 、L_{s}，还与转子电流密切相关。

若转子绕组保持开路，则式(2-20)变为

$$\frac{\mathrm{d}\boldsymbol{\psi}'_{\mathrm{s\alpha\beta}}}{\mathrm{d}t} = -\frac{R_{\mathrm{s}}}{L_{\mathrm{s}}}\boldsymbol{\psi}'_{\mathrm{s\alpha\beta}} \tag{2-21}$$

该微分方程的解为

$$\boldsymbol{\psi}'_{\mathrm{s\alpha\beta}}(t) = \boldsymbol{\psi}'_{\mathrm{s\alpha\beta0}}\mathrm{e}^{-\frac{R_{\mathrm{s}}}{L_{\mathrm{s}}}t}, \quad \boldsymbol{\psi}'_{\mathrm{s\alpha\beta0}} = \psi_{\mathrm{s0}}\mathrm{e}^{\mathrm{j}\varphi_{\mathrm{f}}} \tag{2-22}$$

式中，下标 0 表示初始值；ψ_{s0} 为暂态定子磁链的初始幅值；φ_f 为暂态定子磁链的初始相角。

由式(2-22)可见，暂态定子磁链将按照时间常数 $\tau = L_s/R_s$ 衰减。

若想加速暂态定子磁链的衰减，可令转子电流与暂态定子磁链方向相反，大小呈比例，即

$$\boldsymbol{I}_{r\alpha\beta} = K_d \boldsymbol{\psi}'_{s\alpha\beta} \tag{2-23}$$

式中，K_d 为去磁系数(为负值时加速衰减)。则将式(2-23)代入式(2-20)，可得

$$\frac{d\boldsymbol{\psi}'_{s\alpha\beta}}{dt} = -\frac{R_s}{L_s}(1 - L_m K_d)\boldsymbol{\psi}'_{s\alpha\beta} \tag{2-24}$$

对应地，注入转子去磁电流后的暂态定子磁链为

$$\boldsymbol{\psi}'_{s\alpha\beta}(t) = \boldsymbol{\psi}'_{s\alpha\beta0} e^{-\frac{R_s}{L_s}(1-L_m K_d)t} \tag{2-25}$$

暂态定子磁链的衰减时间常数减小为 $\dfrac{L_s}{R_s(1-L_m K_d)}$，这即是经典去磁控制的基本思路[33-35]。此外，指数衰减意味着暂态定子磁链的衰减速率随时间逐渐变慢，可通过注入其他特殊的去磁电流实现暂态定子磁链的线性去磁[36]。

4. Crowbar 电路保护策略

以上动态全前馈、去磁控制策略能够有效抑制浅度电网故障下的变换器过电流问题，但当故障程度进一步加深时，由于变换器输出电压、电流能力的约束，上述故障穿越软件控制策略将不可避免地失效。为此，双馈风机还必须配置用于故障穿越的硬件保护策略。

为保障严重故障条件下风电机组的持续并网能力，目前双馈风机一般配置了如图 2-12 所示的 Crowbar 电路。即当风机检测到严重的电压跌落后，Crowbar 电路将被快速触发，通过电阻短接双馈发电机的转子绕组，同时闭锁机侧变换器以实现风电机组不脱网情况下的过电流保护。

Crowbar 电路保护策略的优点是可以确保机侧变换器的安全，加快故障电流和暂态定子磁链的衰减，但仍有以下两个明显缺点：首先，Crowbar 动作期间将短接双馈发电机的转子绕组，使其运行在并网鼠笼式异步电机模式，需从电网中吸取大量无功功率，不利于电网电压水平的恢复；其次，由于 Crowbar 电路引起的大幅暂态电流将产生剧烈的电磁转矩冲击，危害风力机、变速齿轮箱等机械结

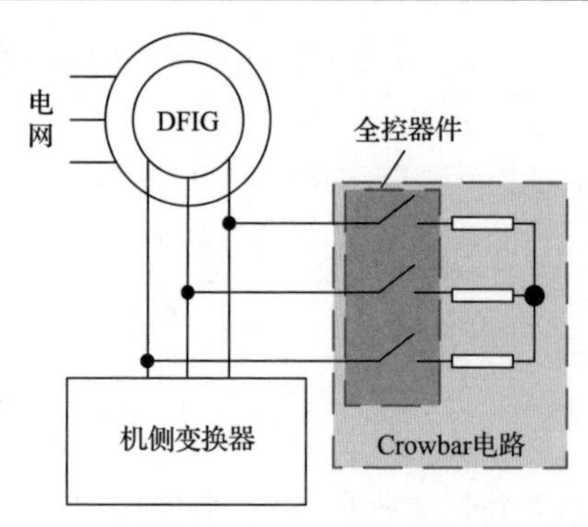

图 2-12　双馈风机中的 Crowbar 电路基本结构

构的安全，因此当转子电流衰减至机侧变换器电流控制能力内时，Crowbar 电路将被快速切除并重启机侧变换器控制。

5. Chopper 电路保护策略

Chopper 电路是双馈风机、全功率风机普遍配备的基本硬件保护策略，如图 2-13(a)所示。当检测到直流母线电压超过危险阈值后，Chopper 电路将被迅速激活，通过跨接电阻消耗直流电容中的能量，避免暂态过程中直流母线的过电压[37-39]。在全功率风机中 Chopper 电路同样安装于直流母线的两侧[40]。Chopper 电路的启动切除策略由如图 2-13(b)所示的迟滞逻辑实现。

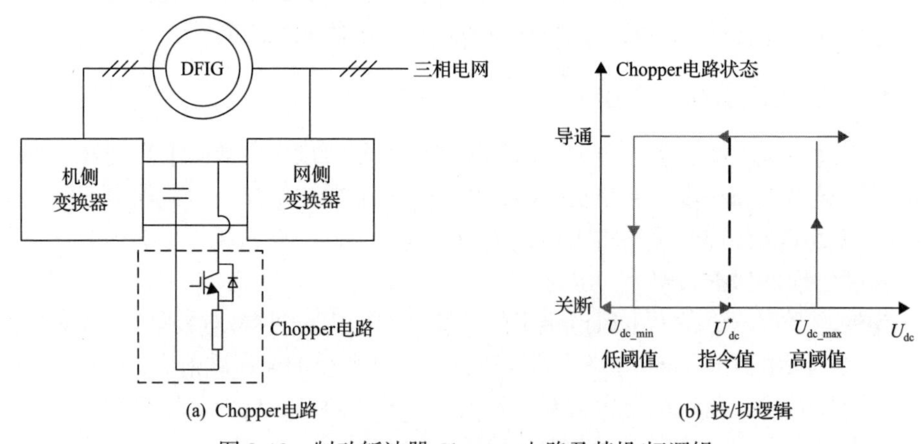

(a) Chopper电路　　(b) 投/切逻辑

图 2-13　制动斩波器 Chopper 电路及其投/切逻辑

6. 机械制动与紧急变桨策略

风力机及发电机转子的转速是风力机捕获机械功率和发电机输出电磁功率作用的结果。当电网电压因故障骤降时，风电机组需要按照并网导则首先实施动态无功电流支撑，这也往往导致风电机组输出电磁功率的降低或受限，风力机及发电机转子将出现加速。为避免传动链的过速运行，风电机组将在检测到过速时启动紧急变桨策略通过快速调节风力机桨距角减小捕获的风功率。此外，风电机组还将适时启动传动链中的机械刹车系统通过增加机械负荷降低风力机及发电机转子的转速。

2.4　电网不对称条件下风机的控制保护策略

因电网三相负荷、参数不匹配或不对称短路、断路故障导致的电网电压不对称或不平衡是普遍存在于实际电力系统的运行工况。在这种电网不对称条件下，若风电机组仍采用 2.3.1 节中的常规控制策略，将导致一系列应力问题，危害风电机组和并网电力系统的安全运行。本节将从控制目标、控制器实现的角度介绍风电机组针对电网不对称所采用的控制策略。由双馈风机、全功率风机拓扑结构的特点可知，在电网不对称条件下，双馈风机、全功率风机的网侧变换器具有相同的功能与控制实现方式，为避免重复，本节仍以双馈风机为主进行介绍。

2.4.1　电网不对称条件下的控制目标

以双馈风机的三相定子电压为例，一组三相不对称电气量可记为

$$\begin{aligned} u_{\mathrm{a}} &= U_{\mathrm{a}} \cos(\omega_1 t + \theta_{\mathrm{a}}) \\ u_{\mathrm{b}} &= U_{\mathrm{b}} \cos(\omega_1 t + \theta_{\mathrm{b}}) \\ u_{\mathrm{c}} &= U_{\mathrm{c}} \cos(\omega_1 t + \theta_{\mathrm{c}}) \end{aligned} \tag{2-26}$$

式中，u_i 为相电压瞬时值；U_i 为相电压幅值；θ_i 为相电压的初始相位；i=a, b, c。

风电场变电站变压器和机组箱式变压器所采用的接线方式隔绝了电网中的零序电压、电流分量，因此在电网不对称条件下风电机组需要关注的是其正序、负序电气量及其对应的转矩与功率。

对式 (2-26) 进行克拉克变换并采用对称分量法，在定子两相静止坐标系中，电压矢量及其正序、负序分量可记为

$$\boldsymbol{U}_{\alpha\beta} = u_{\alpha} + \mathrm{j}u_{\beta} = \boldsymbol{U}_{\alpha\beta}^{+} + \boldsymbol{U}_{\alpha\beta}^{-} \tag{2-27}$$

式中

$$\begin{bmatrix} u_{\alpha} \\ u_{\beta} \end{bmatrix} = \frac{2}{3} \begin{bmatrix} 1 & -\dfrac{1}{2} & -\dfrac{1}{2} \\ 0 & \dfrac{\sqrt{3}}{2} & -\dfrac{\sqrt{3}}{2} \end{bmatrix} \cdot \begin{bmatrix} u_{\mathrm{a}} \\ u_{\mathrm{b}} \\ u_{\mathrm{c}} \end{bmatrix} \tag{2-28}$$

$$\boldsymbol{U}_{\alpha\beta}^{+} = \boldsymbol{U}_{\mathrm{dq}+}^{+} \mathrm{e}^{\mathrm{j}\omega_1 t}, \quad \boldsymbol{U}_{\mathrm{dq}+}^{+} = U_{\mathrm{d}+}^{+} + \mathrm{j}U_{\mathrm{q}+}^{+} = U^{+} \mathrm{e}^{\mathrm{j}\theta_{+}} \tag{2-29}$$

$$\boldsymbol{U}_{\alpha\beta}^{-} = \boldsymbol{U}_{\mathrm{dq}-}^{-}\mathrm{e}^{-\mathrm{j}\omega_1 t},\ \boldsymbol{U}_{\mathrm{dq}-}^{-} = U_{\mathrm{d}-}^{-} + \mathrm{j}U_{\mathrm{q}-}^{-} = U^{-}\mathrm{e}^{-\mathrm{j}\theta_-} \tag{2-30}$$

$$\begin{bmatrix} U^{+}\mathrm{e}^{\mathrm{j}\theta_+} \\ U^{-}\mathrm{e}^{\mathrm{j}\theta_-} \end{bmatrix} = \frac{1}{3}\begin{bmatrix} 1 & \mathrm{e}^{\mathrm{j}\frac{2\pi}{3}} & \mathrm{e}^{-\mathrm{j}\frac{2\pi}{3}} \\ 1 & \mathrm{e}^{-\mathrm{j}\frac{2\pi}{3}} & \mathrm{e}^{\mathrm{j}\frac{2\pi}{3}} \end{bmatrix}\begin{bmatrix} U_{\mathrm{a}}\mathrm{e}^{\mathrm{j}\theta_{\mathrm{a}}} \\ U_{\mathrm{b}}\mathrm{e}^{\mathrm{j}\theta_{\mathrm{b}}} \\ U_{\mathrm{c}}\mathrm{e}^{\mathrm{j}\theta_{\mathrm{c}}} \end{bmatrix} \tag{2-31}$$

式中，上标中的正号、负号分别指示正序、负序分量，下标中的正号、负号分别指示矢量的观察坐标系为正向同步速坐标系、负向同步速坐标系。

同理，在定子两相静止坐标系中，风电机组输出的电流矢量及其正序、负序分量记为

$$\boldsymbol{I}_{\alpha\beta} = i_{\alpha} + \mathrm{j}i_{\beta} = \boldsymbol{I}_{\alpha\beta}^{+} + \boldsymbol{I}_{\alpha\beta}^{-} \tag{2-32}$$

式中

$$\boldsymbol{I}_{\alpha\beta}^{+} = \boldsymbol{I}_{\mathrm{dq}+}^{+}\mathrm{e}^{\mathrm{j}\omega_1 t},\ \boldsymbol{I}_{\alpha\beta}^{-} = \boldsymbol{I}_{\mathrm{dq}-}^{-}\mathrm{e}^{-\mathrm{j}\omega_1 t} \tag{2-33}$$

由上述两组不对称电压、电流形成的视在功率为

$$\begin{aligned} \boldsymbol{S} = P + \mathrm{j}Q = \boldsymbol{U}_{\alpha\beta}\overline{\boldsymbol{I}_{\alpha\beta}} &= (\boldsymbol{U}_{\mathrm{dq}+}^{+}\mathrm{e}^{\mathrm{j}\omega_1 t} + \boldsymbol{U}_{\mathrm{dq}-}^{-}\mathrm{e}^{-\mathrm{j}\omega_1 t})(\overline{\boldsymbol{I}_{\mathrm{dq}+}^{+}}\mathrm{e}^{-\mathrm{j}\omega_1 t} + \overline{\boldsymbol{I}_{\mathrm{dq}-}^{-}}\mathrm{e}^{\mathrm{j}\omega_1 t} \\ &= \boldsymbol{U}_{\mathrm{dq}+}^{+}\overline{\boldsymbol{I}_{\mathrm{dq}+}^{+}} + \boldsymbol{U}_{\mathrm{dq}-}^{-}\overline{\boldsymbol{I}_{\mathrm{dq}-}^{-}} + \boldsymbol{U}_{\mathrm{dq}+}^{+}\overline{\boldsymbol{I}_{\mathrm{dq}-}^{-}}\mathrm{e}^{\mathrm{j}2\omega_1 t} + \boldsymbol{U}_{\mathrm{dq}-}^{-}\overline{\boldsymbol{I}_{\mathrm{dq}+}^{+}}\mathrm{e}^{-\mathrm{j}2\omega_1 t} \end{aligned} \tag{2-34}$$

式中，上划线表示复数的共轭运算。

由式(2-34)可知，对于两组分别由正序、负序构成的电气量，它们形成的功率、电磁转矩由常量和二倍频振荡分量组成。其中，式(2-34)的前两项分别是正序电压与正序电流、负序电压与负序电流形成的常量；式(2-34)的后两项分别是正序电压与负序电流、负序电压与正序电流形成的两倍电网频率的振荡分量。

对式(2-34)分别取实部、虚部可将有功功率、无功功率表示为

$$P = P_0 + P_{\cos 2}\cos(2\omega_1 t) + P_{\sin 2}\sin(2\omega_1 t) \tag{2-35}$$

$$Q = Q_0 + Q_{\cos 2}\cos(2\omega_1 t) + Q_{\sin 2}\sin(2\omega_1 t) \tag{2-36}$$

式中，下标 0 表示常量；下标 cos2、sin2 分别表示二倍频振荡分量。

由上述分析可知，当风电机组运行于电网不对称条件下时，由两组不对称电气量相乘构成的有功功率、无功功率、电磁转矩等电气量都将包含一个常量和一个以两倍电网频率波动的量。其中，有功功率、电磁转矩中的二倍频振荡将在风电机组的传动链、直流母线中施加扰动，增加机械、电气系统的额外疲劳(加减速、充放电)，而无功功率中的二倍频振荡可能引起电网正序、负序电压的相应波动。

因此，针对电网不对称运行场景，风电机组的一种经典控制策略是通过建立负序控制系统并通过对机侧、网侧变换器正序、负序电流控制指令的配合，有选择性地削减某个特定电气量的二倍频振荡。

对于双馈风机，机侧变换器可选择以下四种控制目标。

(1) 目标Ⅰ：恒定定子输出有功功率，即消除定子有功功率中的二倍频振荡。

(2) 目标Ⅱ：双馈发电机转子电流对称，即消除转子电流中的负序分量。

(3) 目标Ⅲ：双馈发电机定子电流对称，即消除定子电流中的负序分量。

(4) 目标Ⅳ：恒定的电磁转矩，即消除电磁转矩中的二倍频振荡。

双馈风机、全功率风机的网侧变换器可选择以下四种控制目标。

(1) 目标ⅰ：机组输出三相对称的电流，即消除风机对外输出电流中的负序分量。

(2) 目标ⅱ：机组输出恒定的有功功率，即消除机组对外输出有功功率的二倍频振荡。

(3) 目标ⅲ：稳定直流母线电压，即抑制直流母线电压的二倍频振荡。

(4) 目标ⅳ：恒定的机组输出无功功率，即消除风机对外输出的无功功率中的二倍频振荡。

由于全功率风机仅有网侧变换器与电网相连，对应的负序控制以消除直流母线电压中的二倍频振荡或消除无功功率中的二倍频振荡为主。上述控制目标对应的正负序电流指令关系详见文献[1]。

上述控制策略的目标是在长期不对称运行下降低风电机组中的二倍频载荷，以实现降低疲劳、增加使用寿命。除此之外，针对近年来并网风电机组在电网不对称故障期间的负序无功电流响应要求，文献[41]～[43]提出了适用于双馈风机、全功率风机的机侧、网侧、正序、负序、有功、无功电流指令的协同控制目标。

2.4.2　基于正/反转同步速坐标系的 PI 电流控制策略

2.3.1 节中的变换器常规控制策略均以控制对称条件下的正序量为目标，在以同步速正转的锁相坐标系中，正序电气量对应为直流常量，因此可以使用基于比例积分的电流控制器实现对正序有功、无功电流指令的追踪。然而，2.4.1 节中的负序电流指令在正序锁相坐标系中为二倍频变量，显然基于比例积分的正序电流控制器不能在追踪正序电流指令的同时对二倍频电流指令实现有效的追踪。

为满足正序、负序电流控制这一需求，双馈风机、全功率风机可以在原有的锁相控制、正序 PI 电流控制的基础上，在以锁相环角速度反转的控制坐标系中增设负序 PI 电流控制。这一控制策略的基本思路是将三相不对称电气量在正反转 dq 坐标系中进行正序、负序量分离，在正转 dq 坐标系中正序电流指令及测量量均为直流常量，即可以通过正序 PI 电流控制器实施跟踪，在反转 dq 坐标系中负序电流指令及测量量均为直流常量，亦可通过负序 PI 电流控制器实施跟踪。正序、负序 PI 电流控制器生成的调制电压经过坐标变换后叠加形成变换器的调制信号。上述控制策略即为基于正/反转同步速坐标系的 PI 电流控制策略。

这一控制策略一般采用解耦双同步坐标系锁相环(decoupled double synchronous reference frame phase lock loop，DDSRF PLL)[40]构建正转、反转的控制坐标系，其控制框图如图 2-14 所示，Im 表示复数取虚部。

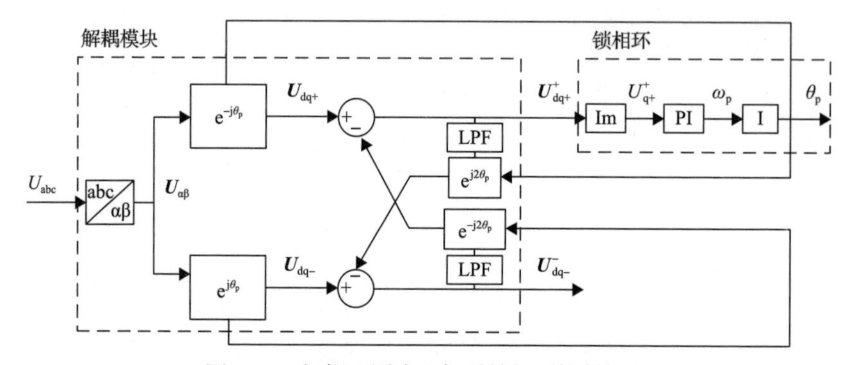

图 2-14　解耦双同步坐标系锁相环控制框图

解耦双同步坐标系锁相环通过图 2-14 中的解耦模块对不对称三相电压进行正负序分解。以旋转矢量表示，不对称定子电压矢量在两相静止坐标系中为

$$\boldsymbol{U}_{\alpha\beta}=\boldsymbol{U}_{\mathrm{dq+}}^{+}\mathrm{e}^{\mathrm{j}\omega_1 t}+\boldsymbol{U}_{\mathrm{dq-}}^{-}\mathrm{e}^{-\mathrm{j}\omega_1 t} \tag{2-37}$$

当正转锁相坐标系与正序电压重合后，锁相环输出的角速度 ω_p 与电网角速度 ω_1 一致，则式(2-37)中电压矢量在正转的锁相坐标系中为

$$\boldsymbol{U}_{\mathrm{dq+}}=\boldsymbol{U}_{\alpha\beta}\mathrm{e}^{-\mathrm{j}\omega_1 t}=\boldsymbol{U}_{\mathrm{dq+}}^{+}+\boldsymbol{U}_{\mathrm{dq-}}^{-}\mathrm{e}^{-\mathrm{j}2\omega_1 t} \tag{2-38}$$

与此同时，反转的锁相坐标系以角速度 $-\omega_\mathrm{p}$ 相对定子旋转，则式(2-37)中电压矢量在反转的锁相坐标系中为

$$\boldsymbol{U}_{\mathrm{dq-}}=\boldsymbol{U}_{\alpha\beta}\mathrm{e}^{\mathrm{j}\omega_1 t}=\boldsymbol{U}_{\mathrm{dq-}}^{-}+\boldsymbol{U}_{\mathrm{dq+}}^{+}\mathrm{e}^{\mathrm{j}2\omega_1 t} \tag{2-39}$$

由式(2-38)可知，在正转锁相坐标系中，三相不对称电压的正序分量形成了相对正转坐标系静止的常矢量，而负序电压分量形成了一个以二倍电网角速度旋转的时变矢量；同理，由式(2-39)可知，在反转锁相坐标系中，三相不对称电压的负序分量形成了相对反转坐标系静止的常矢量，而正序电压分量形成了一个以二倍电网角速度旋转的时变矢量。为了分离其中的正序、负序矢量信息，解耦模块首先采用一组低通滤波器(low-pass filter，LPF)滤除正转、反转坐标系中的二倍频时变信号。此外，由式(2-38)与式(2-39)可得

$$\boldsymbol{U}_{\mathrm{dq+}}^{+}=\boldsymbol{U}_{\mathrm{dq+}}-\boldsymbol{U}_{\mathrm{dq-}}^{-}\mathrm{e}^{-\mathrm{j}2\omega_1 t} \tag{2-40}$$

$$\boldsymbol{U}_{\mathrm{dq-}}^{-}=\boldsymbol{U}_{\mathrm{dq-}}-\boldsymbol{U}_{\mathrm{dq+}}^{+}\mathrm{e}^{\mathrm{j}2\omega_1 t} \tag{2-41}$$

按照式(2-40)与式(2-41)，可利用低通滤波器后的电压矢量观测结果构建图 2-14 中相互交叉的前馈结构，能够有效提升正负序解耦分离的响应速度。同理，这一解耦模块也被应用于提取三相不对称电流信号中的正序、负序矢量信息。

基于解耦提取的正序、负序电流矢量，可以参考 2.3.1 节中的常规电流控制结构，分别构建基于 PI 的正序、负序电流控制器。其中，变换器的正序电流控制指令来源于常规外环控制，而负序电流控制指令则从 2.4.1 节中的多个目标设计中指定。

双馈风机采用基于正/反转同步速坐标系 PI 电流控制策略的控制框图如图 2-15 所示。相比于 2.3.1 节中用于调控机侧/网侧变换器、d 轴/q 轴(有功/无功)电流分量的常规电流控制，这一针对电网不对称条件设计的控制策略设置了机侧/网侧变换器、正序/负序、d 轴/q 轴共八组 PI 电流控制器(图中的 PI_I 表示一对设置于 d 轴、q 轴的 PI 控制器)。

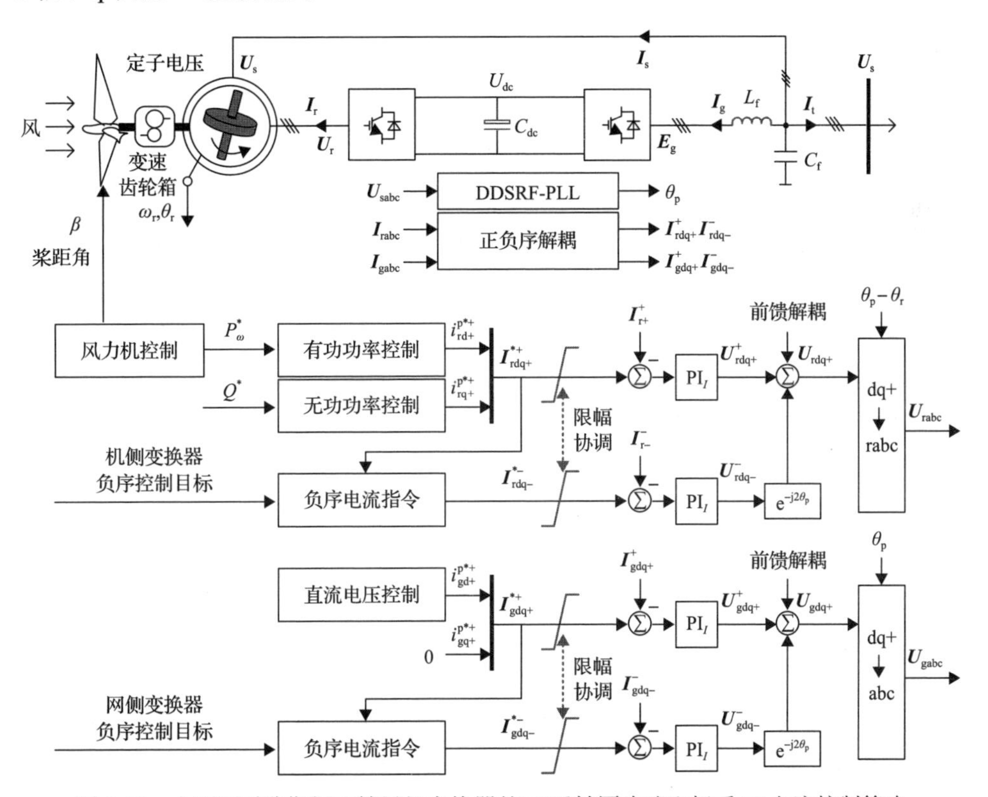

图 2-15　电网不对称期间双馈风机变换器的正/反转同步速坐标系 PI 电流控制策略

全功率风机采用基于正/反转同步速坐标系 PI 电流控制策略的控制框图如图 2-16 所示。相比于 2.3.1 节中用于调控网侧变换器 d 轴/q 轴分量的常规电流控制器，这一针对电网不对称条件设计的控制策略主要针对网侧变换器设置了正序/负序、d 轴/q 轴共四组 PI 电流控制器(图中的 PI_I 表示一对设置于 d 轴、q 轴的 PI 控制器)。

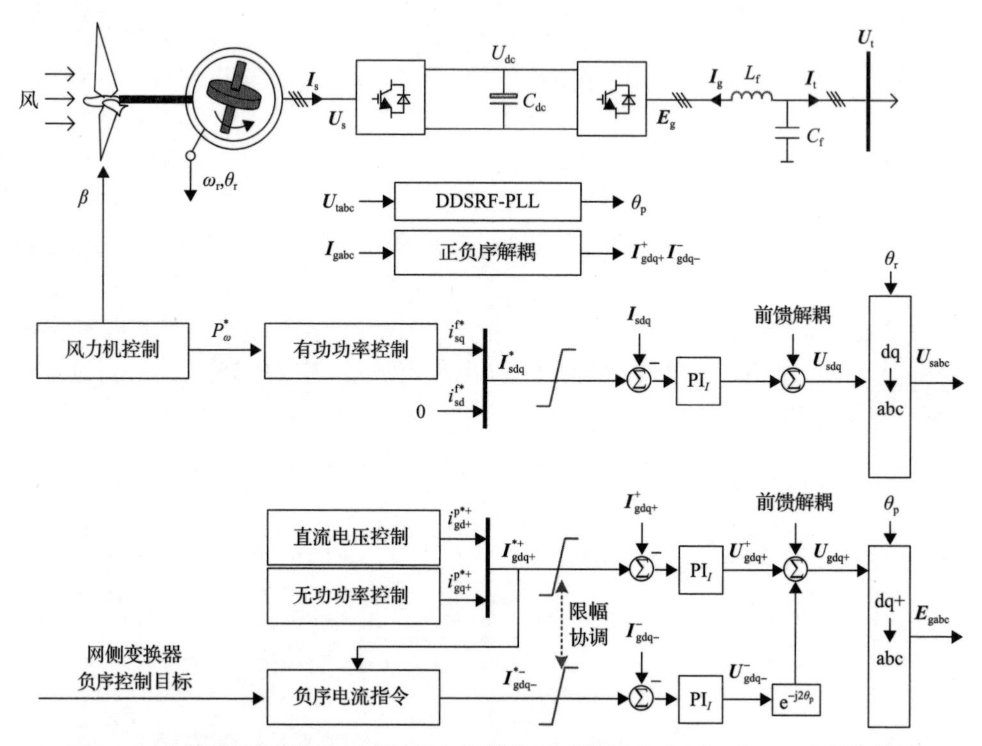

图 2-16　电网不对称期间全功率风机变换器的正/反转同步速坐标系 PI 电流控制策略

2.4.3　基于正转同步速坐标系的 PI-R 电流控制策略

相对于常规控制策略，2.4.2 节中基于正/反转同步速坐标系的 PI 电流控制策略具有结构复杂的缺点，此外，由于对受控的机侧、网侧三相电流的正负序解耦将引入控制时延，在应用于高阻抗弱电网等特殊场景中时可能引发稳定问题[44]。

基于正/反转同步速坐标系的 PI 电流控制策略存在上述缺点的根本原因是其所用的 PI 电流控制器只能对直流指令实现无静差调节。由于负序电流指令及负序电流测量在正转锁相坐标系中均为二倍频，部署在正转锁相坐标系中的 PI 电流控制器不能对二倍频的负序量调节提供足够的幅值和相位增益，PI 电流控制器的伯德图如图 2-17 所示。

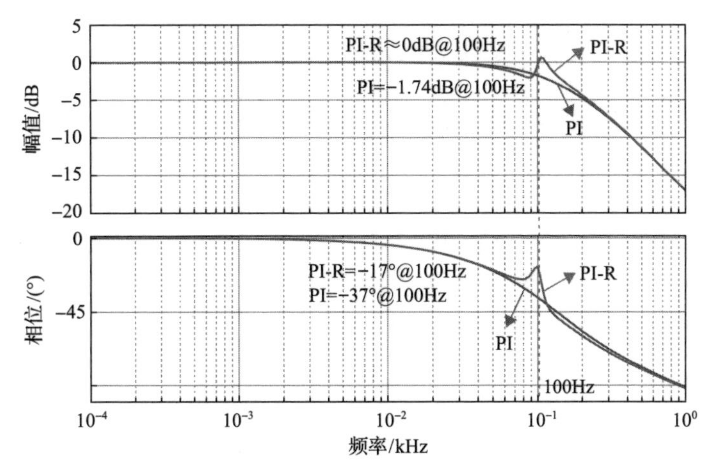

图 2-17 采用 PI 控制器和 PI-R 控制器的电流控制环路伯德图

考虑广义积分器能够增强控制器对特定频率交流信号的增益，另外一种得到广泛应用的正负序控制方案是在 PI 电流控制器的基础上加入一个设置在二倍电网频率的谐振(R)控制器，这一比例积分谐振(PI-R)控制器在实现正序直流电流指令追踪的同时能够对处于二倍频的负序电流指令实现有效追踪[1]。基于正/反转同步速坐标系的 PI-R 电流控制策略的控制框图如图 2-18 所示。

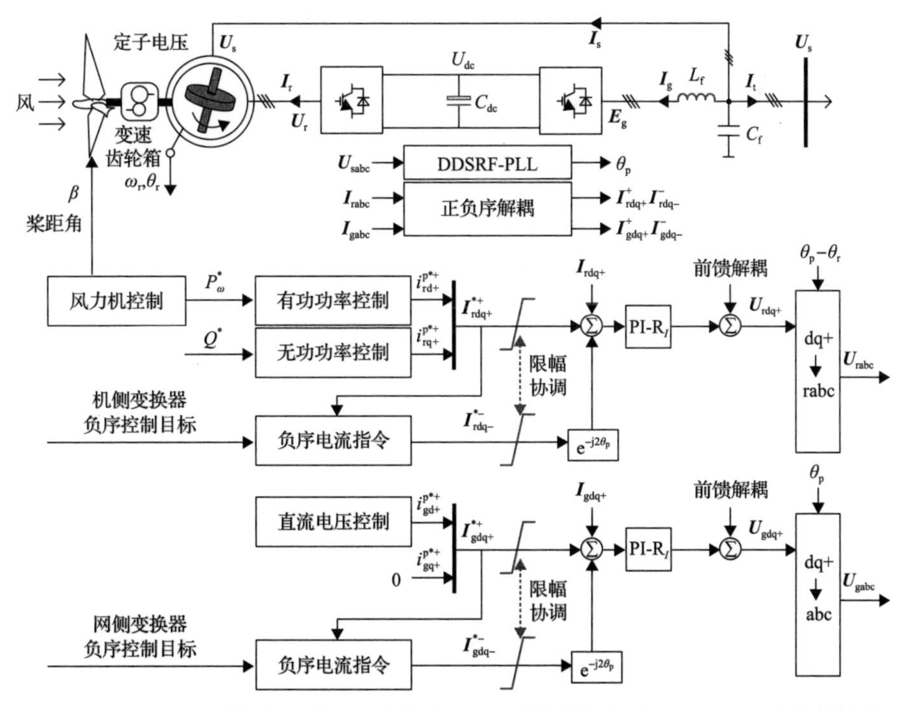

图 2-18 电网不对称期间双馈风机变换器的正/反转同步速坐标系 PI-R 电流控制策略

2.4.4 机侧变换器输出电压约束对不对称控制的影响与对策

2.4.2 节和 2.4.3 节的控制策略能够在电网不对称条件下实现 2.4.1 节中设定的正负序控制目标，但是变换器输出的电压和电流必须在变换器的物理约束内，否则将引发变换器过调制，甚至触发变换器过电流保护。风机中的电力电子变换器能够输出的电压受到直流母线电压和变换器拓扑的限制，而输出的电流受到半导体器件容量的限制。对于全功率风机和双馈风机的网侧变换器，在电网发生不对称故障后，端电压的正序分量骤降而负序分量升高，且一般负序电压水平远小于正序电压水平，故在电网不对称条件下网侧变换器输出的电压一般小于或约等于常规运行时的水平，控制生成的电压一般不会超过网侧变换器的约束。然而，对于双馈风机情况则明显不同，由 2.3.3 节可知，当电网正序电压跌落时双馈发电机转子绕组中将形成暂态电动势，此外即便在电网不对称稳态运行期间，负序定子电压所形成的磁链也将高速切割转子绕组并形成另外一个较大的感应电动势分量，因此执行双馈风机机侧正负序电流控制所需要的电压容易达到变换器的输出电压上限。

在不对称稳态运行期间，应用叠加原理，执行正序电流指令所需要的转子电压幅值为

$$U_{r+}^{+}=\sqrt{U_{rd+}^{+2}+U_{rq+}^{+2}} \tag{2-42}$$

这一转子电压的 d、q 分量可由式(2-1)及式(2-4)得到：

$$\begin{cases} U_{rd+}^{+}=R_r I_{rd+}^{+}-\omega_{slip+}\sigma L_r I_{rq+}^{+}+\dfrac{L_m}{L_s}sU_{sd+}^{+} \\ U_{rq+}^{+}=R_r I_{rq+}^{+}+\omega_{slip+}\sigma L_r I_{rd+}^{+}+\dfrac{L_m}{L_s}sU_{sq+}^{+} \end{cases} \tag{2-43}$$

相应地，在不对称稳态运行期间，执行负序电流指令所需要的转子电压幅值为

$$U_{r-}^{-}=\sqrt{U_{rd-}^{-2}+U_{rq-}^{-2}} \tag{2-44}$$

这一转子电压的 d、q 分量可由式(2-1)、式(2-27)及式(2-30)得到：

$$\begin{cases} U_{rd-}^{-}=R_r I_{rd-}^{-}-\omega_{slip-}\sigma L_r I_{rq-}^{-}+\dfrac{L_m}{L_s}(s-2)U_{sd-}^{-} \\ U_{rq-}^{-}=R_r I_{rq-}^{-}+\omega_{slip-}\sigma L_r I_{rd-}^{-}+\dfrac{L_m}{L_s}(s-2)U_{sq-}^{-} \end{cases} \tag{2-45}$$

由于转子电阻 R_r 和发电机漏磁系数 σ 相对较小，可忽略式(2-43)和式(2-45)中的转子电阻压降和交叉耦合项。若取 $U_{sd-}^{-}=U_{sq-}^{-}=\sqrt{2}/2U_{s-}^{-}$，则式(2-42)和式(2-44)可分别简化为

$$U_{r+}^{+}=\sqrt{U_{rd+}^{+2}+U_{rq+}^{+2}}\approx|s|\frac{L_m}{L_s}U_{s+}^{+} \tag{2-46}$$

$$U_{r-}^{-}=\sqrt{U_{rd-}^{-2}+U_{rq-}^{-2}}\approx|s-2|\frac{L_m}{L_s}U_{s-}^{-} \tag{2-47}$$

滑差 s 的一般范围为–0.3～0.3，故在电网不对称条件下机侧变换器控制所需的电压幅值要远大于对称正常工况，且随着不对称度的增加所需转子负序电压幅值可能超过正序电压幅值。转子电压中，与定子正序量对应的分量为滑差频率，而与定子负序量对应的分量角速度为 $|2-s|\omega_1$。所以，不对称电网下所需转子电压幅值可由二者叠加而成，表达为

$$U_r=U_{r+}^{+}+U_{r-}^{-}=|s|\frac{L_m}{L_s}U_{s+}^{+}+|2-s|\frac{L_m}{L_s}U_{s-}^{-} \tag{2-48}$$

式(2-48)中的转子变量均是折算至定子侧的标幺量，实际分析时应考虑定、转子绕组的匝数比。针对 2.3.3 节给定参数的双馈发电机，图 2-19 给出了电网不对称条件下，转子正序、负序电压幅值随转子滑差和电压不对称度的变化关系。其中图 2-19(a)以标幺值形式表示，图 2-19(b)、图 2-19(c)分别展示了双馈风机机侧变换器采用 SVM(空间矢量调制)和 SPWM(正弦脉冲宽度调制)策略时转子电压幅值的实际值。由图 2-19(a)可得，在转子滑差 $s=-0.2$、电网不对称度 $\delta=0.2$ 时，所需转子负序电压幅值将大于正序电压幅值。而从图 2-19(b)转子电压实际值可以看出，当电网电压严格对称时，转子所需电压能限定在机侧变换器额定输出范围之内；而当电压不对称度达到 20%且运行在 $s=-0.2$ 时，双馈风机机侧变换器生成的转子电压将超出机侧变换器 SPWM 能输出的最大电压，将导致过调制与控制失败。此外，从图 2-19(c)可以看出，当双馈发电机定转子匝比 N_{sr} 较大时，不对称电网条件下所需转子正、负序电压幅值将相应变小，更易实现增强不对称运行能力的控制目标。然而当 N_{sr} 较大时，相同功率等级下双馈发电机转子电流较大，故需相应提高机侧变换器的电流等级。另外，也可以在变换器开关器件电压允许的范围内适当提高直流母线电压，以此增加机侧变换器输出电压的能力。

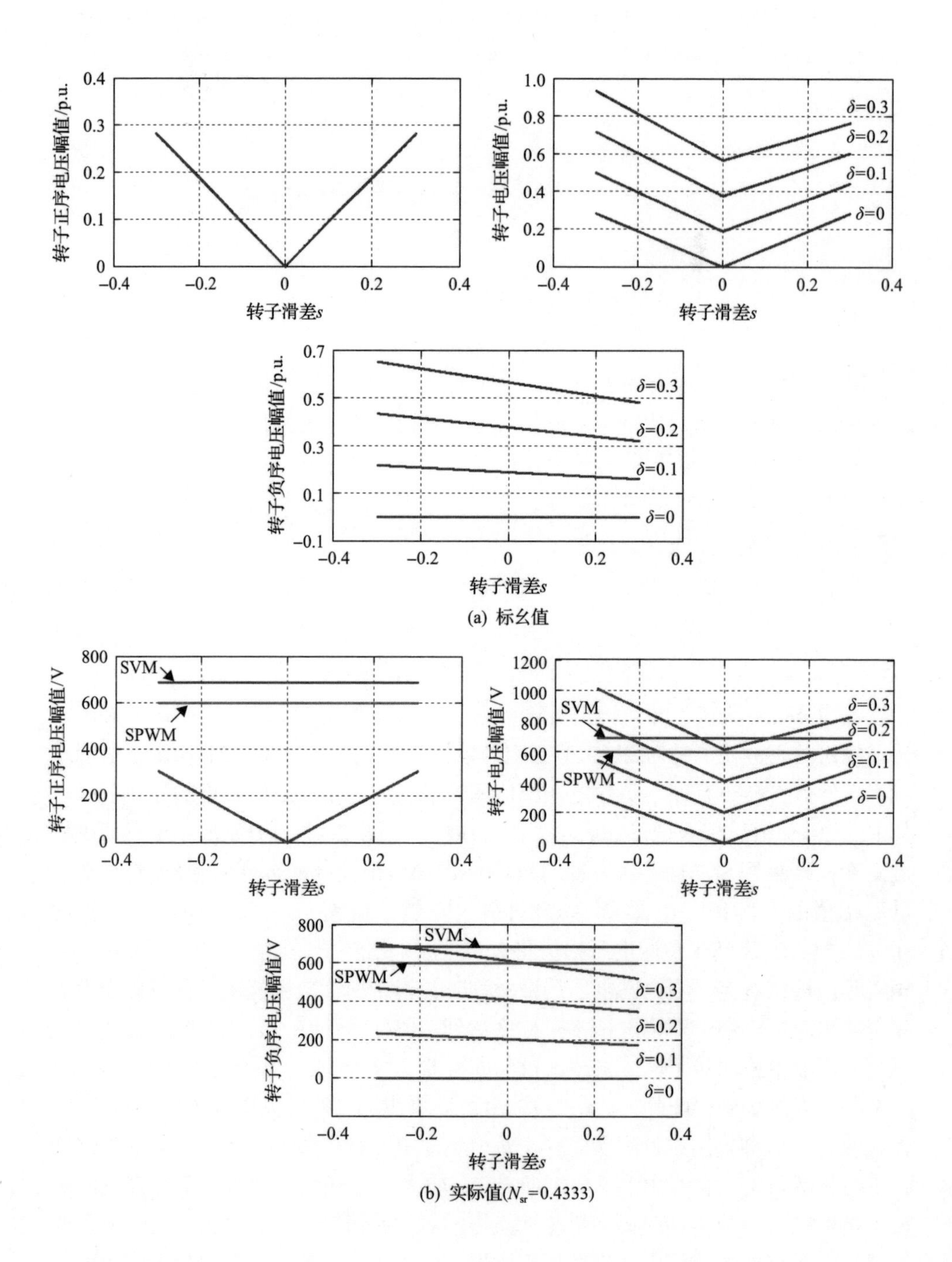

(a) 标幺值

(b) 实际值(N_{sr}=0.4333)

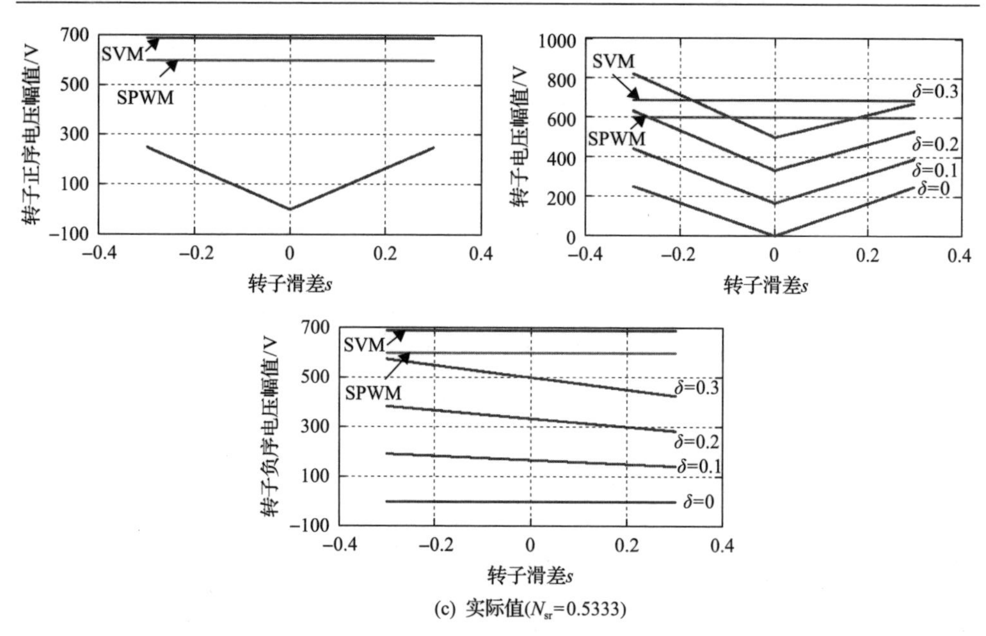

(c) 实际值(N_{sr}=0.5333)

图 2-19　双馈发电机所需正、负序转子电压幅值随滑差和电网不对称度的变化关系

2.5　并网风电多时间尺度物理/控制环节及暂态响应过程

2.5.1　并网风机物理/控制环节的多时间尺度特征

由 2.2 节可知，风机内部配备了机械转子、直流电容、交流电感等能量形式不同、容量大小不一的能量储存元件。在正常运行工况下，上述机械、电磁能量储存元件在 2.3.1 节常规控制的作用下协同配合工作，风机能实现风能至机械能直至电网要求的电能的变换。在电网发生对称或不对称故障等暂态干扰事件的激励下，风电机组将依次启动故障穿越策略以保障各能量储存元件的应力安全并实现并网标准要求的服务。并网风电的机械、电磁能量储存元件及其控制保护策略赋予了风电装备多时间尺度的新特征，进而成为风电并网电力系统暂态响应过程的重要决定要素。

1. 多时间尺度常规控制的序贯响应过程

由 2.3.1 节可知，内外环级联是风力机控制和发电机机侧、网侧变换器常规控制的基本结构。外环控制产生内环控制的指令，而内环的有效执行是实现外环控制功能的必要前提。因此，常规控制中的内外环控制参数要按照快慢进行配合，形成了多时间尺度级联的基本控制结构。文献[5]将上述物理、控制环节归纳至交流电流控制时间尺度、直流电压控制时间尺度、转子电流控制时间尺度。当电网发生程度较轻的扰动时，常规控制中的各控制器反馈量(交流电感电流、直流电容电压、机械转子转速、风电场输出功率等)均发生变化，因各控制环路的响应时间不同，交流电感电流先变化，电流控制开始调节，此时直流电容电压和转子转速还未明显变化，电流指令和转矩指令也还未明显变化。随后，直流电容电压也开始变化，直流电压控制开始调节，电流指令发生变化，但转子转速还未明显变化，有功功率(转矩)指令仍无明显动态。接着，转子转速明显变化，转速控制器动作，有功功率指令变化。最后，场级控制和变桨控制动作，功率指令和桨距角指令变化。由此，形成了正常控制下并网风电的多时间尺度序贯响应过程。

2. 多时间尺度暂态控制保护策略的序贯切换过程

当电网发生程度较重的扰动时，风机的各控制器反馈量(交流电感电流、直流电容电压、机械转子转速、风电场输出功率等)均逐步变化，当应力达到预设的启动阈值时，风机将依次触发与能量储存元件相对应的故障穿越软件控制和保护策略。因此风机在暂态扰动过程中呈现多时间尺度切换特征。

以双馈风机为例，扰动初始，电感电流快速上升，为防止变换器半导体器件过流受损，机侧变换器首先启动动态全前馈控制策略与去磁电流控制，若暂态电流继续增大至保护阈值，风机随即启动过电流保护闭锁机侧变换器并触发 Crowbar 保护电路；随后，直流电容电压在机侧、网侧变换器功率不平衡的作用下上升，在适时启动 Chopper 电路防止直流电容过电压的同时，变换器需要提供并网标准所要求的动态无功电流；最后，在风力机输入与发电机输出的功率不平衡作用下，转子转速出现显著上升，为防止风力机过速，风力机紧急变桨控制触发，当转速达到设定的保护阈值时还将启动硬件制动为转子减速。从严重的暂态扰动发生后，风机的这一系列控制保护的切换动作形成了并网风电的多时间尺度序贯切换过程，如图 2-20 所示。

综上所述，在暂态扰动发生后，无论扰动程度的轻重，并网风机各控制器均会依次响应/切换，形成从电磁尺度、机电尺度至一次调频尺度的序贯过程。

2.5.2 物理/控制环节动作过程与故障特征的联系

电源故障电流特征是电力系统故障分析的重要组成部分，也是继电保护设计、整定的依据。在电网短路故障期间，并网风电控制与保护策略的序贯动作响应过程赋予了风电电源区别于同步机电源的特殊故障特征，可概括为弱馈、分段、多频率等显著特点。

由于同步机励磁绕组电压由基于晶闸管的半控型直流励磁机决定，且励磁绕组具有较大的响应时间常数，在电力系统经典故障分析中对同步机励磁电压动态可以近似忽略，因此，在电网故障期间，同步机的暂态特性完全由电路、磁路关

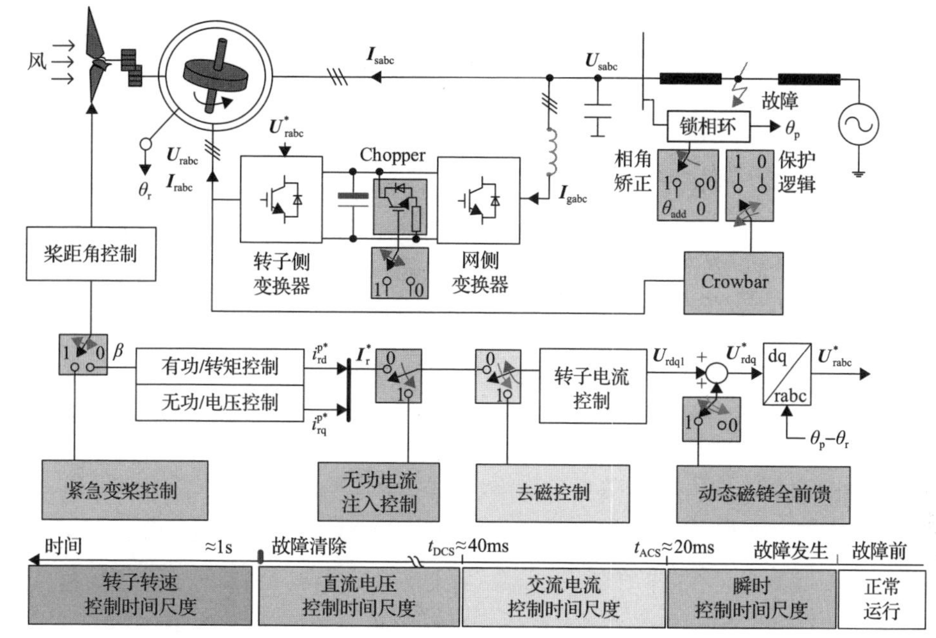

图 2-20　双馈风机在故障穿越期间内部控制及保护电路的序贯切换时序

θ_{add} 为锁相相角矫正提供的相角

系决定。一方面，同步机输出的故障电流幅值远大于故障前的电流幅值(机端短路时最大故障电流可达额定电流的十倍)，基于这一特征经典继电保护能够保障良好的动作灵敏性。另一方面，同步机短路电流包含的电流成分少，且在故障期间的变化特征一致，能够直观地从电枢绕组、励磁绕组、阻尼绕组的电路状态获得实用的特征规律描述，基于这一特征经典故障分析能够用暂态、次暂态等效电路表征同步机进行故障后系统的电气量计算。

不同于同步机，并网风机采用具有弱过载能力的全控变换器实现变速恒频发电，这导致在电网故障后并网风机输出的故障电流幅值非常有限，即便双馈风机启动了 Crowbar 保护电路，最大电流也仅为额定电流幅值的三倍左右。

不同于同步机，并网风机的机侧、网侧变换器输出的电压在多时间尺度级联的控制等策略的作用下快速变化，决定风机短路电流特征的物理、控制环节具备明显的高阶特性。在电网故障扰动下，这一高阶特性导致风机输出的故障电流包含多个分量，且各个分量的时变特征由物理、控制环节形成的复杂关系决定，不能直接由电路关系推断。

不同于同步机，并网风机在故障期间的成功穿越需要多种软件控制与硬件保护策略的切换配合，而在图 2-20 中的每一个阶段内，风机故障电流的控制保护策略各不相同，具备明显的分段特质。在电网故障的扰动下，这一分段特质将导致风机的短路电流在整个故障期间被分为规律各不相同、特征差异明显的多个阶段，这极大地增加了故障电流分析的难度与应用复杂性。

并网风机故障电流所具有的弱馈、分段、多频率等特征已成为故障分析、继电保护、装备选型等应用的壁垒[45]。

2.5.3 物理/控制环节动作过程与暂态稳定的联系

风电机组内的多时间尺度能量储存元件及其在电网暂态扰动过程中的状态演化受到风力机、电力电子变换器控制保护策略的调节，赋予了风电并网电力系统不同于传统电力系统的机电暂态、电磁暂态等多时间尺度稳定问题与内涵[46]。本节将从电磁暂态过程、机电暂态过程、电磁-机电暂态过程三个方面分别阐述。

传统电力系统的电磁暂态过程由同步机电路、磁路的变化主导，同步机的励磁器、调速器等控制环节均不是电磁暂态过程的主导因素，这一电路、磁路的过渡过程对应着暂态磁链等电气量的自由衰减，没有复杂的稳定问题。因此，传统电力系统的电磁暂态过程分析主要聚焦于故障分析，即应用各种次暂态、暂态、稳态等效电路实施故障网络电气量计算的内容，并不涉及电磁时间尺度的稳定性分析。与此不同的是，双馈风机、全功率风机变换器均在交流电流控制时间尺度、直流电压时间尺度内设置了控制器及保护切换策略。在暂态扰动过程中，风电机组中的交流电流、直流母线电压等电磁状态量在电路、磁路及相应尺度控制保护策略的作用下呈现出复杂的变化特征，风电并网电力系统正面临电磁尺度失稳的风险。

传统电力系统的机电暂态过程由同步机的转子运动主导，电力系统的经典机电暂态过程分析主要聚焦于电网故障前后同步机转子的运动过程及其功角对电磁功率的影响情况，主要聚焦于稳定性分析。与此不同的是，双馈风机、全功率风机输出的电磁功率并不直接由转子状态决定，而是由转子控制时间尺度、电磁时间尺度内的多组物理、控制保护策略共同决定，仅分析机械转子的动态难以认识系统的机电暂态行为特征及其稳定性。

传统电力系统的机电、电磁暂态过程相对独立，能够分别对电磁暂态过程、机电暂态过程进行故障分析与稳定性分析。与此不同的是，风电机组中存在着机电尺度、电磁尺度控制保护策略的级联与序贯动作，且尺度间的时间常数较近，风电机组成为并网电力系统机电、电磁暂态行为的耦合点，机电、电磁尺度间的动态影响成为分析风电并网电力系统稳定性的重要技术挑战。

2.6 本章小结

相对于以同步机为主要电源的传统电力系统，风电并网电力系统的独特性源于新增的风电机组。而风电机组参与电力系统暂态行为的特性直接由风机的控制、保护策略决定。按照风力机、发电机、电力电子变换器的部署关系，现代变速恒频风电机组主要分为双馈风机与全功率风机两类。双馈风机、全功率风机内部均配备了机械转子、直流电容、交流电感三种能量形式不同、容量大小不一的能量储存元件，这些能量储存元件是风机能量变换的核心。围绕上述多时间尺度能量储存元件，风机的常规控制策略和暂态控制策略同样具有多时间尺度特征。在电网对称故障条件下，风机内部各类能量储存元件将依次出现应力上升的情况，为确保储能元件的应力安全并完成标准要求的系统服务，风机将依序启动常规控制策略、故障穿越软件算法与硬件保护电路。这一系列多时间尺度正常/切换环节赋予了风机在暂态扰动下的多时间尺度序贯动作特质。在电网不对称故障条件下，风机除执行必要的常规和暂态策略外还将启用不对称控制策略实现特定的正序、负序控制目标。上述物理/控制环节的多时间尺度特征、暂态下多时间尺度环节的序贯动作特征是风机与同步机作为电力系统节点装备的重要区别，这些特质直接决定了风电并网电力系统在不同程度暂态扰动下的行为特征，并为故障电流分析、暂态稳定分析带来了诸多挑战与困难。

参 考 文 献

[1] 贺益康，胡家兵，徐烈. 并网双馈异步风力发电机运行控制[M]. 北京：中国电力出版社, 2011.

[2] 胡家兵，迟永宁，汤海雁. 双馈感应电机在风力发电中的建模与控制[M]. 北京：机械工业出版社, 2014.

[3] Li H, Chen Z. Overview of different wind generator systems and their comparisons [J]. IET Renewable Power Generation, 2008, 2(2): 123-138.

[4] Hansen L H, Helle L, Blaabjerg F, et al. Conceptual survey of generators and power electronics for wind turbines [EB/OL]. (2001-11-26) [2020-06-30]. http: //citeseerx. ist. psu. edu/viewdoc/similar? doi=10. 1. 1. 130. 9619& type=cc.

[5] 胡家兵，谢小荣. 高比例并网风电及系统动态分析[M]. 北京：科学出版社, 2022.

[6] Tang Y, Xu L. A flexible active and reactive power control strategy for a variable speed constant frequency generating system [J]. IEEE Transactions on Power Electronics, 1995, 10(4): 472-478.

[7] Pena R, Clare J C, Asher G M. Doubly fed induction generator using back-to-back PWM converters and its application to variable-speed wind-energy generation [J]. IEE Proceedings - Electric Power Applications, 1996, 143: 231-241.

[8] Hopfensperger B, Atkinson D J, Lakin R A. Stator-flux-oriented control of a doubly-fed induction machine with and without position encoder [J]. IEE Proceedings - Electric Power Applications, 2000, 147(4): 241-250.

[9] Morel L, Godfroid H, Mirzaian A, et al. Double-fed induction machine: Converter optimization and field oriented control without position sensor [J]. IEE Proceedings - Electric Power Applications, 1998, 145(4): 360-368.

[10] Muller S, Deicke M, Rik W, et al. Doubly fed induction generator systems for wind turbines [J]. IEEE Industrial Electronics Magazine, 2002, 8(3): 26-33.

[11] Wang S, Ding Y. Stability analysis of field oriented doubly-fed induction machine drive based on computer simulation [J]. Electric Machines and Power Systems, 1993, 21(1): 11-24.

[12] Arnalte S, Burgos J C, Rodriguez-Amenedo J L. Direct torque control of a doubly-fed induction generator for variable speed wind turbines [J]. Electric Power Components and Systems, 2002, 30: 199-216.

[13] Abad G, Rodriguez M A, Poza J. Two-level VSC based predictive direct torque control of the doubly fed induction machine with reduced torque and flux ripples at low constant switching frequency [J]. IEEE Transactions on Power Electronics, 2008, 23(3): 1050-1061.

[14] Arbi J, Ghorbal M J B, Slama-Belkhodja I, et al. Direct virtual torque control for doubly fed induction generator grid connection [J]. IEEE Transactions on Industrial Electronics, 2009, 56(10): 4163-4173.

[15] Datta R, Ranganathan V T. Direct power control of grid-connected wound rotor induction machine without rotor position sensors [J]. IEEE Transactions on Power Electronics, 2001, 16(3): 390-399.

[16] Kundur P. Power System Stability and Control[M]. New York: McGraw-Hill, 1994.

[17] Morren J, Pierik J, Haan S. Inertial response of variable speed wind turbines[J]. Electric Power Systems Research, 2006, 76(11): 980-987.

[18] Tarnowski G C. Wind turbine providing grid support: WO 2011/000531 [P]. 2012-06-08.

[19] Stiesdal H. Wind energy installation and method of controlling the output power from a wind energy Installation: US 7898099 B2 [P]. 2008-04-24.

[20] Fischer M, Engelken S, Mihov N. Operational experiences with inertial response provided by type 4 wind turbines [J]. IET Renewable Power Generation, 2016, 10(1): 17-24.

[21] Conroy J F, Watson R. Frequency response capability of full converter wind turbine generators in comparison to conventional generation [J]. IEEE Transactions on Power Systems, 2008, 23(2): 649-656.

[22] Keung P K, Li P, Banakar H, et al. Kinetic energy of wind turbine generators for system frequency support [J]. IEEE Transactions on Power Systems, 2009, 24(1): 279-287.

[23] Anaya-Lara O, Hughes F M, Jenkins N. Contribution of DFIG-based wind farms to power system short-term frequency regulation [J]. Proceedings-Generation, Transmission and Distribution, 2006, 153(2): 164-170.

[24] Zhu X, Wang Y, Xu L, et al. Virtual inertia control of DFIG based wind turbines for dynamic grid frequency support [C]. IET Renewable Power Generation Conference, Edinburgh, 2011.

[25] Clark K, Miller N W, Sanchez-Gasca J J. Modeling of GE wind turbine generators for grid studies (Version 4.5) [R]. Schenectady: General Elecrtic International, 2010.

[26] 常远瞩. 电网对称短路故障期间双馈型风机序贯切换特性建模及故障电流分析研究[D]. 武汉: 华中科技大学, 2020.

[27] 胡家兵, 孙丹, 贺益康, 等. 电网电压骤降故障下双馈风力发电机建模与控制 [J]. 电力系统自动化, 2006, (8): 21-26.

[28] Liang J, Qiao W, Harley R G. Feed-forward transient current control for low-voltage ride-through enhancement of DFIG wind turbines [J]. IEEE Transactions on Energy Conversion, 2010, 25(3): 836-843.

[29] 佟丹. 电网故障下全功率型风电机组暂态穿越研究[D]. 武汉: 华中科技大学, 2013.

[30] Tan L, Delmerico R W, Yuan X, et al. Phase-locked-loop circuit: U. S. Patent US8014181B2[P]. 2009-09-02.

[31] Math B H. Understanding Power Quality Problems: Voltage Sags and Interruptions[M]. Piscataway: IEEE Press, 2000.

[32] 耿华, 刘淳, 张兴, 等. 新能源并网发电系统的低电压故障穿越和控制[M]. 北京: 机械工业出版社, 2014.

[33] Xiang D, Ran L, Tavner P J, et al. Control of a doubly fed induction generator in a wind turbine during grid fault ride-through[J]. IEEE Transactions on Energy Conversion, 2006, 21: 652-662.

[34] López J, Sanchis P, Gubía E, et al. Control of doubly fed induction generator under symmetrical voltage dips[C]. 2008 IEEE International Symposium on Industrial Electronics, Cambridge, 2008: 2456-2462.

[35] Zhu D, Zou X, Deng L, et al. Inductance-emulating control for DFIG-based wind turbine to ride-through grid faults[J]. IEEE Transactions on Power Electronics, 2017, 32(11): 8514-8525.

[36] Chang Y, Kong X. Linear demagnetizing strategy of DFIG-based WTs for improving LVRT responses[J]. The Journal of Engineering, 2017, 2017(13): 2287-2291.

[37] Christian W, Malte L, Uwe B, et al. Flexible fault ride through of DFIG wind turbines with DC-chopper solution [C]. 11th International Workshop on Large-Scale Integration of Wind Power into Power Systems as well as on Transmission Networks for Offshore Wind Farms, Lisbon, 2012.

[38] Stephan E, Andrzej G. Measurements of doubly fed induction generator with optimised fault ride through performance [C]. The European Wind Energy Conference (EWEC), Marseille, 2009.

[39] Mohan N, Undeland T M, Robbins W P . Power electronics, converters, applications and design [J]. Microelectronics Journal, 1995, 28(1): 164-172.

[40] Teodorescu R, Liserre M, Rodriguez P. Grid Converters for Photovoltaic and Wind Power Systems[M]. Chichester: John Wiley & Sons, Ltd, 2007.

[41] Chang Y, Kocar I, Hu J, et al. Coordinated control of DFIG converters to comply with reactive current requirements in emerging grid codes[J]. Journal of Modern Power Systems and Clean Energy, 2021, 10(2): 502-514.

[42] Karaagac U. A generic EMT-type model for wind parks with permanent magnet synchronous generator full size converter wind turbines[J]. IEEE Power and Energy Technology Systems Journal, 2019, 6(3): 131-141.

[43] Graungaard T M, Wang X, Davari P, et al. Current reference generation based on next-generation grid code requirements of grid-tied converters during asymmetrical faults[J]. IEEE Journal of Emerging and Selected Topics in Power Electronics, 2020, 8(4): 3784-3797.

[44] Wang B, Wang S, Hu J. Dynamic modeling of asymmetrical-faulted grid by decomposing coupled sequences via complex vector[J]. IEEE Journal of Emerging and Selected Topics in Power Electronics, 2021, 9(2): 2452-2464.

[45] 宋国兵，陶然，李斌，等. 含大规模电力电子装备的电力系统故障分析与保护综述[J]. 电力系统自动化，2017, 41(12): 2-12.

[46] 胡家兵，袁小明，程时杰. 电力电子并网装备多尺度切换控制与电力电子化电力系统多尺度暂态问题[J]. 中国电机工程学报, 2019, 39(18): 5457-5467.

上篇　风电并网电力系统的故障电流分析

第3章　电网对称短路故障期间风电机组故障电流的暂态特征分析

3.1　引　　言

由绪论可知，风机的多时间尺度控制保护策略为故障分析问题引入了分段、高阶等新特质，处于系统节点的风机输出的故障电流因此将具有复杂的新特征。本章以电网对称短路故障场景为例，分析风机输出故障电流的暂态特征。

本章以暂态过程中双馈风机故障电流背后的数学规律为主开展近似解析分析。针对序贯切换与高阶耦合带来的复杂性，本章提出基于运算电感的分析方法，并探讨风机故障电流特征对继电保护性能的影响。

双馈风机的故障电流主要来源于双馈发电机的定子绕组，由于双馈发电机的定子直接与电网相连且仅有转子电流受机侧变换器控制，其故障电流可达额定电流的数倍，且故障电流中包含了丰富的暂态分量。与此不同的是，全功率风机的故障电流完全由网侧变换器控制，在电流控制的快速调节下，其故障电流能够快速追踪给定的电流指令，所含暂态电流分量较低，在短路电流计算及继电保护研究中常被视作受控电流源。

3.2　近端三相短路故障期间风电机组的简化数学模型

如图 3-1 所示，电网发生短路故障将突然改变电路的结构，进而引起风机及风电场并网点电压快速偏离故障前的正常范围[1,2]。依据 IEC 及 IEEE 标准[3,4]，在短路发生前后并网点故障电压的变化特征可用幅值跌落与相角跳变两个指标粗略衡量。以图 3-2 中的三相故障电压为例，0.5s 后并网点的三相电压幅值由 1p.u.快速跌落至 0.16p.u.，而故障后并网点三相电压相对故障前滞后了 36°(相对滞后记为负值，相对超前记为正值)。

研究指出，并网点电压的幅值跌落及相角跳跃程度与电网强度、故障距并网点的距离(以下简称故障距离)、电弧参数等因素密切相关。其中，不同电网强度下故障距离与并网点电压剩余幅值、相角跳跃程度之间的关系如图 3-3 所示[1,2]。

如图 3-3 所示，当外部电网较强时，故障后并网点电压的相角跳跃小，当故障位置靠近风机并网点时，电压幅值跌落深。

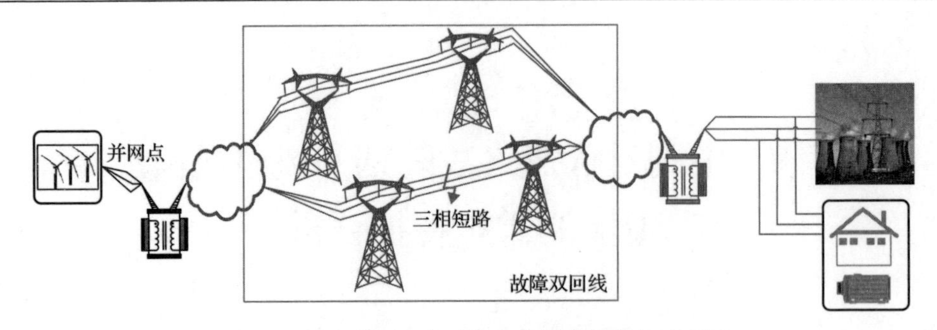

图 3-1 风电并网电力系统发生短路故障的示意图

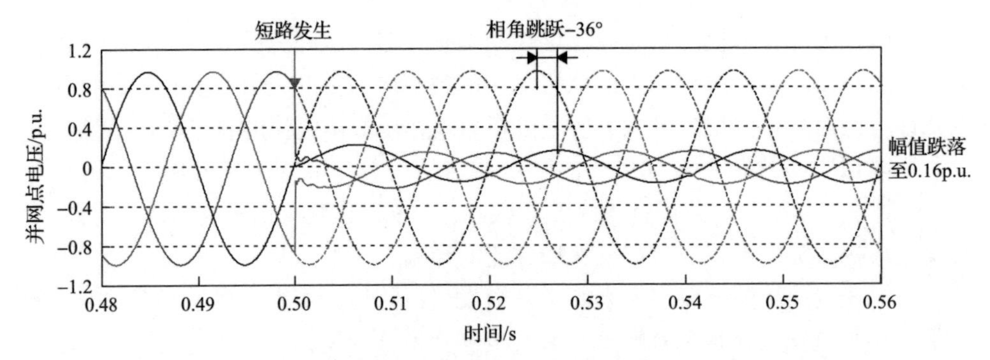

图 3-2 电网短路故障后并网点三相电压的幅值跌落与相角跳跃特征

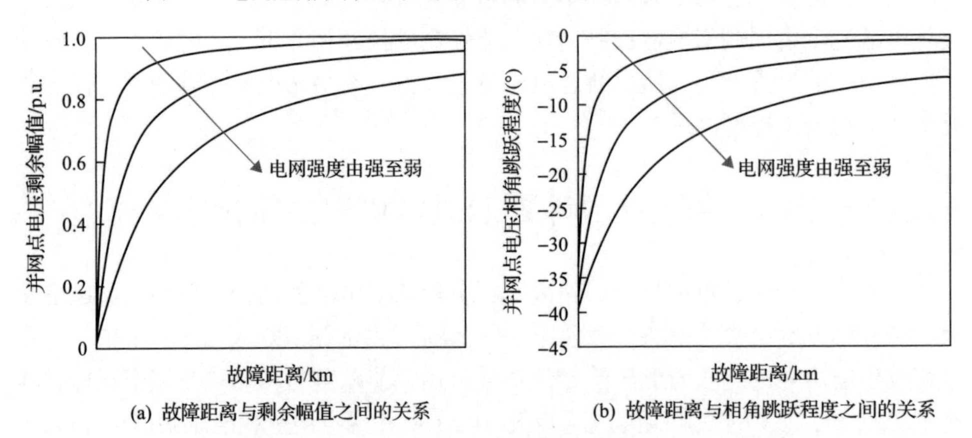

图 3-3 不同电网强度下故障距离与并网点故障电压特征之间的关系

故障发生后并网点电压的相角跳跃程度直接决定了锁相环调节行程的大小。因此，当并网点电压因近端三相短路故障而产生较小的相角跳跃时，一方面，锁相控制能够经历较短的调节时间重新与故障后的并网点电压保持同步；另一方面，锁相环的动态补偿功能在故障发生后快速识别相角跳跃程度并对锁相坐标系位置进行直接矫正，有效地减少了锁相控制的调节过程。

锁相坐标系中定子电压的 q 轴分量能够描述锁相坐标系与并网点电压的相位

偏差。如图 3-4 所示，当近端发生三相短路故障后，锁相环能够迅速与故障后的并网点电压同步，故障期间锁相误差较小。因此，发生近端三相短路故障后，双馈风机中的锁相环、坐标变换等非线性环节的行为不是主导故障电流行为的关键因素，可对相关关系进行近似简化处理。

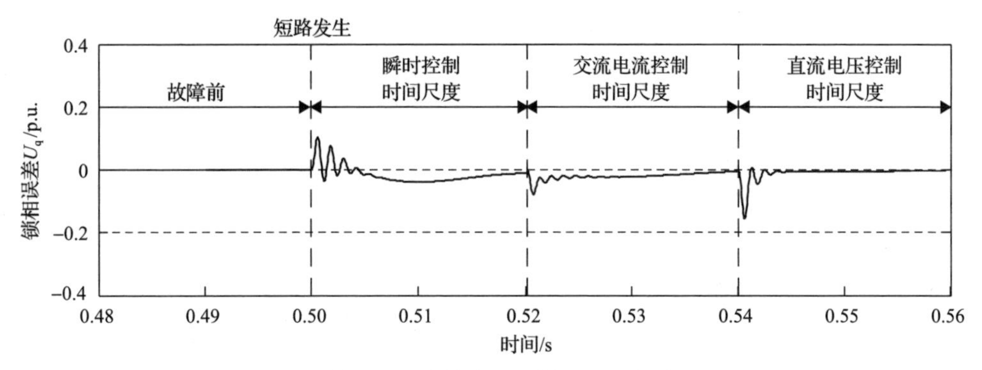

图 3-4　近端三相短路故障后双馈风机内部的锁相误差

此外，对于电网近端三相短路场景下双馈风机的转子电流控制也可做近似简化，以在准确还原电流指令追踪性能与电压抗扰性能的前提下对转子电流控制闭环系统进行降阶简化。文献[5]给出了详细的简化步骤与时域、频域验证。

3.2.1　不同故障穿越控制保护策略作用下双馈发电机转子电压

由 2.5 节可知，电网短路故障期间，多种故障穿越控制保护策略将依次交替启动并改变风机的故障电流特征。本节将以转子电压为纽带梳理瞬时控制时间尺度、交流电流控制时间尺度、直流电压控制时间尺度内各故障穿越策略影响双馈发电机故障电流的数学关系，是本章后续数学建模与近似求解的基础。

1. 瞬时控制时间尺度

电网发生故障后，2.3.3 节中的动态全前馈策略将首先启动，然而在深度对称故障情况下，暂态定子磁链形成的转子感应电动势将迅速超过机侧变换器的输出电压能力，引发机侧变换器过调制并触发过电流保护。因此在电网深度故障情况下，动态全前馈策略投入的时间极短，Crowbar 电路在故障发生后快速启动。

在该时间尺度内，双馈风机的转子电压由 Crowbar 电阻的电压降决定，即

$$\boldsymbol{U}_{\mathrm{rdq}} = -R_{\mathrm{c}}\boldsymbol{I}_{\mathrm{rdq}} \tag{3-1}$$

式中，$\boldsymbol{I}_{\mathrm{rdq}}$ 以输入电机为正方向；R_{c} 为 Crowbar 电阻。

此外，在瞬时控制时间尺度内，虽然机侧变换器及其电流控制已闭锁，但锁相控制仍在正常工作，通过调节锁相坐标系使其与电网电压重新同步。

2. 交流电流控制时间尺度

随着 Crowbar 电路的启动，转子暂态电流逐渐衰减，当达到机侧变换器的控制能力后，Crowbar 保护电流退出，机侧变换器重启并执行 2.3.3 节中的去磁电流控制。在这一时间尺度内，双馈风机的转子电压可表示为

$$\begin{cases} \boldsymbol{U}_{\mathrm{rdq}} = R_{\mathrm{r}}\boldsymbol{I}_{\mathrm{rdq}} + \mathrm{j}\omega_{\mathrm{slip}}\boldsymbol{\psi}_{\mathrm{rdq}} + K_{\mathrm{pi}}(\boldsymbol{I}_{\mathrm{rdq}}^{*} - \boldsymbol{I}_{\mathrm{rdq}}) + K_{\mathrm{ii}}\int(\boldsymbol{I}_{\mathrm{rdq}}^{*} - \boldsymbol{I}_{\mathrm{rdq}})\mathrm{d}t \\ \boldsymbol{I}_{\mathrm{rdq}}^{*} = \omega_{1}K_{\mathrm{d}}\boldsymbol{\psi}_{\mathrm{s}}' \approx \omega_{1}K_{\mathrm{d}}\left(\boldsymbol{\psi}_{\mathrm{sdq}} - \dfrac{\boldsymbol{U}_{\mathrm{sdq}}}{\mathrm{j}\omega_{1}}\right) \end{cases} \tag{3-2}$$

3. 直流电压控制时间尺度

随着去磁电流控制的执行，双馈发电机定子磁链的暂态分量快速衰减，变换器随即启动无功电流注入的服务，对应于机侧变换器电流控制的电流指令由去磁控制切换至无功电流注入控制。在该时间尺度内，双馈风机的转子电压为

$$\boldsymbol{U}_{\mathrm{rdq}} = R_{\mathrm{r}}\boldsymbol{I}_{\mathrm{rdq}} + \mathrm{j}\omega_{\mathrm{slip}}\boldsymbol{\psi}_{\mathrm{rdq}} + K_{\mathrm{pi}}(\boldsymbol{I}_{\mathrm{rdq}}^{*} - \boldsymbol{I}_{\mathrm{rdq}}) + K_{\mathrm{ii}}\int(\boldsymbol{I}_{\mathrm{rdq}}^{*} - \boldsymbol{I}_{\mathrm{rdq}})\mathrm{d}t \tag{3-3}$$

3.2.2　双馈风机的数学模型

联立 3.2.1 节中转子电压表达式与双馈发电机的电压磁链方程，可获得多种故障穿越控制保护策略动作下的双馈风机数学模型[5]。统一采用状态空间的基本形式可表示为

$$\dot{\boldsymbol{X}} = \boldsymbol{A}\boldsymbol{X} + \boldsymbol{B}\boldsymbol{U} \tag{3-4}$$

选取定子电流与转子磁链为状态变量，定子电压及转子电流指令为输入量，则式(3-4)为

$$\frac{\mathrm{d}}{\mathrm{d}t}\begin{bmatrix} \boldsymbol{I}_{\mathrm{sdq}} \\ \boldsymbol{\psi}_{\mathrm{rdq}} \end{bmatrix} = \boldsymbol{A}\begin{bmatrix} \boldsymbol{I}_{\mathrm{sdq}} \\ \boldsymbol{\psi}_{\mathrm{rdq}} \end{bmatrix} + \boldsymbol{B}\begin{bmatrix} \boldsymbol{U}_{\mathrm{sdq}} \\ \boldsymbol{I}_{\mathrm{rdq}}^{*} \end{bmatrix} \tag{3-5}$$

式(3-5)中，系统矩阵 $\boldsymbol{A}$ 及输入矩阵 $\boldsymbol{B}$ 由故障穿越策略决定，且在不同控制时间尺度内具有不同的元素，即

$$\boldsymbol{A}=\begin{cases} \boldsymbol{A}_{\mathrm{IS}}, & t_{0+}<t \leqslant t_{\mathrm{ACS}} \\ \boldsymbol{A}_{\mathrm{ACS}}, & t_{\mathrm{ACS}}<t \leqslant t_{\mathrm{DCS}} \\ \boldsymbol{A}_{\mathrm{DCS}}, & t>t_{\mathrm{DCS}} \end{cases}, \quad \boldsymbol{B}=\begin{cases} \boldsymbol{B}_{\mathrm{IS}}, & t_{0+}<t \leqslant t_{\mathrm{ACS}} \\ \boldsymbol{B}_{\mathrm{ACS}}, & t_{\mathrm{ACS}}<t \leqslant t_{\mathrm{DCS}} \\ \boldsymbol{B}_{\mathrm{DCS}}, & t>t_{\mathrm{DCS}} \end{cases} \tag{3-6}$$

式中，t_{0+} 为故障发生后的时刻；其余变量计算如下：

$$\boldsymbol{A}_{\text{IS}}=\begin{bmatrix} -\mathrm{j}\omega_1-\dfrac{R_{\text{s}}L_{\text{r}}^2+L_{\text{m}}^2R_{\text{re}}}{\sigma L_{\text{s}}L_{\text{r}}^2} & \dfrac{L_{\text{m}}}{\sigma L_{\text{s}}L_{\text{r}}}\left(-\mathrm{j}\omega_{\text{r}}+\dfrac{R_{\text{re}}}{L_{\text{r}}}\right) \\ \dfrac{R_{\text{re}}}{L_{\text{r}}}L_{\text{m}} & -\mathrm{j}\omega_{\text{slip}}-\dfrac{R_{\text{re}}}{L_{\text{r}}} \end{bmatrix} \tag{3-7}$$

$$\boldsymbol{A}_{\text{ACS}}=\begin{bmatrix} -\mathrm{j}\omega_1-\dfrac{R_{\text{s}}L_{\text{r}}^2+(\gamma+L_{\text{m}})L_{\text{m}}K_{\text{pi}}}{\sigma L_{\text{s}}L_{\text{r}}^2} & \dfrac{L_{\text{m}}}{\sigma L_{\text{s}}L_{\text{r}}}\left[-\mathrm{j}\omega_1-\dfrac{(\delta-1)K_{\text{pi}}}{L_{\text{r}}}\right] \\ \dfrac{K_{\text{pi}}}{L_{\text{r}}}(\gamma+L_{\text{m}}) & \dfrac{K_{\text{pi}}}{L_{\text{r}}}(\delta-1) \end{bmatrix} \tag{3-8}$$

$$\boldsymbol{A}_{\text{DCS}}=\begin{bmatrix} -\mathrm{j}\omega_1-\dfrac{L_{\text{m}}^2K_{\text{pi}}+R_{\text{s}}L_{\text{r}}^2}{\sigma L_{\text{s}}L_{\text{r}}^2} & \dfrac{L_{\text{m}}}{\sigma L_{\text{s}}L_{\text{r}}}\left(-\mathrm{j}\omega_1+\dfrac{K_{\text{pi}}}{L_{\text{r}}}\right) \\ \dfrac{K_{\text{pi}}}{L_{\text{r}}}L_{\text{m}} & -\dfrac{K_{\text{pi}}}{L_{\text{r}}} \end{bmatrix} \tag{3-9}$$

$$\boldsymbol{B}_{\text{IS}}=\begin{bmatrix} \dfrac{1}{\sigma L_{\text{s}}} & 0 \\ 0 & 0 \end{bmatrix} \tag{3-10}$$

$$\boldsymbol{B}_{\text{ACS}}=\begin{bmatrix} \dfrac{1}{\sigma L_{\text{s}}}\left(1-\dfrac{\mathrm{j}K_{\text{d}}K_{\text{pi}}L_{\text{m}}}{L_{\text{r}}}\right) & 0 \\ \mathrm{j}K_{\text{d}}K_{\text{pi}} & 0 \end{bmatrix} \tag{3-11}$$

$$\boldsymbol{B}_{\text{DCS}}=\begin{bmatrix} \dfrac{1}{\sigma L_{\text{s}}} & -\dfrac{L_{\text{m}}K_{\text{pi}}}{\sigma L_{\text{s}}L_{\text{r}}} \\ 0 & K_{\text{pi}} \end{bmatrix} \tag{3-12}$$

$$\begin{cases} \gamma=\omega_1K_{\text{d}}\sigma L_{\text{s}}L_{\text{r}} \\ \delta=\omega_1K_{\text{d}}L_{\text{m}} \end{cases} \tag{3-13}$$

其中，R_{re} 为 Crowbar 电阻 R_{c} 与转子电阻 R_{r} 之和。

对比各矩阵元素可知，各控制时间尺度内的状态方程组均为四阶。因此，近端三相短路故障期间双馈风机故障电流近似解析问题对应于求解上述四阶常系数微分方程组。

3.3　双馈风机故障电流的运算电感分析方法

3.3.1　运算电感的定义

基于 3.2 节的近似简化，应用拉普拉斯变换(记为 ℓ)，可将转子电压磁链方程变换至频域，即

$$\boldsymbol{U}_{\mathrm{rdq}}(s)=(s+\mathrm{j}\omega_{\mathrm{slip}})\boldsymbol{\psi}_{\mathrm{rdq}}(s)-\boldsymbol{\psi}_{\mathrm{rdq0}}+R_{\mathrm{r}}\boldsymbol{I}_{\mathrm{rdq}}(s) \tag{3-14}$$

式(3-14)中 s 为拉普拉斯算子，且用到了拉普拉斯变换的微分定理，即

$$\ell\left[\frac{\mathrm{d}f(t)}{\mathrm{d}t}\right]=s\ell[f(t)]-f(t)\big|_{t=0} \tag{3-15}$$

式中，$f(t)$ 为时域函数。

依据双馈发电机的磁路关系，可用定子电流与定子磁链表示转子磁链与转子电流，即

$$\boldsymbol{\psi}_{\mathrm{rdq}}=\frac{L_{\mathrm{r}}}{L_{\mathrm{m}}}\boldsymbol{\psi}_{\mathrm{sdq}}-\frac{\sigma L_{\mathrm{s}}L_{\mathrm{r}}}{L_{\mathrm{m}}}\boldsymbol{I}_{\mathrm{sdq}} \tag{3-16}$$

$$\boldsymbol{I}_{\mathrm{rdq}}=\frac{\boldsymbol{\psi}_{\mathrm{rdq}}}{L_{\mathrm{r}}}-\frac{L_{\mathrm{m}}}{L_{\mathrm{r}}}\boldsymbol{I}_{\mathrm{sdq}} \tag{3-17}$$

将式(3-16)、式(3-17)代入式(3-14)中，可得定子磁链的频域表达式为

$$\boldsymbol{\psi}_{\mathrm{sdq}}(s)=L_{\mathrm{s}}\frac{R_{\mathrm{r}}+\sigma L_{\mathrm{r}}(s+\mathrm{j}\omega_{\mathrm{slip}})}{R_{\mathrm{r}}+L_{\mathrm{r}}(s+\mathrm{j}\omega_{\mathrm{slip}})}\boldsymbol{I}_{\mathrm{sdq}}(s)+\frac{L_{\mathrm{m}}\boldsymbol{U}_{\mathrm{rdq}}(s)}{R_{\mathrm{r}}+L_{\mathrm{r}}(s+\mathrm{j}\omega_{\mathrm{slip}})}+\frac{L_{\mathrm{m}}\boldsymbol{\psi}_{\mathrm{rdq0}}}{R_{\mathrm{r}}+L_{\mathrm{r}}(s+\mathrm{j}\omega_{\mathrm{slip}})} \tag{3-18}$$

将 3.2.1 节中的转子电压变换至频域并代入式(3-18)，可知在瞬时控制时间尺度、交流电流控制时间尺度、直流电压控制时间尺度下双馈发电机定子磁链可统一表示为

$$\boldsymbol{\psi}_{\mathrm{sdq}}(s)=\boldsymbol{L}_{\mathrm{op}}(s)\boldsymbol{I}_{\mathrm{sdq}}(s)+\boldsymbol{L}_{\mathrm{co}}(s)\boldsymbol{I}_{\mathrm{rdq}}^{*}(s)+\boldsymbol{B}(s)\frac{\boldsymbol{\psi}_{\mathrm{sdq0}}}{s}+\boldsymbol{C}(s)\frac{\boldsymbol{\psi}_{\mathrm{rdq0}}}{s} \tag{3-19}$$

式中，$\boldsymbol{L}_{\mathrm{op}}(s)$ 与 $\boldsymbol{L}_{\mathrm{co}}(s)$ 分别为双馈风机的运算电感与伴随电感；$\boldsymbol{B}(s)$ 与 $\boldsymbol{C}(s)$ 分别为定子与转子初始磁链的运算比[6,7]。各控制时间尺度内的运算系数如表 3-1 所示。

表 3-1　双馈风机在不同时间尺度内的运算系数

时间尺度	运算系数			
	$L_{op}(s)$	$L_{co}(s)$	$B(s)$	$C(s)$
瞬时控制时间尺度(IS)	$L_s\dfrac{\sigma L_r(s+j\omega_{slip})+R_{re}}{L_r(s+j\omega_{slip})+R_{re}}$	0	0	$\dfrac{sL_m}{R_{re}+(s+j\omega_{slip})L_r}$
交流电流控制时间尺度(ACS)	$L_s\dfrac{\sigma L_r s+K_{pi}}{(L_r-jK_dK_{pi}L_m)s+K_{pi}}$	0	$\dfrac{-jsK_dK_{pi}L_m}{(L_r-jK_dK_{pi}L_m)s+K_{pi}}$	$\dfrac{sL_m}{(L_r-jK_dK_{pi}L_m)s+K_{pi}}$
直流电压控制时间尺度(DCS)	$L_s\dfrac{\sigma L_r s+K_{pi}}{L_r s+K_{pi}}$	$L_m\dfrac{K_{pi}}{sL_r+K_{pi}}$	0	$\dfrac{sL_m}{sL_r+K_{pi}}$

同理，将定子电压磁链方程变换至频域可得

$$\boldsymbol{U}_{sdq}(s)=(s+j\omega_1)\boldsymbol{\psi}_{sdq}(s)-\boldsymbol{\psi}_{sdq0}+R_s\boldsymbol{I}_{sdq}(s) \tag{3-20}$$

将式(3-19)代入式(3-20)可得定子电流的频域表达为

$$\boldsymbol{I}_{sdq}(s)=\boldsymbol{I}_{sdq1}(s)+\boldsymbol{I}_{sdq2}(s)+\boldsymbol{I}_{sdq3}(s) \tag{3-21}$$

式中

$$\begin{cases}\boldsymbol{I}_{sdq1}(s)=\dfrac{\boldsymbol{U}_{sdq}(s)}{(s+j\omega_1)\boldsymbol{L}_{op}(s)+R_s}\\[2ex]\boldsymbol{I}_{sdq2}(s)=-\dfrac{(s+j\omega_1)\boldsymbol{L}_{co}(s)\boldsymbol{I}_{rdq}^*(s)}{(s+j\omega_1)\boldsymbol{L}_{op}(s)+R_s}\\[2ex]\boldsymbol{I}_{sdq3}(s)=\dfrac{[s-(s+j\omega_1)\boldsymbol{B}(s)]\boldsymbol{\psi}_{sdq0}-(s+j\omega_1)\boldsymbol{C}(s)\boldsymbol{\psi}_{rdq0}}{s[(s+j\omega_1)\boldsymbol{L}_{op}(s)+R_s]}\end{cases} \tag{3-22}$$

可见，定子电流可被视为三部分响应之和，即双馈风机对定子电压阶跃的零状态响应、双馈风机对转子电流指令动态的零状态响应和双馈风机自身的零输入响应，如图 3-5 所示。

其中，双馈发电机的定子电压与直流电压控制时间尺度的转子电流指令是双馈风机数学模型的两个独立输入，由于它们在故障发生或故障穿越切换时均以阶跃的形式出现，故其在频域下可表示为

$$\boldsymbol{U}_{sdq}(s)=\frac{\boldsymbol{U}_{sdq.post}}{s},\quad \boldsymbol{I}_{rdq}^*(s)=\frac{\boldsymbol{I}_{rdq.DCS}^*}{s} \tag{3-23}$$

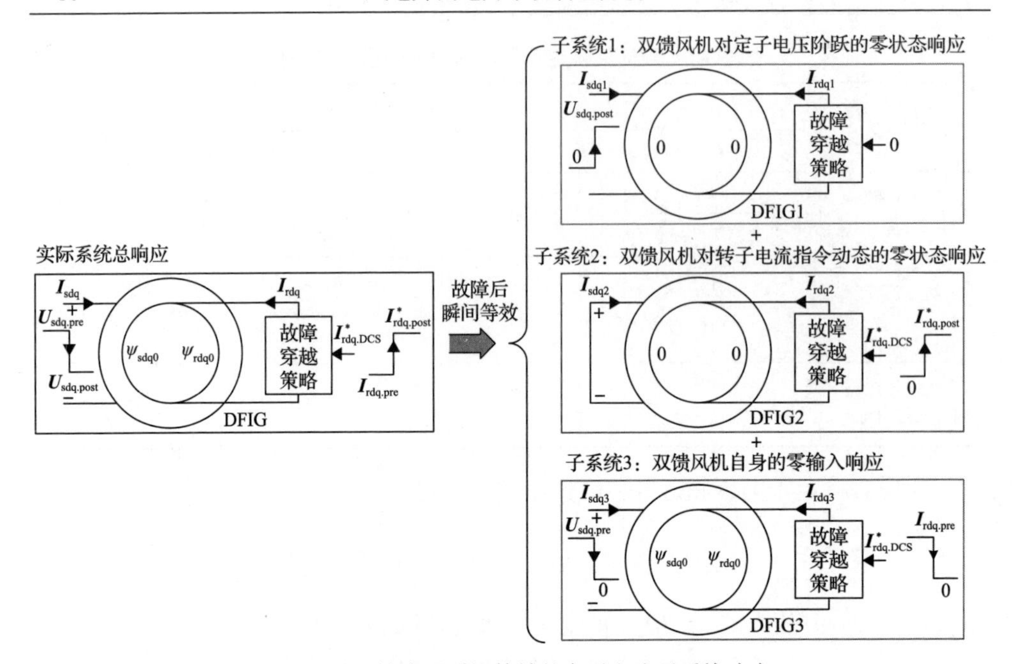

图 3-5　基于故障后瞬间等效的定子电流子系统响应

3.3.2　故障电流组成分量的频率与幅值

从数学角度来看，时域中各故障电流分量的频率对应于式(3-22)中分母多项式根的虚部，即对应于式(3-24)的解：

$$s[(s+\mathrm{j}\omega_1)\boldsymbol{L}_{\mathrm{op}}(s)+R_{\mathrm{s}}]=0 \tag{3-24}$$

式(3-24)的精确解非常复杂，但由于典型参数下定子电阻较定子电抗小两个数量级以上，故可忽略定子电阻以初步确定故障电流各分量的频率，即将式(3-24)简化为

$$s(s+\mathrm{j}\omega_1)\boldsymbol{L}_{\mathrm{op}}(s)=0 \tag{3-25}$$

由表 3-1 可知，式(3-25)的根分别为

$$p_0=0,\ \ p_{\mathrm{G1}}=-\mathrm{j}\omega_1,\ \ \boldsymbol{L}_{\mathrm{op}}(p_{\mathrm{G2}})=0 \Rightarrow \begin{cases} p_{\mathrm{G2.IS}}=-\mathrm{j}\omega_{\mathrm{slip}}-\dfrac{R_{\mathrm{re}}}{\sigma L_{\mathrm{r}}} \\ p_{\mathrm{G2.ACS}}=-\dfrac{K_{\mathrm{pi}}}{L_{\mathrm{r}}-\mathrm{j}K_{\mathrm{d}}K_{\mathrm{pi}}L_{\mathrm{m}}} \\ p_{\mathrm{G2.DCS}}=-\dfrac{K_{\mathrm{pi}}}{\sigma L_{\mathrm{r}}} \end{cases} \tag{3-26}$$

式中，p_0为一个相对于 dq 坐标系频率为 0(即在三相静止坐标系中为工频)且幅值不变的稳态电流分量。式(3-26)中的下标 G1 用于标记在 dq 坐标系中频率接近工频(在三相静止坐标系中为直流)的故障电流分量，而下标 G2 用于标记频率由运算电感决定的故障电流分量。式(3-26)意味着双馈发电机的故障电流包含了三个电流分量，它们在工频旋转坐标系中具有不同的频率。

基于拉普拉斯反变换可知，各故障电流分量的初始幅值分别对应于各极点在式(3-16)中的留数。将式(3-21)反变换至时域，即可得到忽略定子电阻时的故障电流，即

$$\begin{aligned}\boldsymbol{I}_{\text{sdq}} &= \frac{\boldsymbol{U}_{\text{sdq.post}}-\boldsymbol{E}}{\text{j}\omega_1\boldsymbol{L}_{\text{op}}} - \frac{\boldsymbol{U}_{\text{sdq.post}}-\boldsymbol{E}'}{\text{j}\omega_1\boldsymbol{L}'_{\text{op}}}\text{e}^{-\text{j}\omega_1 t} \\ &+ \left(\boldsymbol{I}_{\text{sdq0}} - \frac{\boldsymbol{U}_{\text{sdq.post}}-\boldsymbol{E}}{\text{j}\omega_1\boldsymbol{L}_{\text{op}}} + \frac{\boldsymbol{U}_{\text{sdq.post}}-\boldsymbol{E}'}{\text{j}\omega_1\boldsymbol{L}'_{\text{op}}}\right)\text{e}^{-\frac{t}{T_{\text{G2}}}-\text{j}\omega_{\text{G2}}t}\end{aligned} \tag{3-27}$$

式中，$\boldsymbol{L}_{\text{op}}$与$\boldsymbol{L}'_{\text{op}}$分别为双馈风机的稳态、暂态运算电感，是 s 取特殊值时的运算电感；$\boldsymbol{E}$ 与 $\boldsymbol{E}'$分别为双馈风机的稳态、暂态电势。它们的值具有以下关系：

$$\begin{cases}\boldsymbol{L}_{\text{op}} = \boldsymbol{L}_{\text{op}}(s)|_{s=0} \\ \boldsymbol{L}'_{\text{op}} = \boldsymbol{L}_{\text{op}}(s)|_{s=-\text{j}\omega_1}\end{cases} \quad \begin{cases}\boldsymbol{E} = \text{j}\omega_1 L_{\text{m}}\boldsymbol{I}^*_{\text{rdq.post}} \\ \boldsymbol{E}' = \text{j}\omega_1\boldsymbol{\psi}_{\text{sdq0}}\end{cases} \tag{3-28}$$

式(3-27)中，T_{G2}、ω_{G2}与根p_{G2}的关系为

$$\begin{cases}p_{\text{G2}} = -\dfrac{1}{T_{\text{G2}}} - \text{j}\omega_{\text{G2}} \\ T_{\text{G2}} = -\dfrac{1}{\text{Re}(p_{\text{G2}})},\quad \omega_{\text{G2}} = -\text{Im}(p_{\text{G2}})\end{cases} \tag{3-29}$$

3.3.3　故障电流的稳态与暂态成分

双馈风机的稳态电流可利用终值定理进行计算，即

$$\boldsymbol{I}_{\text{sdq}\infty} = \lim_{t\to\infty}\boldsymbol{I}_{\text{sdq}}(t) = \lim_{s\to 0} s\boldsymbol{I}_{\text{sdq}}(s) = \frac{\boldsymbol{U}_{\text{sdq.post}}-\boldsymbol{E}}{\text{j}\omega_1\boldsymbol{L}_{\text{op}}} \tag{3-30}$$

对比式(3-27)与式(3-30)可知，式(3-27)中的第一项即为故障电流的稳态分量，这一分量从电压跌落后就保持不变；式(3-27)中的后两项(即 G1 与 G2 标识的电流分量)则为暂态分量，它们在故障发生后瞬间产生，而随着暂态过渡过程最

终衰减至零。

3.3.4　故障电流组成分量的衰减时间常数与频率偏移量

在实际定子电阻的作用下，G1 暂态分量将逐渐衰减为零，此外还将引起该分量频率的偏移。这两个特征可通过求解保留定子电阻的特征方程确定，即求解：

$$(p_{\text{G1}} + \text{j}\omega_1)\boldsymbol{L}_{\text{op}}(p_{\text{G1}}) + R_{\text{s}} = 0 \tag{3-31}$$

由于在定子电阻的作用下 p_{G1} 仍然非常接近于$-\text{j}\omega_1$，p_{G1} 对应的运算电感 $\boldsymbol{L}_{\text{op}}(p_{\text{G1}})$与 $\boldsymbol{L}'_{\text{op}}$ 十分接近，故可用 $\boldsymbol{L}'_{\text{op}}$ 替换 $\boldsymbol{L}_{\text{op}}(p_{\text{G1}})$以近似表示 G1 暂态分量的衰减和频率偏移特征，即

$$(p_{\text{G1}} + \text{j}\omega_1)\boldsymbol{L}'_{\text{op}} + R_{\text{s}} = 0 \Rightarrow p_{\text{G1}} = -\frac{R_{\text{s}}}{\boldsymbol{L}'_{\text{op}}} - \text{j}\omega_1 = -\frac{1}{T_{\text{G1}}} - \text{j}\omega_{\text{G1}} \tag{3-32}$$

$$\frac{1}{T_{\text{G1}}} = \text{Re}\frac{R_{\text{s}}}{\boldsymbol{L}'_{\text{op}}},\quad \omega_{\text{G1}} = \omega_1 + \text{Im}\frac{R_{\text{s}}}{\boldsymbol{L}'_{\text{op}}} \tag{3-33}$$

值得注意的是，观察表 3-1 中的运算系数可见，在双馈风机故障穿越控制策略和保护电路的作用下，暂态运算电感不再是一个实数而是一个具有实部和虚部的复数。由式(3-33)可知，暂态运算电感包含虚部是导致 dq 坐标系中 G1 暂态电流分量频率偏离 ω_1 的原因。

3.3.5　近端三相短路期间双馈风机故障电流的数学表达式

综合上述获得的故障电流分量的幅值、频率、衰减等特征，可列写 dq 坐标系中的故障电流表达式：

$$\begin{aligned}\boldsymbol{I}_{\text{sdq}} = {} & \frac{\boldsymbol{U}_{\text{sdq.post}} - \boldsymbol{E}}{\text{j}\omega_1\boldsymbol{L}_{\text{op}}} - \frac{\boldsymbol{U}_{\text{sdq.post}} - \boldsymbol{E}'}{\text{j}\omega_1\boldsymbol{L}'_{\text{op}}}\text{e}^{-\frac{t}{T_{\text{G1}}} - \text{j}\omega_{\text{G1}}t} \\ & + \left(\boldsymbol{I}_{\text{sdq0}} - \frac{\boldsymbol{U}_{\text{sdq.post}} - \boldsymbol{E}}{\text{j}\omega_1\boldsymbol{L}_{\text{op}}} + \frac{\boldsymbol{U}_{\text{sdq.post}} - \boldsymbol{E}'}{\text{j}\omega_1\boldsymbol{L}'_{\text{op}}}\right)\text{e}^{-\frac{t}{T_{\text{G2}}} + \text{j}\omega_{\text{G2}}t}\end{aligned} \tag{3-34}$$

由于故障分析中多从静止坐标系观察故障电流特征，可依据坐标变换将式(3-34)变换至定子两相静止坐标系，如表 3-2 所示。从该结果可以直观地提取出各电流分量的幅值、频率、衰减时间常数等信息，且由于使用了运算电感，多种故障穿越策略作用下的电流特征具有统一简洁的数学表示。为了方便工程应用，表 3-3 总结了双馈风机典型参数下的运算电感及时间常数范围。

表 3-2　双馈风机在故障穿越期间故障电流的解析表达式

$$\boldsymbol{I}_{s\alpha\beta}=\frac{\boldsymbol{U}_{sdq.post}-\boldsymbol{E}}{j\omega_1\boldsymbol{L}_{op}}e^{j\omega_1 t}-\frac{\boldsymbol{U}_{sdq.post}-\boldsymbol{E}'}{j\omega_1\boldsymbol{L}'_{op}}e^{-\frac{t}{T_{G1}}-j\omega_{eqs}t}+\left(\boldsymbol{I}_{sdq0}-\frac{\boldsymbol{U}_{sdq.post}-\boldsymbol{E}}{j\omega_1\boldsymbol{L}_{op}}+\frac{\boldsymbol{U}_{sdq.post}-\boldsymbol{E}'}{j\omega_1\boldsymbol{L}'_{op}}\right)e^{-\frac{t}{T_{G2}}+j\omega_{eqr}t}$$

时间尺度	$\boldsymbol{L}_{op}$	$\boldsymbol{L}'_{op}$	$\boldsymbol{E}$	$\boldsymbol{E}'$	T_{G1}	ω_{eqs}	T_{G2}	ω_{eqr}
瞬时控制时间尺度	$L_s\frac{j\omega_{slip}\sigma L_r+R_{re}}{j\omega_{slip}L_r+R_{re}}$	$L_s\frac{-j\omega_r\sigma L_r+R_{re}}{-j\omega_r L_r+R_{re}}$	0	$j\omega_1\boldsymbol{\psi}_{sdq0}$	$\frac{1}{\mathrm{Re}\frac{R_s}{\boldsymbol{L}'_{op}}}$	$\mathrm{Im}\frac{R_s}{\boldsymbol{L}'_{op}}$	$\frac{\sigma L_r}{R_{re}}$	ω_r
交流电流控制时间尺度	L_s	$L_s\frac{-j\omega_1\sigma L_r+K_{pi}}{-j\omega_1 L_r+K_{pi}(1-\omega_1K_dL_m)}$	0	$j\omega_1\boldsymbol{\psi}_{sdq0.ACS}$			$\frac{\sigma L_r}{K_{pi}}$	ω_1
直流电压控制时间尺度	L_s	$L_s\frac{-j\omega_1\sigma L_r+K_{pi}}{-j\omega_1 L_r+K_{pi}}$	$j\omega_1 L_m\boldsymbol{I}^*_{rdq.post}$	$j\omega_1\boldsymbol{\psi}_{sdq0.DCS}$				

注：ω_{eqs}、ω_{eqr} 为定转子等效角速度。

表 3-3　双馈风机在不同时间尺度内的特征参数典型值与范围

时间尺度	运算系数			
	$\omega_1\boldsymbol{L}_{op}$/p.u.	$\omega_1\boldsymbol{L}'_{op}$/p.u.	T_{G1}/ms	T_{G2}/ms
瞬时控制时间尺度	0.69∠50.44° (0.50～0.75)∠(45°~70°)	0.35∠15.34° (0.10～0.4)∠(10°～40°)	50.00 45.00～155.00	8.45 3.00～10.00
交流电流控制时间尺度	3.08∠0° (2.85～6.00)∠0°	0.41∠8.1° (0.35～0.45)∠(5°～30°)	57.79 45.00～230.00	1.75 0.50～2.00
直流电压控制时间尺度	3.08∠0° (2.85～6.00)∠0°	0.68∠50.13° (0.6～0.7)∠(45°～75°)	145.98 140.00～870.00	1.75 0.50～2.00

注：横线上面是典型值，下面是取值范围。

3.4　双馈风机对称故障电流的暂态特征与计算结果

3.4.1　双馈风机故障电流的电磁暂态仿真与计算结果

本节将基于 MATLAB/Simulink 构建某商用 1.5MW 双馈风机开关级电磁暂态仿真模型，通过仿真结果验证分析表 3-2 中的故障电流暂态特征。

该 1.5MW 双馈风机的详细参数如表 3-4 所示。研究的风电场场景如图 3-6 所示，Z_f 为故障阻抗，Z_1～Z_5 为各段线路的等效阻抗。其中，风电场内各双馈风机经箱式变压器连接至 35kV 场内馈线，各场内馈线汇集至风电场变电站，升压后经 110kV 送出线与电网相连。风电场并网点处的短路比(short-circuit ratio，SCR)设定为 5，如图 3-6 所示。场内箱式变压器、升压变压器、场内馈线及送出线参数如表 3-5 所示。

(1)故障场景：如图 3-6 所示，0.5s 时刻 110kV 双回线中的一回线路中点发生三相短路故障，不同的电弧参数决定了故障后电网电压的幅值跌落及相角跳跃程度不同。

表 3-4　某 1.5MW 双馈风机的详细参数

符号	参数含义	取值	符号	参数含义	取值
$U_{\text{sN.rms}}$	定子线电压有效值	690V	ω_1	工频角速度	100π rad/s
S_{N}	额定视在功率	1.667MV·A	U_{dc}^*	额定直流母线电压	1150V
R_{s}	定子电阻	0.023p.u.	K_{d}	去磁系数	–2
R_{r}	转子电阻	0.016p.u.	K_{U}	无功注入系数	2
R_{c}	Crowbar 电阻	0.107p.u.	K_{pi}	转子电流控制比例参数	0.6
R_{ch}	Chopper 电阻	0.5Ω	K_{ii}	转子电流控制积分参数	8
$\omega_1 L_{\text{s}}$	定子电抗	3.08p.u.	K_{pPLL}	锁相控制比例参数	60
$\omega_1 L_{\text{r}}$	转子电抗	3.06p.u.	K_{iPLL}	锁相控制积分参数	1400
$\omega_1 L_{\text{m}}$	励磁电抗	2.9p.u.	I_{rmax}	机侧变换器电流限值	1.2p.u.
$N_{\text{r}}/N_{\text{s}}$	电机匝比	2.87	$I_{\text{gsc.max}}$	网侧变换器电流限值	0.3p.u.

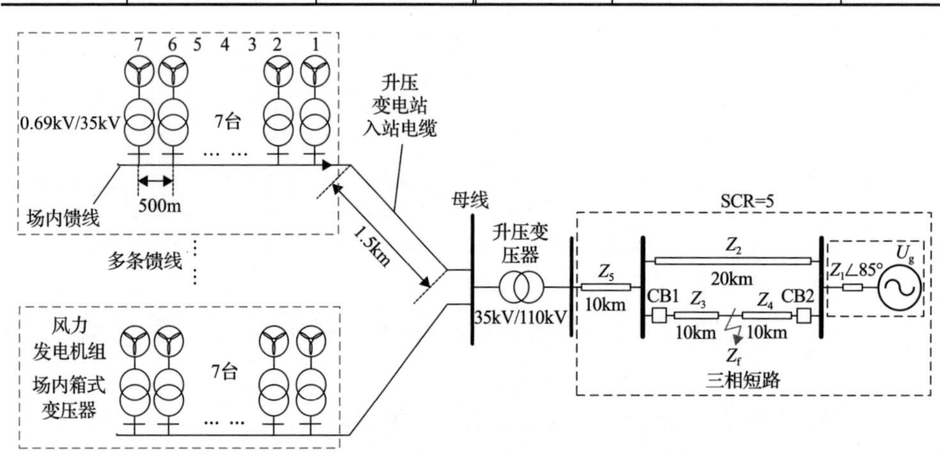

图 3-6　某风电场及其送出线系统的近端三相短路故障场景

表 3-5　风电场内馈线及变压器电气参数

参数	取值	参数	取值
35kV 场内馈线及 110kV 送出线线型	LGJ-185/30	箱式变压器型号	S11-1600/35
线路正序单位电阻	0.115Ω/km	箱式变压器短路压降	6.6%
线路正序单位电感	1.05mH/km	主变压器型号	SZ11-120000
线路对地正序单位电容	11.33nF/km	主变压器短路压降	14%

(2)故障前状态：在 0.5s 之前，双馈风机运行于额定满载工况，即运行于超同步状态(ω_r=1.2，滑差为–0.2)，双馈风机向电网输出 1.5MW 的有功功率和 0Mvar 的无功功率。

(3)故障期间的控制保护策略：0.5s 电压跌落后，由于并网点电压跌落程度深，Crowbar 保护电路立即投入直至 0.52s 后转子电流进入机侧变换器的可控范围；随后机侧变换器重新投入工作，且 0.52～0.54s 期间转子电流控制的指令由去磁控制生成，帮助机侧变换器恢复无功电流注入的能力，在 0.54s 去磁控制退出，转子电流控制的指令由无功电流注入生成，直至故障切除。其间，Chopper 电路依据直流电压状态适时投入以避免直流母线过电压，紧急变桨适时启动以避免风力机及转子转速过高而保护脱网。

图 3-6 中，故障电弧参数设置为 0.02∠30°(标幺值)，风机 1 处的定子电压幅值由故障前的 100%突然跌落至 20%，电压相角跳跃–10°，如图 3-7(a)所示。仿真得到的风机 1 的三相故障电流如图 3-7(b)所示。图中，IS 表示瞬时控制时间尺度，ACS 表示交流电流控制时间尺度，DCS 表示直流电压控制时间尺度。

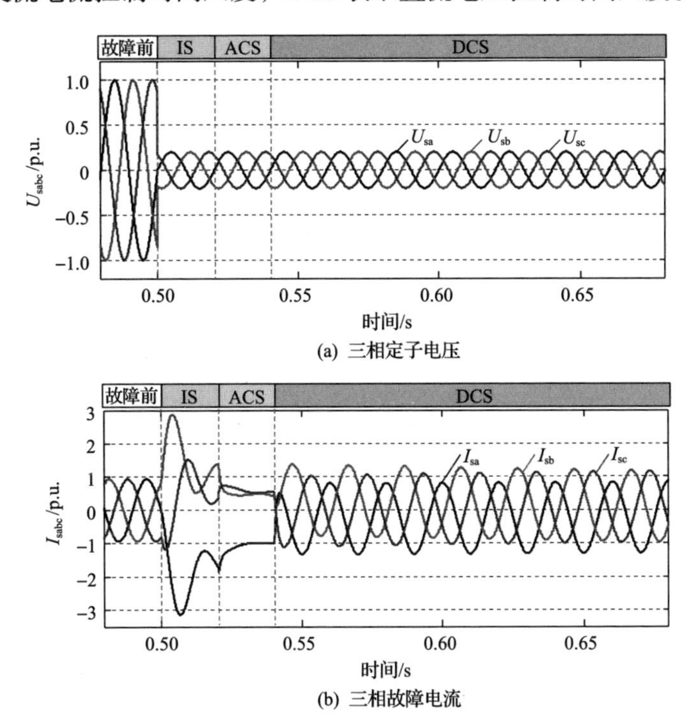

(a) 三相定子电压

(b) 三相故障电流

图 3-7　近端三相短路故障后双馈风机定子电压与故障电流的数值仿真结果

将上述故障场景与参数代入表 3-2 可得风机 1 在各控制时间尺度内的故障电流解析计算结果，如表 3-6 所示。故障电流的数值仿真结果与解析计算结果的对比如图 3-8 与图 3-9 所示。

表 3-6 双馈风机故障电流的解析计算结果

时间尺度	解析计算结果
瞬时控制 时间尺度 (0.5～0.52s)	$\boldsymbol{I}_{s\alpha\beta.IS}=0.291e^{-j2.451}e^{j100\pi t}+2.305e^{-j1.839}e^{-\frac{t}{0.0498}+j5.508t}+2.404e^{-j1.616}e^{-\frac{t}{0.0085}+j2\pi\times 60t}$
交流电流控制 时间尺度 (0.52～0.54s)	$\boldsymbol{I}_{s\alpha\beta.ACS}=0.0649e^{-j1.571}e^{j100\pi t}+1.278e^{-j1.460}e^{-\frac{t}{0.0611}+j1.490t}+0.808e^{-j2.643}e^{-\frac{t}{0.000874}+j100\pi t}$
直流电压控制 时间尺度 (0.54～0.56s)	$\boldsymbol{I}_{s\alpha\beta.DCS}=1.065e^{j1.570}e^{j100\pi t}+0.346e^{-j2.244}e^{-\frac{t}{0.270}+j4.964t}+1.800e^{-j1.390}e^{-\frac{t}{0.000874}+j100\pi t}$

图 3-8(a)与图 3-8(b)在 dq 坐标系中分别对比了故障期间两组结果中的 d 轴与 q 轴电流分量，图 3-9(a)与图 3-9(b)在定子三相静止坐标系中分别对比了故障期间两组结果中的 a 相与 b 相电流分量。可见，解析计算结果能够准确匹配数值仿真结果，说明了解析表达式具有较高的预测精度，推导解析表达式所采用的近似假设在该研究场景中适用，预测结果能够准确反映故障电流中的主要规律。

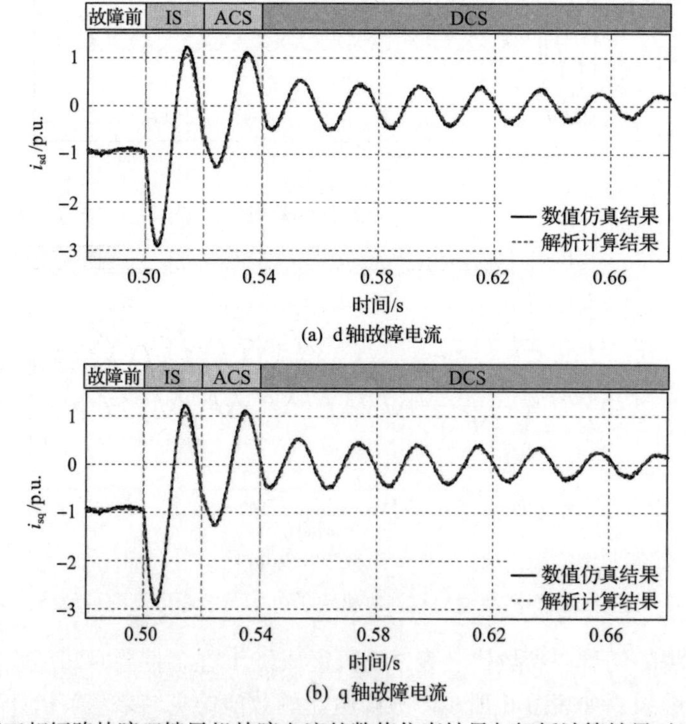

(a) d 轴故障电流

(b) q 轴故障电流

图 3-8 近端三相短路故障双馈风机故障电流的数值仿真结果与解析计算结果对比(dq 坐标系)

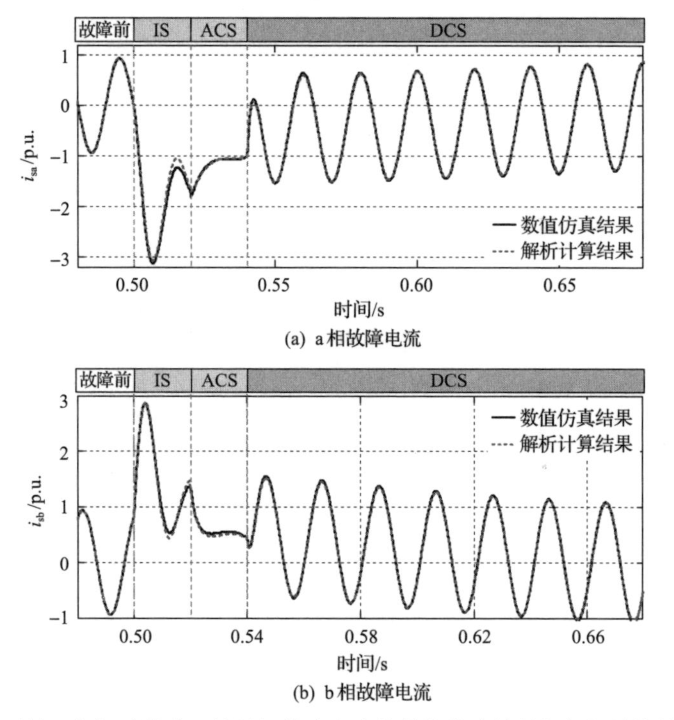

(a) a相故障电流

(b) b相故障电流

图 3-9　近端三相短路故障双馈风机故障电流的数值仿真结果与解析计算结果对比（定子三相静止坐标系）

此外，基于解析表达式预测的不同电流分量如图 3-10 与图 3-11 所示。图 3-10(a)与图 3-10(b)在 dq 坐标系下分别展示了 d 轴与 q 轴故障电流的组成分量，即稳态电流分量、G1 暂态电流分量、G2 暂态电流分量；图 3-11(a)与图 3-11(b)在定子三相静止坐标系下分别展示了 a 相与 b 相电流的组成分量。同时，对比图 3-8 与图 3-10、图 3-9 与图 3-11 可知，虽然故障电流在整个过程中保持连续，但在控制时间尺度切换的瞬间呈现非光滑(导数不连续)的特征，且电流分量的初值重新分配，控制时间尺度内电流分量的频率、衰减时间常数均不相同，这些现象体现了双馈风机多时间尺度序贯切换特性对故障电流的影响。

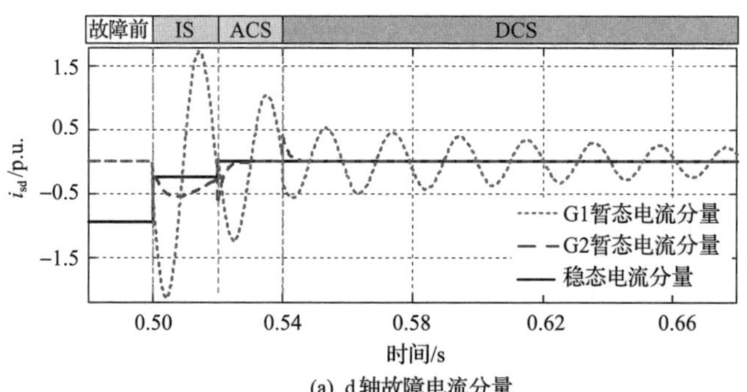

(a) d轴故障电流分量

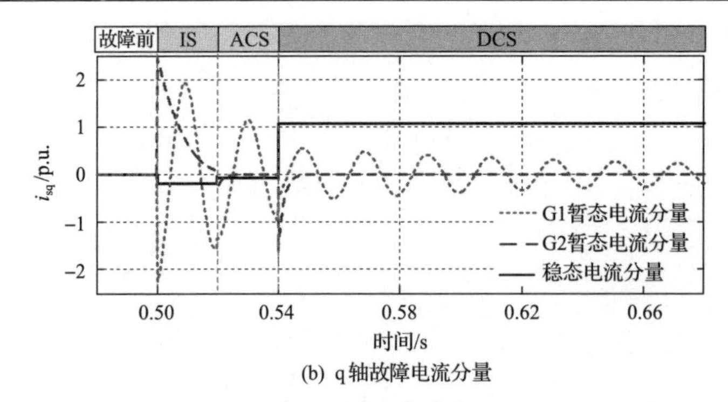

(b) q轴故障电流分量

图 3-10　近端三相短路故障双馈风机故障电流的分量(dq 坐标系)

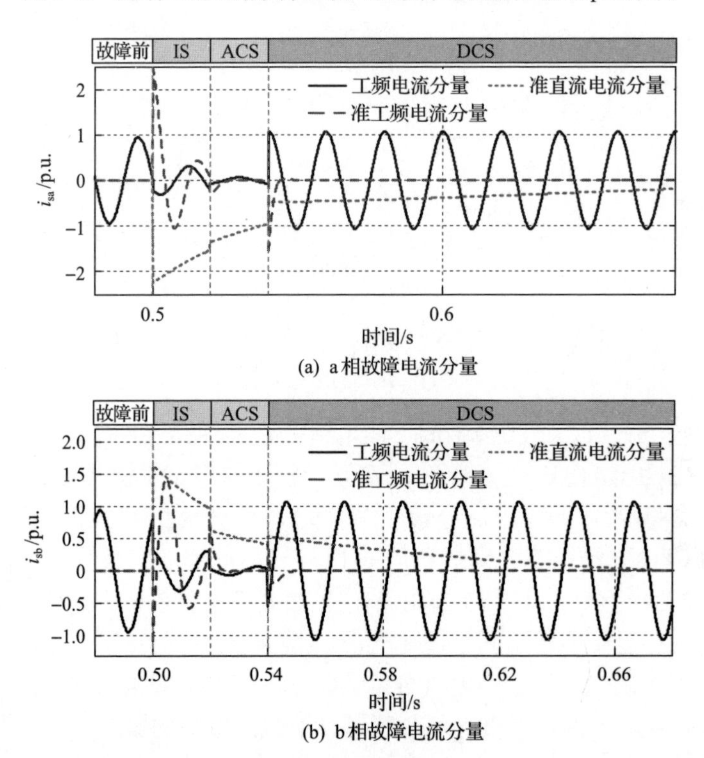

图 3-11　近端三相短路故障双馈风机故障电流的分量(定子三相静止坐标系)

3.4.2　双馈风机故障电流的动模验证与计算结果

本节将基于图 3-12 所示的双馈风机动模实验平台对表 3-2 中的计算结果进行验证。

相对于 3.4.1 节中的仿真模型,双馈风机动模实验平台能够准确地反映电网短路故障期间转子转速动态、磁路非线性等因素对故障电流的影响。

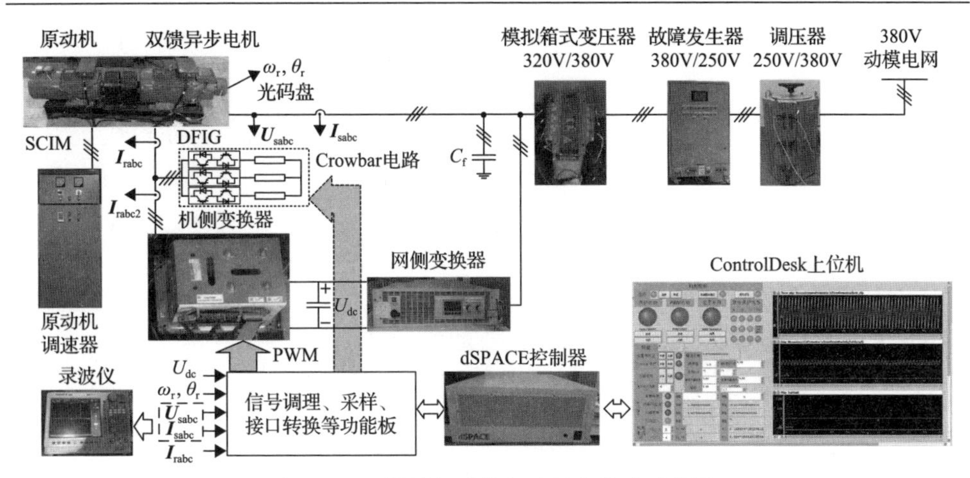

图 3-12　双馈风机动模实验平台构成示意图

SCIM 为鼠笼式感应电动机

双馈风机动模实验平台的参数如表 3-7 所示。该平台以一台变频调速驱动的鼠笼式感应电动机作为原动机，模拟风力机及传动链；机侧、网侧变换器由 SEMIKRON 功率模块构成；平台的启动、并网变换器、故障穿越等控制均由 dSPACE 控制器实现；双馈风机的定子经模拟箱式变压器、故障发生器、调压器与动模电网相连；在 ControlDesk 上位机中下达实验平台的指令并实时监测平台状态；双馈风机的机端电压、故障电流由录波仪记录。

表 3-7　10kW 双馈风机动模实验平台参数

符号	参数含义	取值	符号	参数含义	取值
$U_{sN.rms}$	定子线电压有效值	320V	ω_1	工频角速度	100π rad/s
S_N	额定视在功率	10kV·A	U_{dc}^*	额定直流母线电压	650V
R_s	定子电阻	0.078p.u.	K_d	去磁系数	–2
R_r	转子电阻	0.011p.u.	K_U	无功注入系数	2
R_c	Crowbar 电阻	0.031p.u.(2Ω)	K_{pi}	转子电流控制比例参数	0.6
$R_{chopper}$	Chopper 电阻	2Ω	K_{ii}	转子电流控制积分参数	8
$\omega_1 L_s$	定子电抗	2.378p.u.	K_{pPLL}	锁相控制比例参数	60
$\omega_1 L_r$	转子电抗	2.348p.u.	K_{iPLL}	锁相控制积分参数	1400
$\omega_1 L_m$	励磁电抗	2.303p.u.	C_{DC}	直流母线电容值	1.68mF
N_r/N_s	电机匝比	2.5	f_{PWM}	变换器开关频率	10kHz

(1)故障场景：0.5s 时刻，由故障发生器产生近端三相短路故障，双馈风机的定子电压幅值由故障前的 100%跌落至 20%。故障由手动恢复，故障恢复后的波

形不在记录范围内。

(2)故障前状态：在 0.5s 以前，动模机组运行于超同步工况(ω_r=1.1，滑差为 –0.1)，双馈风机向电网输出 8kW 有功功率，且运行于单位功率因数模式。

(3)故障期间的控制与保护策略：0.5s 电压跌落后，Crowbar 保护电路立即投入直至 0.52s 后切除；随后机侧变换器重新投入工作，且在 0.52～0.54s 期间转子电流控制的指令由去磁控制生成，在 0.54s 时去磁控制退出，转子电流控制的指令由快速无功电流注入生成，直至故障手动清除。其间，Chopper 电路依据直流电压适时投入以避免直流母线过电压，原动机调速器工作于恒转速模式。

实验录波数据与数值仿真结果、解析计算结果的对比如图 3-13 与图 3-14 所示。

图 3-13(a)与图 3-13(b)在 dq 坐标系中分别对比了故障期间三组结果中的 d 轴与 q 轴电流分量，图 3-14(a)与图 3-14(b)在定子三相静止坐标系下分别对比了故障期间三组结果中的 b 相与 c 相电流分量。可见，实验录波数据与数值仿真结果、解析计算结果在除电流峰值外的大部分时间内能够较好地重合，证明了表 3-2 解析表达式与本章磁路分析的正确性。此外，在故障电流峰值处，实验录波数据与数值仿真、解析计算结果均出现了较大的偏差，这表明磁路饱和对故障电流的

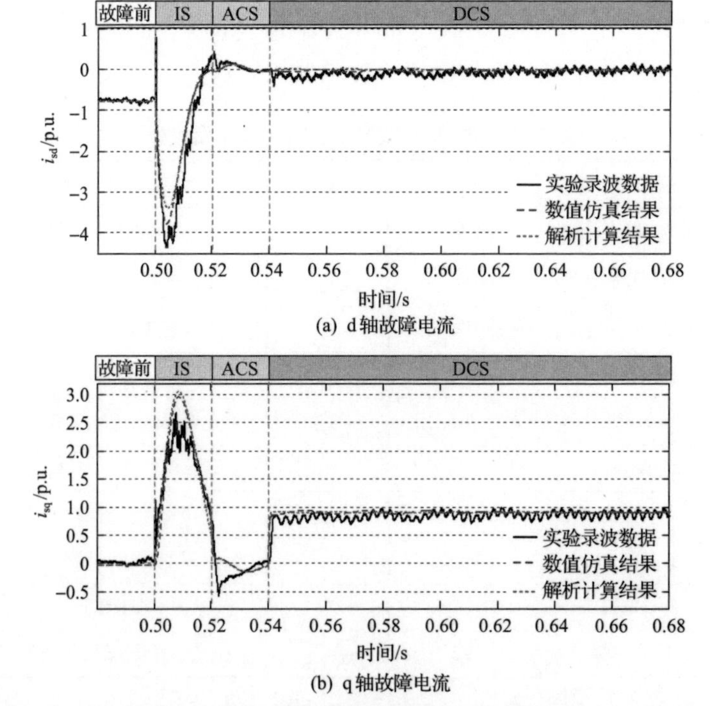

图 3-13　近端三相短路双馈风机故障电流的实验录波数据与数值仿真结果、解析计算结果的对比(dq 坐标系)

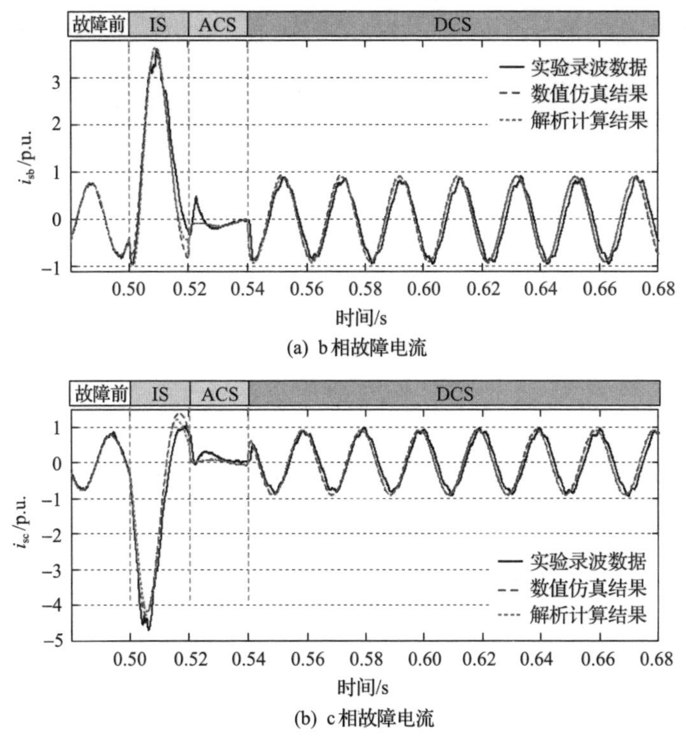

(a) b 相故障电流

(b) c 相故障电流

图 3-14　近端三相短路双馈风机故障电流的实验录波数据与数值仿真结果、解析计算结果的对比(定子三相静止坐标系)

影响主要集中于故障电流峰值范围附近，且其主要作用在于增加了峰值电流的大小。因此，在计算短路电流峰值以选择断路器时，应在解析表达式的基础上乘以磁路饱和安全系数，该系数的确定应参考实测电机磁路饱和曲线[8,9]。

3.5　风电并网电力系统距离保护面临的挑战

风电场送出线系统将风电场与高等级电网相连，其典型结构如图 3-15 所示。距离保护是 110kV、220kV 等送出线的基本配置[10,11]。当多回送出线中某一回发生三相短路故障时，安装于线路一侧的距离保护装置应能够正确地判断故障所在的回路及故障与保护安装位置的距离，以快速、有选择性地切除故障回路，保障风电场及非故障区域电力系统的正常运行。

当风电场送出线距离保护采用经典三段式配置方案[11]时，距离保护装置 DR1-2 的第一段、第二段配置如图 3-15 所示。DR1-2 的一段距离保护为无延时速动保护，保护范围为线路 1-2 长度的 90%，即若三相短路故障发生在线路 1-2 的 90%范围以内，DR1-2 的一段距离保护元件应立即动作驱动断路器切断线路 1-2，由于断路器的机械动作时间,从故障发生至断路器跳闸的典型时延为 20ms;DR1-2 的二段距离保护需配置时延与第一段距离保护形成配合，保护的范围为线路 1-2 的 150%，即若三相短路故障发生在线路 1-2 的 150%(即线路 2-3 的中点)以内，DR1-2 的二段距离保护元件应延时 330ms 后驱动断路器切断线路 1-2，从故障发生至故障切除的时延约为 400ms。

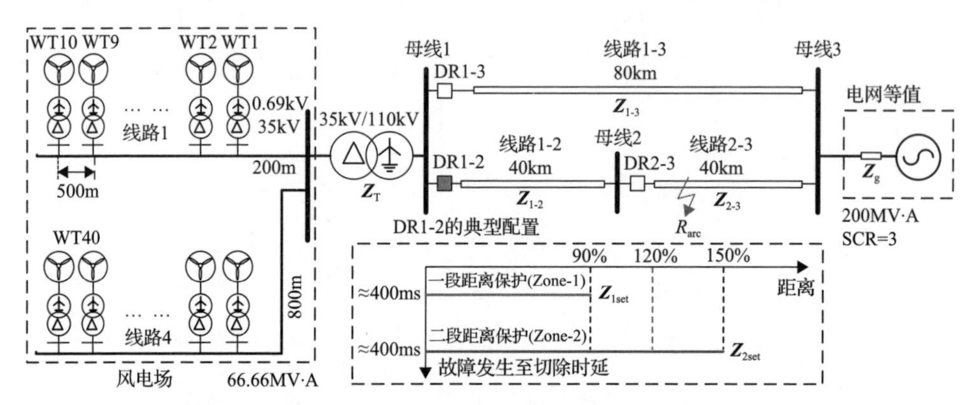

图 3-15　某风电场送出线系统距离保护及其典型配置示意图

数字式距离保护元件的工作原理如图 3-16 所示[12-14]。DR1-2 装置通过电压、电流互感器等传感器测量母线 1 出口处的三相电压、电流信号，并经数模转换变为离散数字信号，再经相量提取单元[15]数字滤波[常采用全周/半周傅里叶算法(full/half cycle Fourier algorithm[13])]后得到电压电流的测量相量，计算测量阻抗。最终，通过比较测量阻抗与整定阻抗判据决定是否执行跳闸动作。

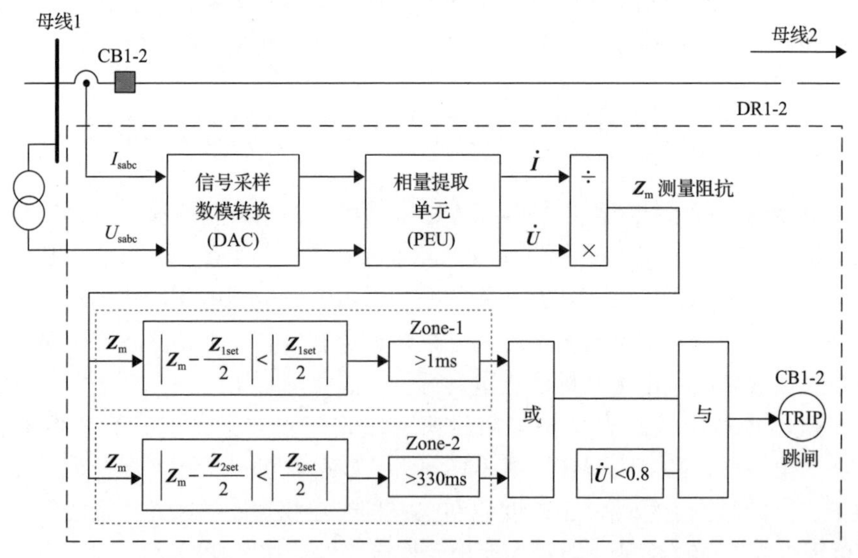

图 3-16　典型数字式距离保护元件的工作原理示意图

以姆欧元件(Mho Relay)判据为例，其一段、二段距离保护的判据可表示为

$$\left|\boldsymbol{Z}_{\mathrm{m}}-\frac{\boldsymbol{Z}_{1\mathrm{set}}}{2}\right|<\left|\frac{\boldsymbol{Z}_{1\mathrm{set}}}{2}\right| \tag{3-35}$$

$$\left|\boldsymbol{Z}_{\mathrm{m}}-\frac{\boldsymbol{Z}_{2\mathrm{set}}}{2}\right|<\left|\frac{\boldsymbol{Z}_{2\mathrm{set}}}{2}\right| \tag{3-36}$$

按照经典三段式配置方案，一段、二段距离保护元件的配置阻抗为

$$\begin{cases}\boldsymbol{Z}_{1\mathrm{set}}=0.9\boldsymbol{Z}_{1\text{-}2}\\ \boldsymbol{Z}_{2\mathrm{set}}=1.5\boldsymbol{Z}_{1\text{-}2}\end{cases} \tag{3-37}$$

在电阻-电抗平面(*R*-*X* plane)上，上述姆欧元件判据与整定逻辑表示为图 3-17，即若测量阻抗进入一段阻抗判据范围(小圆轨迹内)，将直接触发一段距离保护动作；若测量阻抗持续进入二段阻抗判据范围(大圆轨迹内)超过 330ms，则触发二段距离保护动作。

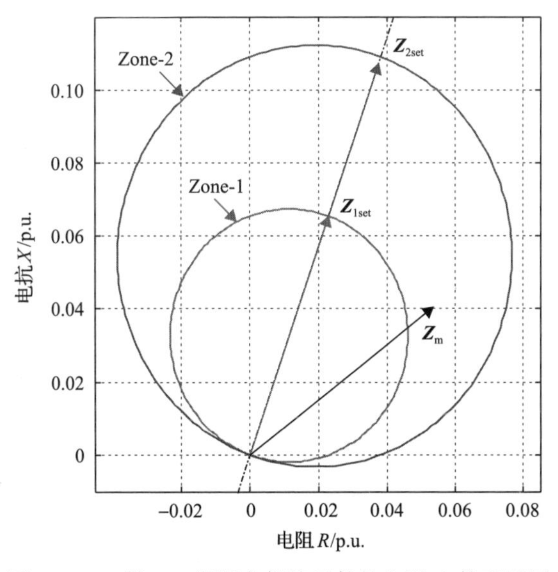

图 3-17　一段、二段距离保护元件的电阻-电抗配置图

3.5.1　双馈风机短路电流引起的一段距离保护误动作

为评估典型配置下距离保护元件 DR1-2 的性能，本节仍在 MATLAB/Simulink 中构建图 3-15 中的风电场及送出线系统，系统仿真的参数如表 3-8 所示。仿真模型中，距离保护元件采用 MERIT 提供的标准仿真模型[14]。

表 3-8　用于距离保护性能研究的送出线系统参数

符号	参数含义	取值	符号	参数含义	取值
U_{base}	电压基值	$110\sqrt{2/3}$ kV	S_{base}	视在功率基值	66.66MV·A
$\boldsymbol{Z}_g$	电网阻抗	0.056+j0.328p.u.	$\boldsymbol{Z}_{1\text{-}2}$	线路 1-2 阻抗	0.025+j0.073p.u.
$\boldsymbol{Z}_{2\text{-}3}$	线路 2-3 阻抗	0.025+j0.073p.u.	$\boldsymbol{Z}_{1\text{-}3}$	线路 1-3 阻抗	0.051+j0.145p.u.
$\boldsymbol{Z}_T$	主变压器漏抗	j0.08p.u.	R_{arc}	电弧电阻	0.01Ω

三相短路故障发生于 0.5s 时刻，故障位于母线 2 右侧。DR1-2 的测量阻抗轨迹如图 3-18 所示。

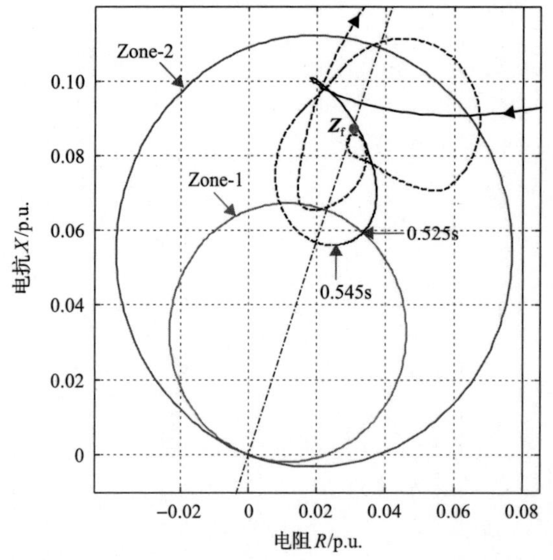

图 3-18　母线 2 右侧三相短路后 DR1-2 的测量阻抗轨迹图

-·-·- 线路阻抗参考　—— CB1-2动作前　--- CB1-2动作后　● 故障实际位置

可见，故障发生后，测量阻抗的轨迹快速振荡并于 0.525s 进入了 DR1-2 一段距离保护的动作区域，一段保护启动，经断路器 20ms 动作延时后 CB1-2 断路器于 0.545s 跳闸。然而，该故障的实际位置并非位于一段保护的区域(线路 1-2 的 90%以内)，而位于二段距离保护的范围(线路 1-2 的 150%以内)。因此，距离保护元件 DR1-2 没有按照预想设计的功能经 DR1-2 的二段距离保护或经 DR2-3 的一段距离保护切断故障，致使母线 2 意外停电，属于典型的误动作现象。

3.5.2　误动作原因分析

图 3-18 中的距离保护误动作与双馈风机故障电流的特殊性有关。本节将图 3-15 中的风电场替换为输出同等有功功率的同步机(具体参数如表 3-9 所示)，

通过对比同一故障、不同电源场景下继电保护元件的测量阻抗轨迹进一步阐明引起距离保护误动作的原因。

表 3-9　用于距离保护测量轨迹研究的同步机参数

符号	参数含义	取值	符号	参数含义	取值
U_{sbase}	机组电压基值	$13.5\sqrt{2/3}$ kV	S_{base}	机组视在功率基值	100MV·A
X_{d}	d 轴电抗	1.09p.u.	X'_{d}	d 轴暂态电抗	0.25p.u.
X''_{d}	d 轴次暂态电抗	0.21p.u.	X_{q}	q 轴电抗	0.4p.u.
X''_{q}	q 轴次暂态电抗	0.20p.u.	T'_{d}	励磁绕组时间常数	1.01s
T''_{d}	d 轴阻尼绕组时间常数	1.01s	T''_{q0}	q 轴阻尼绕组时间常数(开路)	0.1s
R_{s}	定子电阻	0.0029p.u.	H	惯性时间常数	3.7s

图 3-19 对比了电源为双馈风机与同步机时母线 2 右侧三相短路 DR1-2 测量的阻抗变化轨迹。如图 3-19(b)所示，当电源为同步机时，故障后 DR1-2 的测量轨迹能够快速收敛至实际故障位置($\boldsymbol{Z}_{\text{f}}$)，且不进入一段距离保护的范围，即当电源为同步机时，一段距离保护能够正确判断，不触发 3.5.1 节中的误动作。

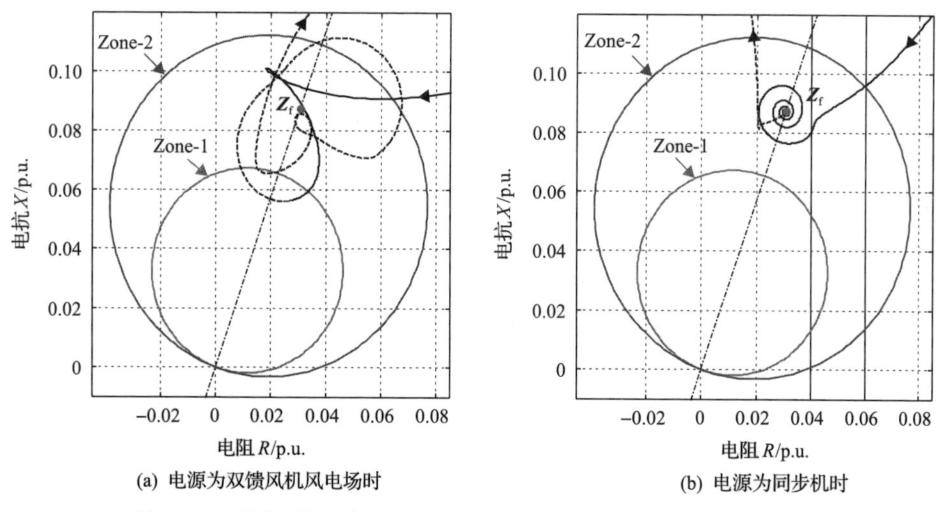

图 3-19　不同电源时距离保护元件 DR1-2 的测量阻抗轨迹图的对比

对比图 3-19(a)可见，当电源替换为同步机后测量阻抗的轨迹振荡较为规则，且振荡幅值较小，能够快速收敛至正确的故障位置，而当电源为双馈风机时 DR1-2 的测量阻抗没有迅速收敛至正确的故障位置，且轨迹的振荡明显且规律复杂，这是引起一段距离保护误动作的直接原因[16]。需要指出，距离保护基于工频电压电流信息计算自保护安装位置至故障位置的工频阻抗，本应与背侧电源及其馈出的故障电流大小无关，但其他非工频电气量信息对相量提取单元观测结果的干扰是导致观测阻抗振荡的主要原因。

双馈风机故障电流中的暂态电流分量是引起 DR1-2 测量阻抗明显振荡的原因。一方面，故障发生后母线 2 的三相电压均为工频，而另一方面，双馈风机故障电流包含一个转速频率的暂态电流分量，其与稳态电流分量的频率间隔小于 10Hz 且幅值快速衰减，该准工频暂态电流分量不能被基于傅里叶变换(其原理针对周期信号)的相量提取单元准确滤除，进而“污染”了相量提取单元对电流相量的观测结果，使其不能准确还原工频电流分量的幅值、相位信息，如图 3-20 所示，最终造成了测量阻抗的无规律振荡。

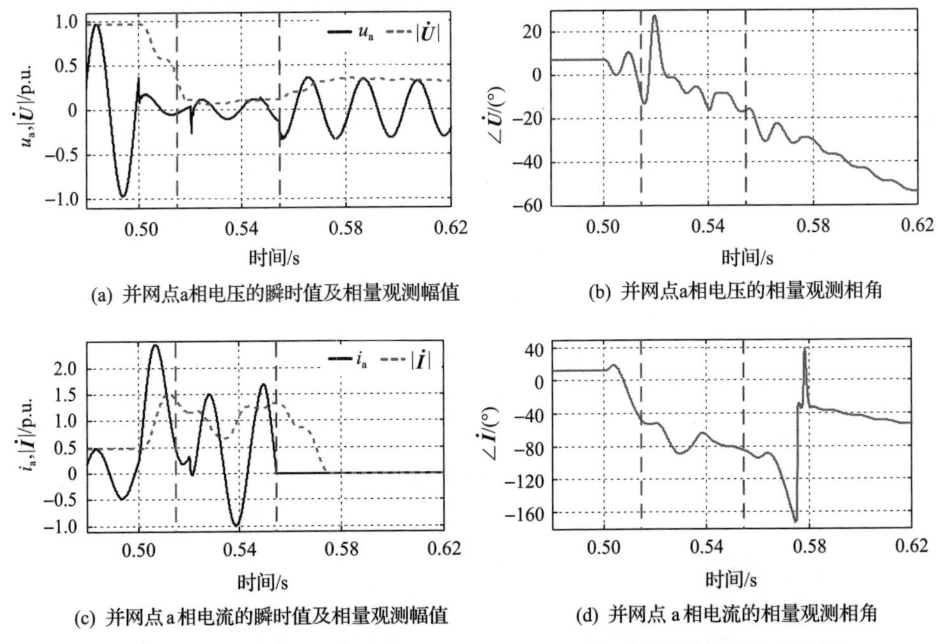

(a) 并网点a相电压的瞬时值及相量观测幅值　　(b) 并网点a相电压的相量观测相角

(c) 并网点a相电流的瞬时值及相量观测幅值　　(d) 并网点a相电流的相量观测相角

图 3-20　双馈风机作为电源时 DR1-2 中电压电流的瞬时值与测量相量对比

与双馈风机不同，同步机故障电流中除了工频稳态分量外，还包含直流暂态分量与二倍频暂态分量。同步机输出的暂态电流分量与稳态分量的频率间隔达 50Hz，且上述暂态电流衰减缓慢(衰减时间常数为 100ms 量级)，能够被相量提取单元准确滤除，故障电流相量能够准确反映工频故障电流分量的信息，如图 3-21 所示。

由以上分析可知，基于全周/半周傅里叶算法的相量提取单元无法滤除快速衰减的准工频故障电流分量是导致观测阻抗振荡，触发误动作的原因。因此，应避免在风电场送出线场景中使用基于傅里叶算法相量提取单元的距离保护元件。

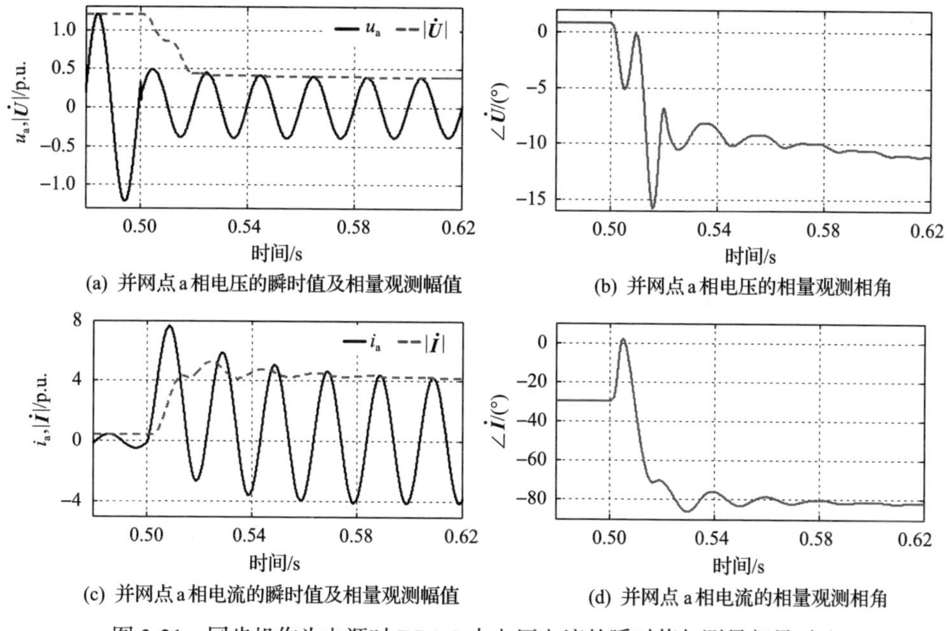

图 3-21　同步机作为电源时 DR1-2 中电压电流的瞬时值与测量相量对比

3.6　本 章 小 结

本章针对电网对称短路故障场景的风机故障电流开展近似解析。当风电送出线发生三相短路故障时，并网点电压具有幅值跌落深且相角跳跃程度小的特点，序贯切换与高阶耦合是故障电流近似解析的主要挑战。对此，本章提出了双馈风机运算电感及其分析方法，获得了具有简洁统一形式的故障电流解析表达式。形成的数学表达式反映了电流分量的幅值、频率及衰减特征，可为断路器选型校核提供依据，也可为馈线、送出线工频量继电保护元件性能研究提供依据。

本章的主要结论如下。

(1)在近端三相短路故障场景中，由于双馈风机保护控制策略的序贯切换，双馈风机的故障电流分析仍是具备高阶耦合和断续特征的复杂问题，难以直接求解获得简洁的解析解。对此，本章提出了基于运算电感的分析方法。一方面，该方法利用典型参数极点与留数的分布特征对高阶耦合关系进行了降阶；另一方面，提出的运算电感能够作为纽带统一不同控制时间尺度内故障电流的数学形式。最终，基于本章的近似解析方法，获得了具有简洁统一形式的故障电流解析表达式。通过电磁暂态仿真与动模实验，从短路电流波形的角度解释了获得的数学表达式中各电流分量的变化特征及含义。

(2)双馈风机的故障电流包含三个不同频率的电流分量，在三相静止坐标系中分别为工频稳态分量、准直流暂态分量与准工频暂态分量。虽然故障电流在整个故障过程中保持连续，但由于双馈风机的多时间尺度序贯切换结构，故障电流在附加硬件电路与软件算法切换瞬间呈现非光滑(导数不连续)的特征，与此同时，各故障电流分量的初值重新分配，且各控制时间尺度内电流分量的频率、衰减时间常数均不相同。由运算电感简洁描述的电流分量频率、幅值、衰减时间常数规律是断路器选型、继电保护分析应用的基础。

(3)在双馈风机故障电流的影响下,采用典型配置及傅里叶相量提取单元的风电场送出线一段距离保护易出现误动作。基于对比双馈风机、同步机故障电流下姆欧元件观测的阻抗轨迹可知,由于双馈风机准工频故障电流与工频间隔近(小于10Hz)、幅值衰减快，准工频电流分量不能被相量提取单元有效滤除，进而"污染"了电流相量的观测结果，导致测量阻抗的大幅振荡并错误地进入了一段距离保护的动作区域。

当前，针对风机短路电流数学特征的研究将逐渐拓展至弱电网等复杂的故障场景，其中，锁相环、电机磁路饱和、复杂限流分配策略等非线性环节的影响将成为主要研究的因素。此外，当前已有许多针对风电场送出线各类型继电保护的适应性研究，除了基于电磁暂态仿真与半实物实时仿真的具体工程研究外，如何基于对故障电流、电压特征的理论认识解释并判断可能的误动作类型及其解决方案仍是未来一段时间内的研究热点。

参 考 文 献

[1] Math B H. Understanding Power Quality Problems: Voltage Sags and Interruptions[M]. New York: IEEE Press, 2000.

[2] 耿华, 刘淳, 张兴, 等. 新能源并网发电系统的低电压故障穿越和控制[M]. 北京: 机械工业出版社, 2014.

[3] International Electrotechnical Commission. Voltage dips, short interruptions and voltage variations immunity tests[S]. Geneva: International Electrotechnical Commission, 2020.

[4] IEEE. IEEE recommended practice for monitoring electric power quality[S]. New York: IEEE Press, 1995.

[5] 常远瞩. 电网对称短路故障期间双馈型风机序贯切换特性建模及故障电流分析研究[D]. 武汉: 华中科技大学, 2020.

[6] Chang Y, Hu J. Modeling, analysis and parameters design of rotor current control in DFIG-based wind turbines for dynamic performance optimizing[C]. 2017 IEEE Energy Conversion Congress And Exposition (ECCE), Cin Cinnati, 2017: 3303-3308.

[7] Chang Y, Hu J, Tang W. Fault current analysis of type-3 WTs considering sequential switching of internal control and protection circuits in multi time scales during LVRT[J]. IEEE Transactions on Power Systems, 2018, 33(6): 6894-6903.

[8] 常远瞩, 胡家兵, 田旭, 等. 基于运算电感分析电网对称故障下双馈型风力发电机 Crowbar 保护动作期间的定子电流特征[J]. 中国电机工程学报, 2019, 39(21): 6192-6200.

[9] 赵静. 双馈异步风力发电机低电压穿越时的 Crowbar 保护技术[D]. 杭州: 浙江大学, 2010.

[10] Chang Y, Hu J, Zhang E, et al. Impact of nonlinearity on type-3 WT's fault current[C]. 2018 IEEE 4th Southern Power Electronics Conference (SPEC), Singapore, 2018: 1-7.

[11] 张保会, 尹项根. 电力系统继电保护[M]. 北京: 中国电力出版社, 2005.

[12] 国网安徽省电力公司淮南供电公司, 安徽电力调度控制中心. 电力系统继电保护装置校验手册-线路保护[M]. 北京: 中国电力出版社, 2014.

[13] Kezunovic M, Ren J, Lotfifard S. Design, Modeling and Evaluation of Protective Relays for Power Systems[M]. New York: Springer, 2016.

[14] 陈德树, 张哲, 尹项根. 微机继电保护[M]. 北京: 中国电力出版社, 2000.

[15] 王斌. 电力系统工频相量提取算法的研究[D]. 西安: 西安交通大学, 2013.

[16] Chang Y, Hu J, Song G, et al. Impact of DFIG-based wind turbine's fault current on distance relay during symmetrical faults[J]. IET Renewable Power Generation, 2020, 14(16): 3097-3102.

第4章　电网对称短路故障期间双馈风机故障电流特征的磁路机制分析

4.1　引　言

第 3 章基于运算电感分析方法对双馈风机故障电流的数学规律进行了近似解析，然而其主要内容是数学推导与常系数微分方程组的近似求解，虽然获得了解析表达式，能够实现对故障电流规律的量化描述，但其数学推导较为复杂，针对故障电流规律的描述与解释不够物理直观。

回顾经典电力系统故障分析中同步机的机端短路过程，可利用“磁链守恒定律”等工具直观描述数学规律背后的物理含义[1-4]。本章将从磁路的视角揭示双馈风机故障电流数学规律背后的物理机制，介绍双馈发电机的基本磁路，并重点分析短路及故障穿越策略共同作用下双馈风机内部磁通的分布规律，发现转子电流对主磁通的特殊挤出现象，并基于提出的定转子侧等效电感集中阐述双馈风机在不同故障穿越策略下的磁链、电流关系。

上述磁路机制分析能够为读者直观地展示近端三相短路故障期间双馈发电机内部的物理图景，能够从物理层面帮助读者理解双馈风机故障电流的数学规律。

4.2　双馈发电机的基本磁路与电感

基于线性磁路的叠加原理视角，本节讨论定子磁链单独激励下双馈发电机的磁路情况。相应地，转子磁链作为单一激励时的磁路情况可按照同样的方法分析。

输入电机磁路的定子磁链在两相静止坐标系下可表示为

$$\boldsymbol{\psi}_{\mathrm{s\alpha\beta}}(t)=\psi_{\mathrm{sdqf}}\mathrm{e}^{\mathrm{j}\omega_{\mathrm{f}}t} \tag{4-1}$$

式中，ψ_{sdqf} 为该定子磁链的幅值；ω_{f} 为该定子磁链相对于定子绕组的角速度。

依据磁路欧姆定律，式(4-1)中的定子磁链对应一个定子磁动势(magnetomotive force，MMF)$\boldsymbol{F}_{\mathrm{s}}$。考虑最初转子无感应电流(转子开路)的情况下，双馈发电机的磁路在定子磁动势 $\boldsymbol{F}_{\mathrm{s}}$ 的激励下产生定子磁通 $\boldsymbol{\Phi}_{\mathrm{s}}$。而且定子磁通 $\boldsymbol{\Phi}_{\mathrm{s}}$ 又分为定子漏磁通 $\boldsymbol{\Phi}_{\mathrm{ls}}$ 与定子互磁通 $\boldsymbol{\Phi}_{\mathrm{ms}}$，如图 4-1(a)所示。其中，定子漏磁通 $\boldsymbol{\Phi}_{\mathrm{ls}}$ 所行经的磁路为定子绕组的漏磁路，且仅与定子绕组交链；定子互磁通 $\boldsymbol{\Phi}_{\mathrm{ms}}$ 所行经的磁路为

定转子与工作气隙构成的主磁路，与定子、转子绕组均交链。由于双馈发电机定子、转子均为对称结构且三相交流绕组均匀分布，定子漏磁路、主磁路、转子漏磁路分别对应的磁阻 $\mathcal{R}_{ls}$、$\mathcal{R}_{m}$、$\mathcal{R}_{lr}$ 均与转子位置无关。

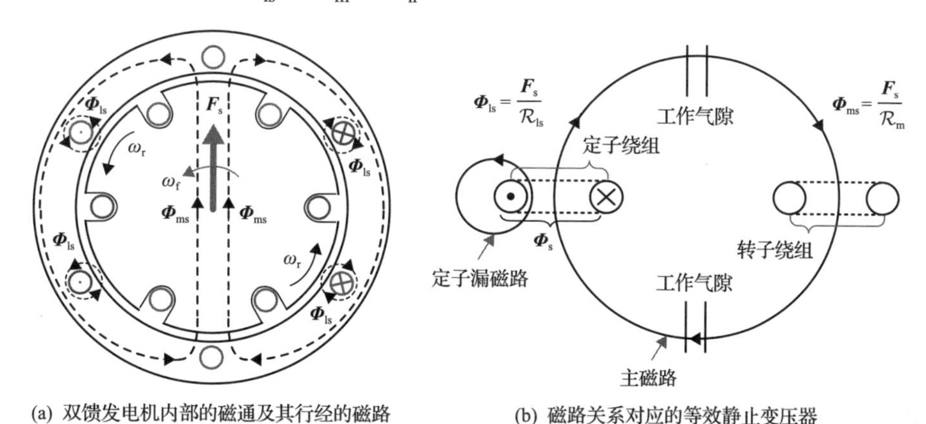

(a) 双馈发电机内部的磁通及其行经的磁路　(b) 磁路关系对应的等效静止变压器

图 4-1　定子磁动势 $\boldsymbol{F}_s$ 激励下双馈发电机内磁通情况(转子绕组开路情况)

由于上述磁动势、磁通矢量均以同一角速度 ω_f 相对定子绕组旋转，上述磁通与磁路关系可用一台静止的变压器表示，如图 4-1(b)所示。

由法拉第电磁感应定律可知，转子绕组相对定子绕组以 ω_r 旋转，转子绕组将以 ω_r–ω_f 的转速切割定子互磁通 $\boldsymbol{\Phi}_{ms}$，并在转子绕组中产生对应频率的感应电动势 $\boldsymbol{E}_r$。该感应电动势 $\boldsymbol{E}_r$ 作用于转子绕组及机侧变换器(或 Crowbar 电路)，将会产生对应频率的感应电流 $\boldsymbol{I}_r$ 及转子磁动势 $\boldsymbol{F}_r$。依据楞次定律可知，当转子短路并忽略转子电阻时，该感应电流产生的 $\boldsymbol{F}_r$ 与 $\boldsymbol{F}_s$ 同转速旋转且完全反向。实际中，由于故障期间双馈发电机的转子并非短路而是连接至 Crowbar 或机侧变换器，感应的转子磁动势 $\boldsymbol{F}_r$ 虽与 $\boldsymbol{F}_s$ 同转速旋转，但并非完全反向，如图 4-2(a)及图 4-2(b)所示。

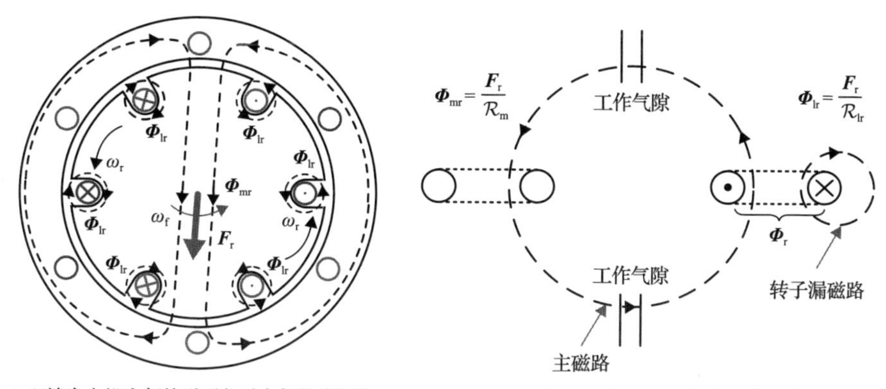

(a) 双馈发电机内部的磁通与对应行经的磁路　(b) 磁路关系对应的等效静止变压器

图 4-2　感应转子磁动势 $\boldsymbol{F}_r$ 激励下双馈发电机内磁通情况(定子绕组开路情况)

基于磁路欧姆定律，图 4-1、图 4-2 中所示的磁动势、磁通关系可分别用图 4-3(a)、图 4-3(b)中的等效电路表示。

将图 4-1 与图 4-2 叠加即可获得故障穿越策略作用下定子磁动势 $\boldsymbol{F}_{\mathrm{s}}$ 激励双馈发电机产生的磁通情况，用等效电路图表示则如图 4-3(c)所示，用电机磁路表示则如图 4-4 所示，用等效静止变压器表示则如图 4-5 所示。

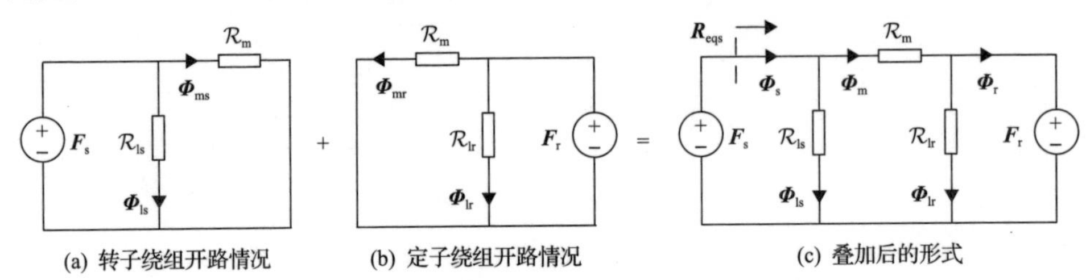

(a) 转子绕组开路情况　(b) 定子绕组开路情况　(c) 叠加后的形式

图 4-3　双馈发电机内部磁动势-磁通等效电路图

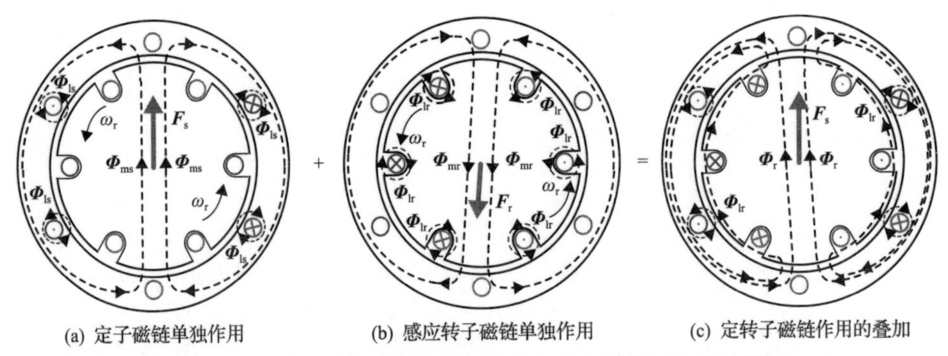

(a) 定子磁链单独作用　(b) 感应转子磁链单独作用　(c) 定转子磁链作用的叠加

图 4-4　故障穿越策略作用下双馈发电机内部磁通分布示意图

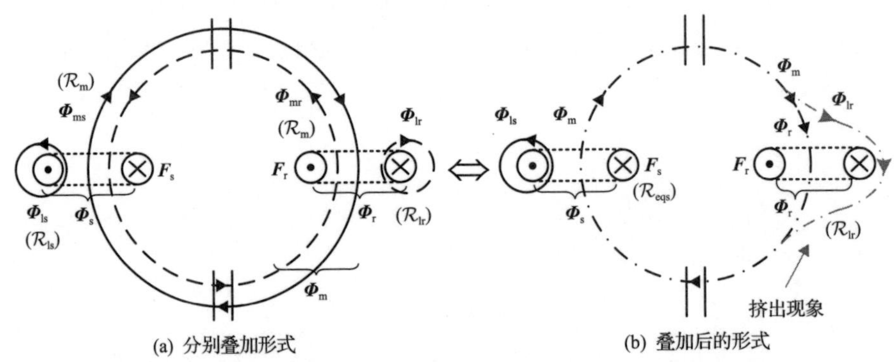

(a) 分别叠加形式　(b) 叠加后的形式

图 4-5　定子磁动势 $\boldsymbol{F}_{\mathrm{s}}$ 激励下双馈发电机磁通情况(转子故障穿越策略)

基于上述磁路分析，双馈发电机内的磁通关系可表示为

$$\begin{cases}\boldsymbol{\Phi}_{\mathrm{s}}=\boldsymbol{\Phi}_{\mathrm{ls}}+\boldsymbol{\Phi}_{\mathrm{m}}\\ \boldsymbol{\Phi}_{\mathrm{r}}=\boldsymbol{\Phi}_{\mathrm{m}}-\boldsymbol{\Phi}_{\mathrm{lr}}\\ \boldsymbol{\Phi}_{\mathrm{m}}=\boldsymbol{\Phi}_{\mathrm{ms}}-\boldsymbol{\Phi}_{\mathrm{mr}}\end{cases}\tag{4-2}$$

式中，$\boldsymbol{\Phi}_{\text{r}}$ 为转子磁通；$\boldsymbol{\Phi}_{\text{lr}}$ 为转子漏磁通；$\boldsymbol{\Phi}_{\text{mr}}$ 为转子互磁通。

依据磁路欧姆定律，式(4-2)中的磁通分别为

$$\boldsymbol{\Phi}_{\text{ls}}=\frac{\boldsymbol{F}_{\text{s}}}{\mathcal{R}_{\text{ls}}},\ \boldsymbol{\Phi}_{\text{ms}}=\frac{\boldsymbol{F}_{\text{s}}}{\mathcal{R}_{\text{m}}},\ \boldsymbol{\Phi}_{\text{lr}}=\frac{\boldsymbol{F}_{\text{r}}}{\mathcal{R}_{\text{lr}}},\ \boldsymbol{\Phi}_{\text{mr}}=\frac{\boldsymbol{F}_{\text{r}}}{\mathcal{R}_{\text{m}}} \tag{4-3}$$

式(4-2)及式(4-3)中所述的磁动势、磁通及磁阻间的代数关系可表示为图 4-6(a)所示的等效电路。

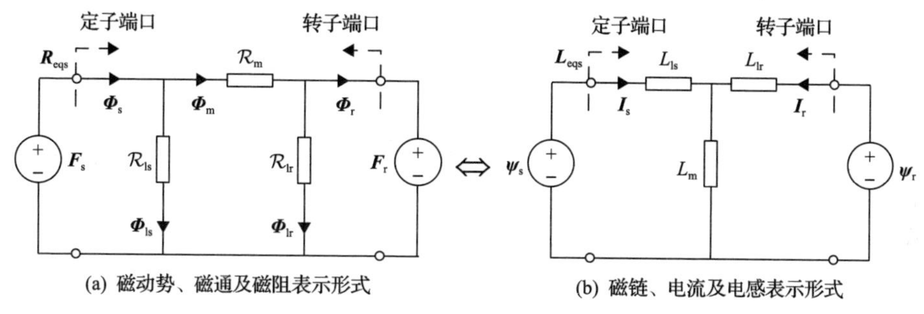

图 4-6　表示双馈发电机磁路关系的等效电路图

在标幺制系统下，定转子绕组的匝数已被归一化，即

$$\begin{gathered}\boldsymbol{\psi}_{\text{s}}=\boldsymbol{\Phi}_{\text{s}},\ \boldsymbol{\psi}_{\text{r}}=\boldsymbol{\Phi}_{\text{r}}\\ \boldsymbol{I}_{\text{s}}=\boldsymbol{F}_{\text{s}},\ \boldsymbol{I}_{\text{r}}=-\boldsymbol{F}_{\text{r}}\\ L=\frac{\boldsymbol{\psi}}{\boldsymbol{I}}=\frac{\boldsymbol{\Phi}}{\boldsymbol{F}}=\frac{1}{\mathcal{R}}\end{gathered} \tag{4-4}$$

式中，$\boldsymbol{F}_{\text{s}}$ 和 $\boldsymbol{F}_{\text{r}}$ 为定子和转子磁动势矢量；$\boldsymbol{\psi}_{\text{s}}$ 和 $\boldsymbol{\psi}_{\text{r}}$ 为定子和转子磁链矢量；$\boldsymbol{\Phi}$ 为磁通矢量；$\mathcal{R}$ 为磁阻。

在电动机惯例下，式(4-2)及式(4-4)中所述磁动势、磁通及磁阻关系可以转换为以下磁链、电流及电感关系：

$$\begin{cases}\boldsymbol{\psi}_{\text{s}}=L_{\text{s}}\boldsymbol{I}_{\text{s}}+L_{\text{m}}\boldsymbol{I}_{\text{r}}\\ \boldsymbol{\psi}_{\text{r}}=L_{\text{m}}\boldsymbol{I}_{\text{s}}+L_{\text{r}}\boldsymbol{I}_{\text{r}}\end{cases}\quad\begin{cases}L_{\text{s}}=L_{\text{m}}+L_{\text{ls}}\\ L_{\text{r}}=L_{\text{m}}+L_{\text{lr}}\end{cases} \tag{4-5}$$

在标幺制系统中，电感是磁路磁阻的倒数，即

$$L_{\text{ls}}=\frac{1}{\mathcal{R}_{\text{ls}}},\ L_{\text{m}}=\frac{1}{\mathcal{R}_{\text{m}}},\ L_{\text{lr}}=\frac{1}{\mathcal{R}_{\text{lr}}} \tag{4-6}$$

对应的磁路关系如图 4-6(b)所示。

从定子端口及转子端口作图 4-6(b)的戴维南等效电路，可得另一组磁链电流

关系，即

$$\begin{cases}\boldsymbol{\psi}_{\mathrm{s}}=\dfrac{L_{\mathrm{m}}}{L_{\mathrm{r}}}\boldsymbol{\psi}_{\mathrm{r}}+\sigma L_{\mathrm{s}}\boldsymbol{I}_{\mathrm{s}}\\ \boldsymbol{\psi}_{\mathrm{r}}=\dfrac{L_{\mathrm{m}}}{L_{\mathrm{s}}}\boldsymbol{\psi}_{\mathrm{s}}+\sigma L_{\mathrm{r}}\boldsymbol{I}_{\mathrm{r}}\end{cases}\tag{4-7}$$

或

$$\begin{cases}\boldsymbol{\psi}_{\mathrm{s}}=\dfrac{L_{\mathrm{s}}}{L_{\mathrm{m}}}(\boldsymbol{\psi}_{\mathrm{r}}-\sigma L_{\mathrm{r}}\boldsymbol{I}_{\mathrm{r}})\\ \boldsymbol{\psi}_{\mathrm{r}}=\dfrac{L_{\mathrm{r}}}{L_{\mathrm{m}}}(\boldsymbol{\psi}_{\mathrm{s}}-\sigma L_{\mathrm{s}}\boldsymbol{I}_{\mathrm{s}})\end{cases}\tag{4-8}$$

式中

$$\begin{cases}\sigma L_{\mathrm{s}}=L_{\mathrm{ls}}+L_{\mathrm{lr}}//L_{\mathrm{m}}\\ \sigma L_{\mathrm{r}}=L_{\mathrm{lr}}+L_{\mathrm{ls}}//L_{\mathrm{m}}\\ \sigma=1-\dfrac{L_{\mathrm{m}}^{2}}{L_{\mathrm{s}}L_{\mathrm{r}}}\end{cases}\tag{4-9}$$

其中，//表示电感并联关系。

4.3　转子电流对双馈发电机主磁通的挤出现象

如图 4-5(b)所示，在转子感应电流的作用下，一部分主磁通 $\boldsymbol{\Phi}_{\mathrm{m}}$ 被从主磁路中挤出至转子漏磁路，且该部分被挤出的磁通与转子漏磁通 $\boldsymbol{\Phi}_{\mathrm{lr}}$ 完全相同。这一现象称为转子电流对双馈发电机主磁通的挤出现象，简称为挤出现象[5]。在挤出现象的作用下，定子磁链(磁路的激励)与对应产生的定子电流(磁路的响应)间的关系发生了变化，表征其关系的定子侧等效电感或磁阻不再完全由电机基本磁路参数决定，还与转子感应电流密切相关。相对于同步机阻尼绕组、励磁绕组暂态电流对故障电流主磁通的作用，双馈风机中的挤出现象具有矢量的特点。

为量化挤出现象对定子侧等效电感或磁阻的影响，定义挤出矢量为转子漏磁通矢量与主磁通矢量的比值，即

$$\boldsymbol{A}=\frac{\boldsymbol{\Phi}_{\mathrm{lr}}}{\boldsymbol{\Phi}_{\mathrm{m}}}\tag{4-10}$$

当转子绕组短路且不计转子电阻时，转子可视为一个超导闭合线圈，依据楞次定律，所有的主磁通都将被交流绕组挤出主磁路，成为转子漏磁通，即 $\boldsymbol{\Phi}_{\text{lr}}=\boldsymbol{\Phi}_{\text{m}}$，$\boldsymbol{A}=1$，此时从定子侧看入的等效电感为 σL_{s}；当转子绕组开路时，转子中不会产生感应电流及感应转子磁动势，所有主磁通都将通过交流绕组通行主磁路，即 $\boldsymbol{\Phi}_{\text{lr}}=0$，$\boldsymbol{A}=0$，此时从定子侧看入的等效电感为 L_{s}。因此，从定子侧观察双馈发电机可视为一个磁阻受挤出现象控制的特殊磁路。

实际情况中，在故障穿越控制保护策略的作用下，转子电流矢量、转子感应磁动势矢量及转子漏磁通矢量 $\boldsymbol{\Phi}_{\text{lr}}$ 并非与主磁通同向或反向，故在电网短路故障期间，双馈发电机中的挤出矢量 $\boldsymbol{A}$ 是一个包含实部虚部的复数而非标量，不仅表征数量关系还表征两个矢量之间的位置关系。

将式(4-3)及式(4-4)代入式(4-10)中，可得以定子、转子电流表示的挤出矢量：

$$\boldsymbol{A}=\frac{\boldsymbol{F}_{\text{r}}/\mathcal{R}_{\text{lr}}}{(\boldsymbol{F}_{\text{s}}-\boldsymbol{F}_{\text{r}})/\mathcal{R}_{\text{m}}}=\frac{-\boldsymbol{I}_{\text{r}}}{\boldsymbol{I}_{\text{s}}+\boldsymbol{I}_{\text{r}}}\frac{L_{\text{lr}}}{L_{\text{m}}} \tag{4-11}$$

利用式(4-5)，可用定子磁链(激励)、转子电流表示定子电流，可知挤出矢量是定子磁链与转子感应电流之比的函数，即

$$\boldsymbol{A}=\frac{-\boldsymbol{I}_{\text{r}}}{(\boldsymbol{\psi}_{\text{s}}-L_{\text{m}}\boldsymbol{I}_{\text{r}})/L_{\text{s}}+\boldsymbol{I}_{\text{r}}}\frac{L_{\text{lr}}}{L_{\text{m}}}=\frac{-L_{\text{s}}}{\boldsymbol{\psi}_{\text{s}}/\boldsymbol{I}_{\text{r}}+L_{\text{ls}}}\frac{L_{\text{lr}}}{L_{\text{m}}} \tag{4-12}$$

而定子磁链与转子感应电流之间的关系由转子电路决定，在转子坐标系中为

$$\boldsymbol{U}_{\text{rdqr}}=R_{\text{r}}\boldsymbol{I}_{\text{rdqr}}+\frac{\text{d}\boldsymbol{\psi}_{\text{rdqr}}}{\text{d}t} \tag{4-13}$$

用式(4-7)将式(4-13)中的转子磁链($\boldsymbol{\psi}_{\text{rdqr}}$)用定子磁链、转子感应电流($\boldsymbol{I}_{\text{rdqr}}$)替代，可得

$$\boldsymbol{U}_{\text{rdqr}}=R_{\text{r}}\boldsymbol{I}_{\text{rdqr}}+\frac{L_{\text{m}}}{L_{\text{s}}}\frac{\text{d}\boldsymbol{\psi}_{\text{sdqr}}}{\text{d}t}+\sigma L_{\text{r}}\frac{\text{d}\boldsymbol{I}_{\text{rdqr}}}{\text{d}t} \tag{4-14}$$

再将式(4-14)变换至以 ω_{f} 旋转的固定速坐标系 dqf 中，可得

$$\boldsymbol{U}_{\text{rdqf}}=R_{\text{r}}\boldsymbol{I}_{\text{rdqf}}-\text{j}(\omega_{\text{r}}-\omega_{\text{f}})\left(\frac{L_{\text{m}}}{L_{\text{s}}}\boldsymbol{\psi}_{\text{sdqf}}+\sigma L_{\text{r}}\boldsymbol{I}_{\text{rdqf}}\right)+\frac{L_{\text{m}}}{L_{\text{s}}}\frac{\text{d}\boldsymbol{\psi}_{\text{sdqf}}}{\text{d}t}+\sigma L_{\text{r}}\frac{\text{d}\boldsymbol{I}_{\text{rdqf}}}{\text{d}t} \tag{4-15}$$

由于定子磁链矢量(激励)、转子感应电流相对于 dqf 坐标系静止，故式(4-15)中的微分项(第三项)远小于代数项(第二项)，比值为 1.25%～5%。因此，可近似忽略式(4-15)中的微分项，转子感应电流可表示为转速 ω_{f} 及转子电压的函数，即

$$\boldsymbol{I}_{\text{rdqf}} = \frac{\boldsymbol{U}_{\text{rdqf}} - \boldsymbol{E}_{\text{rdqf}}}{R_{\text{r}} - \text{j}(\omega_{\text{r}} - \omega_{\text{f}})\sigma L_{\text{r}}} = f(\omega_{\text{f}}, \boldsymbol{U}_{\text{rdqf}}) \tag{4-16}$$

式中，转子侧感应电动势 $\boldsymbol{E}_{\text{rdqf}}$ 为

$$\boldsymbol{E}_{\text{rdqf}} = -\text{j}(\omega_{\text{f}} - \omega_{\text{r}})\frac{L_{\text{m}}}{L_{\text{s}}}\boldsymbol{\psi}_{\text{sdqf}} \tag{4-17}$$

基于式(4-16)与式(4-17)，挤出矢量 $\boldsymbol{A}$ 亦是定子磁链转速 ω_{f} 及转子电压的函数，其关系可用图 4-7 所示的电磁耦合关系进行描述。

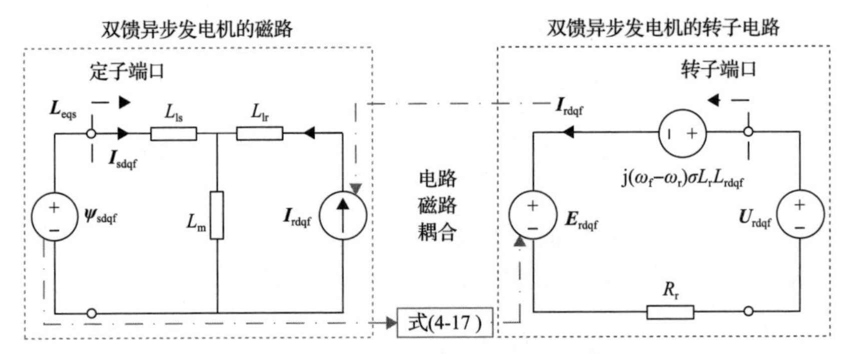

图 4-7　双馈风机电磁耦合关系的等效电路图

4.4　双馈风机的等效电感

4.4.1　从定子端口侧看入的等效电感

如图 4-6 所示，为了集中表示从双馈发电机定子侧看入的磁链-电流关系，可基于式(4-18)提出定子侧等效电感的概念[5]以表征定子磁链(激励)与其产生的定子电流(响应)的比值，即

$$\boldsymbol{L}_{\text{eqs}} = \frac{\boldsymbol{\psi}_{\text{sdqf}}}{\boldsymbol{I}_{\text{sdqf}}} \tag{4-18}$$

由于图 4-6(a)中转子磁通与转子漏磁通在电路中为并联关系，可使用转子漏电感 L_{lr} 及挤出矢量 $\boldsymbol{A}$ 替换转子感应电动势 $\boldsymbol{F}_{\text{r}}$，如图 4-8(b)所示。

基于上述变换，可确定定子等效电感与磁链角速度 ω_{f} 及转子电压的函数关系，即

$$\boldsymbol{L}_{\text{eqs}}(\omega_{\text{f}}, \boldsymbol{U}_{\text{rdqf}}) = \frac{\boldsymbol{\psi}_{\text{sdqf}}}{\boldsymbol{I}_{\text{sdqf}}} = \frac{L_{\text{m}}L_{\text{lr}}}{L_{\text{lr}} + L_{\text{m}}\boldsymbol{A}} + L_{\text{ls}} \tag{4-19}$$

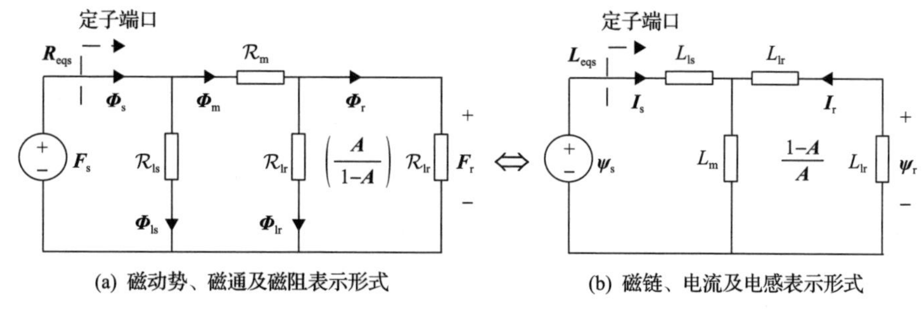

(a) 磁动势、磁通及磁阻表示形式　　(b) 磁链、电流及电感表示形式

图 4-8　以挤出矢量 A 表示的双馈发电机磁路关系等效电路图

由于转子电压由故障穿越策略决定，故分别将 3.2.1 节各控制时间尺度转子电压代入式(4-12)与式(4-16)，可获得转子感应电流与挤出矢量 A，如表 4-1 所示。进一步将上述结果代入式(4-19)中即可获得不同定子磁链角速度情况下双馈风机的定子侧等效电感，如表 4-1 所示。

表 4-1　计及各控制时间尺度故障穿越策略的中间变量结果

变量	瞬时控制时间尺度	交流电流控制时间尺度	直流电压控制时间尺度
$I_{rdqf}(\omega_f)$	$-\dfrac{L_m}{L_s}\dfrac{j(\omega_f-\omega_r)\psi_{sdqf}}{R_{re}+j(\omega_f-\omega_r)\sigma L_r}$	$-\dfrac{j(\omega_f-\omega_1)(L_m/L_s-jK_dK_{pi})\psi_{sdqf}}{K_{pi}+j(\omega_f-\omega_1)\sigma L_r}$	$-\dfrac{L_m}{L_s}\dfrac{j(\omega_f-\omega_1)\psi_{sdqf}}{K_{pi}+j(\omega_f-\omega_1)\sigma L_r}$
$A(\omega_f)$	$\dfrac{j(\omega_f-\omega_r)L_{lr}}{R_{re}+j(\omega_f-\omega_r)L_{lr}}$	$\dfrac{L_{lr}}{L_m}\dfrac{j(\omega_f-\omega_1)(L_m-jK_dK_{pi}L_s)}{K_{pi}+j(\omega_f-\omega_1)(L_{lr}+jK_dK_{pi}L_{ls})}$	$\dfrac{j(\omega_f-\omega_1)L_{lr}}{K_{pi}+j(\omega_f-\omega_1)L_{lr}}$
$L_{eqs}(\omega_f)$	$L_s\dfrac{R_{re}+j(\omega_f-\omega_r)\sigma L_r}{R_{re}+j(\omega_f-\omega_r)L_r}$	$L_s\dfrac{K_{pi}+j(\omega_f-\omega_1)\sigma L_r}{K_{pi}+j(\omega_f-\omega_1)(L_r-jK_dK_{pi}L_m)}$	$L_s\dfrac{K_{pi}+j(\omega_f-\omega_1)\sigma L_r}{K_{pi}+j(\omega_f-\omega_1)L_r}$

4.4.2　从转子端口侧看入的等效电感

按照相同的含义，双馈发电机的转子侧等效电感表征了仅在转子磁链激励下，从转子端口侧看入的磁链-电流关系，即

$$L_{eqr}=\frac{\psi_{rdqf}}{I_{rdqf}} \tag{4-20}$$

可按照 4.4.1 节中的步骤确定双馈发电机的转子侧等效电感，然而这一过程由于电机定子侧直接并网而变得更为简单。在短路故障期间，双馈发电机的定子电压由电网主导而与施加的转子磁链弱相关，因此对于转子磁链激励下的部分响应，定子中不会有相应的电压产生，即可视为定子短路。因此，转子磁链产生的所有主磁通都将被挤出定子绕组，成为定子漏磁通，即 $\Phi_m=-\Phi_{ls}$，$\Phi_s=0$，如图 4-9(a)及图 4-9(b)所示。

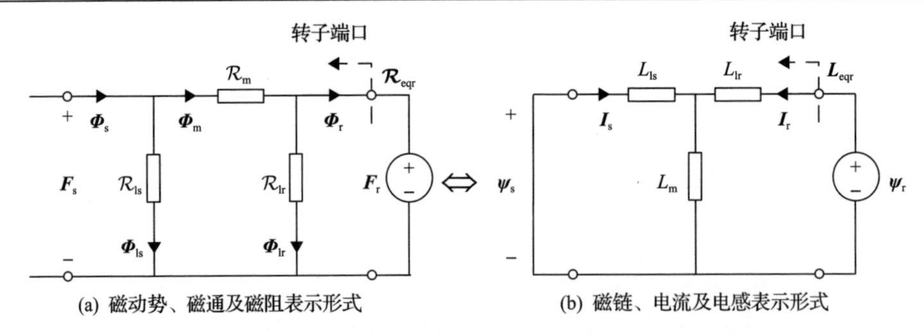

图 4-9　转子磁链激励下的双馈发电机磁路关系等效电路图

由图 4-9(b)可知，双馈发电机的转子侧等效电感为与转子磁链(激励)无关的常数，即

$$\boldsymbol{L}_{\mathrm{eqr}} = \sigma L_{\mathrm{r}} \tag{4-21}$$

同时由图 4-9(b)可得，当仅有转子磁链的激励时，双馈风机产生的定子电流为

$$\boldsymbol{I}_{\mathrm{sdqf}} = -\frac{L_{\mathrm{m}}}{L_{\mathrm{m}} + L_{\mathrm{ls}}}\boldsymbol{I}_{\mathrm{rdqf}} = -\frac{L_{\mathrm{m}}}{L_{\mathrm{s}}}\frac{\boldsymbol{\psi}_{\mathrm{rdqf}}}{\sigma L_{\mathrm{r}}} \tag{4-22}$$

4.5　双馈风机的定转子磁链激励

基于 4.4 节的分析可知，双馈风机在定子磁链激励下的定子电流响应与定子磁链的角速度 ω_{f} 密切相关。实际上，在电网短路故障发生后，定子磁链并非仅由一个定转速分量组成，而是由多个具有不同角速度的分量构成的和矢量，每个磁链分量与其产生的定子电流间的关系可用对应角速度下的定子侧等效电感描述。本节将分别确定电网短路故障发生后，双馈风机定转子磁链各分量的转速与大小。

4.5.1　双馈风机的分析子系统

以叠加原理为依据，可将电网短路故障后双馈风机的响应拆分成图 4-10 中的两个子系统。其中，子系统 S1 表征双馈风机对电压跌落的响应，子系统 S2 表征双馈风机对转子电流指令阶跃的响应。短路故障发生前的初始状态被分配到两个子系统中，以确保故障发生前子系统处于稳态，即

$$\begin{cases}\boldsymbol{\psi}_{\mathrm{sdq0.S1}} = \boldsymbol{\psi}_{\mathrm{sdq0}} \\ \boldsymbol{\psi}_{\mathrm{rdq0.S1}} = \dfrac{L_{\mathrm{m}}}{L_{\mathrm{s}}}\boldsymbol{\psi}_{\mathrm{sdq0}}\end{cases} \quad \begin{cases}\boldsymbol{\psi}_{\mathrm{sdq0.S2}} = 0 \\ \boldsymbol{\psi}_{\mathrm{rdq0.S2}} = \sigma L_{\mathrm{r}}\boldsymbol{I}_{\mathrm{rdq.pre}}\end{cases} \tag{4-23}$$

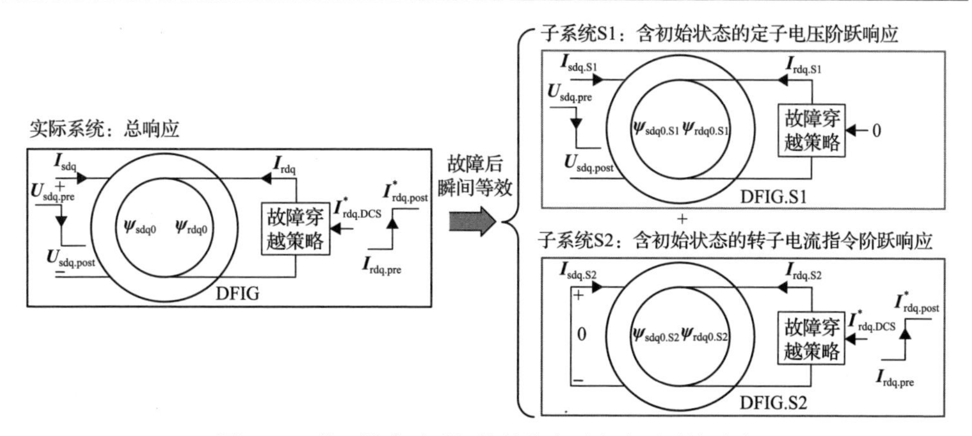

图 4-10　基于故障后瞬间等效的定子电流子系统响应

4.5.2　子系统 S1 的定转子磁链分量

定子电压跌落后的定子磁链分量已在文献[6]及 2.3.3 节中进行了阐述，即定子磁链包含稳态磁链与暂态磁链两个分量。其中，定子磁链的稳态分量(稳态定子磁链)相对于定子绕组以工频角速度 ω_1 旋转，而定子磁链的暂态分量(暂态定子磁链)相对于定子绕组静止。因此，子系统 S1 中的定子磁链可在两相静止坐标系中表示为

$$\boldsymbol{\psi}_{s\alpha\beta.S1}(t)=\boldsymbol{\psi}_{sdq\infty.S1}e^{j\omega_1 t}+\boldsymbol{\psi}'_{s\alpha\beta.S1} \tag{4-24}$$

式中

$$\begin{cases}\boldsymbol{\psi}_{sdq\infty.S1}=\dfrac{\boldsymbol{U}_{sdq.post}}{j\omega_1}\\[2ex] \boldsymbol{\psi}'_{s\alpha\beta.S1}=\boldsymbol{\psi}'_{s\alpha\beta0.S1}e^{-\frac{t}{T_{eqs}}}=(\boldsymbol{\psi}_{sdq0.S1}-\boldsymbol{\psi}_{sdq\infty.S1})e^{-\frac{t}{T_{eqs}}}\end{cases} \tag{4-25}$$

其中，T_{eqs} 为暂态定子磁链的衰减时间常数；$\boldsymbol{\psi}'_{s\alpha\beta0.S1}$ 为子系统 S1 中的暂态定子磁链初值。

基于定子侧等效电感的定义，稳态定子磁链分量、暂态定子磁链分量与其产生的电流分量的关系可表示为

$$\begin{cases}\boldsymbol{L}_{eqs\infty}=\boldsymbol{L}_{eqs}(\omega_f=\omega_1)=\dfrac{\boldsymbol{\psi}_{sdq\infty.S1}}{\boldsymbol{I}_{sdq\infty.S1}}\\[2ex] \boldsymbol{L}'_{eqs}=\boldsymbol{L}_{eqs}(\omega_f=0)=\dfrac{\boldsymbol{\psi}'_{s\alpha\beta.S1}}{\boldsymbol{I}'_{s\alpha\beta.S1}}\end{cases} \tag{4-26}$$

式(4-26)中，$\boldsymbol{L}_{eqs\infty}$及$\boldsymbol{L}'_{eqs}$分别被定义为稳态及暂态定子等效电感，将式(4-26)代入表4-1,可得各控制时间尺度内双馈风机的稳态、暂态定子等效电感的表达式，如表4-2所示。

表 4-2　各控制时间尺度内双馈风机的稳态、暂态定子等效电感

时间尺度	$\boldsymbol{L}_{eqs\infty}$	$\boldsymbol{L}'_{eqs}$
瞬时控制 时间尺度	$L_s \dfrac{R_{re}+j\omega_{slip}\sigma L_r}{R_{re}+j\omega_{slip}L_r}$	$L_s \dfrac{-j\omega_r\sigma L_r+R_{re}}{-j\omega_r L_r+R_{re}}$
交流电流控制 时间尺度	L_s	$L_s \dfrac{-j\omega_1\sigma L_r+K_{pi}}{-j\omega_1 L_r+K_{pi}(1-\omega_1 K_d L_m)}$
直流电压控制 时间尺度	L_s	$L_s \dfrac{-j\omega_1\sigma L_r+K_{pi}}{-j\omega_1 L_r+K_{pi}}$

基于双馈发电机的基本磁路可知，在上述两个定子磁链分量的激励下，在转子绕组中将首先产生两个对应的转子磁链。将式(4-26)代入式(4-8)得

$$\begin{cases}\boldsymbol{\psi}_{rdq\infty.S1}=\dfrac{L_r}{L_m}\left(1-\dfrac{\sigma L_s}{\boldsymbol{L}_{eqs\infty}}\right)\boldsymbol{\psi}_{sdq\infty.S1}\\[2ex]\boldsymbol{\psi}'_{r\alpha\beta0.S1}=\dfrac{L_r}{L_m}\left(1-\dfrac{\sigma L_s}{\boldsymbol{L}'_{eqs}}\right)\boldsymbol{\psi}'_{s\alpha\beta0.S1}\end{cases}\tag{4-27}$$

由于上述转子磁链分量之和与子系统S1的初始转子磁链不等,因而依据磁链守恒定律，除上述两个分量外转子绕组中还会产生一个与转子绕组相对静止的暂态磁链分量，即

$$\boldsymbol{\psi}'_{rdqr0.S1}=\boldsymbol{\psi}_{rdq0.S1}-\boldsymbol{\psi}_{rdq\infty.S1}-\boldsymbol{\psi}'_{r\alpha\beta.S1}=\frac{\sigma L_s L_r}{L_m}\left(\frac{\boldsymbol{\psi}_{sdq\infty.S1}}{\boldsymbol{L}_{eqs\infty}}+\frac{\boldsymbol{\psi}'_{s\alpha\beta.S1}}{\boldsymbol{L}'_{eqs}}-\frac{\boldsymbol{\psi}_{sdq0}}{L_s}\right)\tag{4-28}$$

将上述三个转子磁链分量转换至定子坐标系下，可得子系统S1中的转子磁链为

$$\boldsymbol{\psi}_{r\alpha\beta.S1}(t)=\boldsymbol{\psi}_{rdq\infty.S1}e^{j\omega_1 t}+\boldsymbol{\psi}'_{r\alpha\beta0.S1}e^{-\frac{t}{T_{eqs}}}+\boldsymbol{\psi}'_{rdqr0.S1}e^{-\frac{t}{T_{eqr}}}e^{j\omega_r t}\tag{4-29}$$

式中，T_{eqr}为转子磁链暂态分量的衰减时间常数。

4.5.3　子系统 S2 的定转子磁链分量

如图4-10所示，子系统S2中的初始定子磁链为零且定子为短路状态，因此

在忽略定子电阻的情况下，子系统 S2 中的定子将保持零磁链状态，即

$$\boldsymbol{\psi}_{s\alpha\beta.S2}(t)=0 \tag{4-30}$$

而随着转子电流指令的阶跃，转子磁链的稳态分量也将从初始状态阶跃至对应的值。同样，基于磁链守恒定律，此时将产生一个与转子绕组相对静止的暂态磁链以保持转子磁链守恒。因此，子系统 S2 中的转子磁链可在定子静止坐标系中表示为

$$\boldsymbol{\psi}_{r\alpha\beta.S2}(t)=\boldsymbol{\psi}_{rdq\infty.S2}e^{j\omega_1 t}+\boldsymbol{\psi}'_{rdqr0.S2}e^{-\frac{t}{T_{eqr}}}e^{j\omega_r t} \tag{4-31}$$

式中

$$\begin{cases}\boldsymbol{\psi}_{rdq\infty.S2}=\sigma L_r\boldsymbol{I}^*_{rdq.post}\\ \boldsymbol{\psi}'_{rdqr0.S2}=\sigma L_r(\boldsymbol{I}_{rdq.pre}-\boldsymbol{I}^*_{rdq.post})\end{cases} \tag{4-32}$$

由式(4-22)可得上述转子磁链分量激励下的定子电流为

$$\begin{cases}\boldsymbol{I}_{sdq\infty.S2}=-\dfrac{L_m}{L_s}\dfrac{\boldsymbol{\psi}_{rdq\infty.S2}}{\sigma L_r}\\ \boldsymbol{I}'_{sdqr0.S2}=-\dfrac{L_m}{L_s}\dfrac{\boldsymbol{\psi}'_{rdqr0.S2}}{\sigma L_r}\end{cases} \tag{4-33}$$

式中，$\boldsymbol{\psi}'_{rdqr0.S2}$ 为子系统 S2 中相对于转子静止的暂态转子磁链。

4.6　双馈风机磁链-电流的代数关系模型

4.4 节中基于定转子运算电感的概念描述了不同转速的定转子磁链激励与电流响应之间的关系，4.5 节中分析了近端三相短路故障后双馈风机定转子磁链中的组成分量。基于上述分析，本节将基于定转子等效电感构建磁链-电流关系。其基本思路是将电网短路故障后双馈风机定转子的磁链按照不同的转速展开为不同的分量，而在每个磁链分量的激励下，双馈风机从定转子侧分别用对应转速的等效电感表示，则可逐个逐次确定故障电流中的分量。基于该思路建立的磁链-电流代数关系如图 4-11 所示。$\boldsymbol{I}'_{s\alpha\beta.S1}$ 为子系统 S1 中定子电流的直流暂态分量，$\boldsymbol{I}'_{rdqr.S1}$ 为子系统 S1 中转子电流的转速频暂态分量，$\boldsymbol{I}_{rdq\infty.S2}$ 为子系统 S2 中转子电流的稳态分量，$\boldsymbol{I}'_{rdqr.S2}$ 为子系统 S2 中转子电流的暂态分量，$\boldsymbol{\psi}_{r\alpha\beta}$ 为总转子磁链。

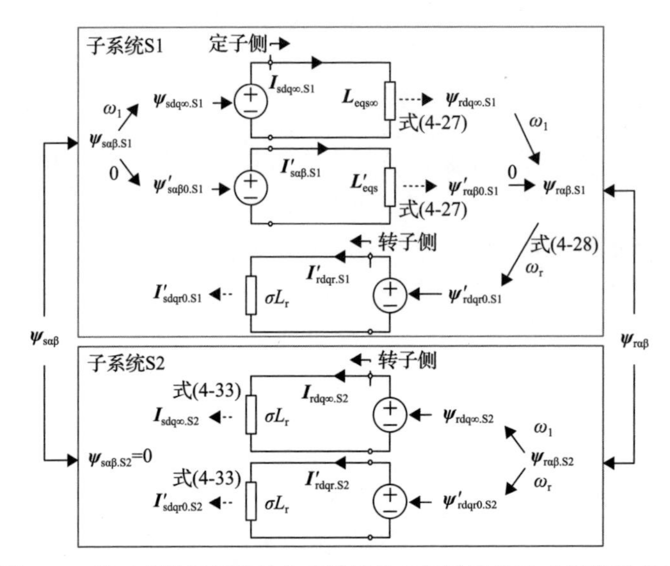

图 4-11　基于定转子侧等效电感描述的双馈风机磁链-电流代数关系

基于图 4-11 确定故障电流响应各个分量的详细过程如下：首先，按照 4.5 节的分析结果将子系统 S1、S2 中定转子磁链的分量按照不同频率分别列在定转子侧(图 4-11 中的左侧表示定子侧，右侧表示转子侧)；按照定转子磁链分量的转速可用对应的等效电感分别从定转子端口等效双馈风机。

基于双馈风机磁链-电流代数关系，可基于简单的代数运算逐个确定故障电流中的各个分量，即

$$\boldsymbol{I}_{\mathrm{s}\alpha\beta}=(\boldsymbol{I}_{\mathrm{sdq}\infty.\mathrm{S1}}+\boldsymbol{I}_{\mathrm{sdq}\infty.\mathrm{S2}})\mathrm{e}^{\mathrm{j}\omega_1 t}+\boldsymbol{I}'_{\mathrm{s}\alpha\beta0.\mathrm{S1}}\mathrm{e}^{-\frac{t}{T_{\mathrm{eqs}}}}+(\boldsymbol{I}'_{\mathrm{sdqr}0.\mathrm{S1}}+\boldsymbol{I}'_{\mathrm{sdqr}0.\mathrm{S2}})\mathrm{e}^{-\frac{t}{T_{\mathrm{eqr}}}+\mathrm{j}\omega_{\mathrm{r}}t} \tag{4-34}$$

式中，各故障电流分量可用磁链分量与对应的等效电感表示，即

$$\begin{cases}\boldsymbol{I}_{\mathrm{sdq}\infty.\mathrm{S1}}=\dfrac{\boldsymbol{\psi}_{\mathrm{sdq}\infty.\mathrm{S1}}}{\boldsymbol{L}_{\mathrm{eqs}\infty}},\ \boldsymbol{I}'_{\mathrm{s}\alpha\beta0.\mathrm{S1}}=\dfrac{\boldsymbol{\psi}'_{\mathrm{s}\alpha\beta0.\mathrm{S1}}}{\boldsymbol{L}'_{\mathrm{eqs}}},\ \boldsymbol{I}'_{\mathrm{sdqr}0.\mathrm{S1}}=-\dfrac{L_{\mathrm{m}}\boldsymbol{\psi}'_{\mathrm{rdqr}0.\mathrm{S1}}}{\sigma L_{\mathrm{s}}L_{\mathrm{r}}}\\ \boldsymbol{I}_{\mathrm{sdq}\infty.\mathrm{S2}}=-\dfrac{L_{\mathrm{m}}\boldsymbol{\psi}_{\mathrm{rdq}\infty.\mathrm{S2}}}{\sigma L_{\mathrm{s}}L_{\mathrm{r}}},\ \boldsymbol{I}'_{\mathrm{sdqr}0.\mathrm{S2}}=-\dfrac{L_{\mathrm{m}}\boldsymbol{\psi}'_{\mathrm{rdqr}0.\mathrm{S2}}}{\sigma L_{\mathrm{s}}L_{\mathrm{r}}}\end{cases} \tag{4-35}$$

将式(4-25)、式(4-28)、式(4-32)代入式(4-34)与式(4-35)，可得用电压表示的故障电流为

$$
\begin{aligned}
\boldsymbol{I}_{\mathrm{s\alpha\beta}} &= \frac{\boldsymbol{U}_{\mathrm{sdq.post}} - \mathrm{j}\omega_1 L_{\mathrm{m}} \boldsymbol{I}^{*}_{\mathrm{rdq.post}}}{\mathrm{j}\omega_1 \boldsymbol{L}_{\mathrm{eqs}\infty}} \mathrm{e}^{\mathrm{j}\omega_1 t} - \frac{\boldsymbol{U}_{\mathrm{sdq.post}} - \mathrm{j}\omega_1 \boldsymbol{\psi}_{\mathrm{sdq0}}}{\mathrm{j}\omega_1 \boldsymbol{L}'_{\mathrm{eqs}}} \mathrm{e}^{-\frac{t}{T_{\mathrm{eqs}}} + \mathrm{j}\omega_{\mathrm{eqs}} t} \\
&\quad + \left(\boldsymbol{I}_{\mathrm{sdq0}} - \frac{\boldsymbol{U}_{\mathrm{sdq.post}} - \mathrm{j}\omega_1 L_{\mathrm{m}} \boldsymbol{I}^{*}_{\mathrm{rdq.post}}}{\mathrm{j}\omega_1 \boldsymbol{L}_{\mathrm{eqs}\infty}} + \frac{\boldsymbol{U}_{\mathrm{sdq.post}} - \mathrm{j}\omega_1 \boldsymbol{\psi}_{\mathrm{sdq\,0}}}{\mathrm{j}\omega_1 \boldsymbol{L}'_{\mathrm{eqs}}} \right) \mathrm{e}^{-\frac{t}{T_{\mathrm{eqr}}} + \mathrm{j}\omega_{\mathrm{eqr}} t}
\end{aligned}
\tag{4-36}
$$

可见式(4-36)与第 3 章中的故障电流解析表达式一致，从侧面验证了上述基于磁路视角分析的正确性。

基于式(4-36)的结果，定子电流初值分配规律对应的物理机制可归纳为：定子电流工频稳态分量的初值由定转子稳态磁链决定；定子电流准直流暂态分量由定子磁链过渡过程(暂态定子磁链)主导决定；定子电流准工频暂态分量是由转子磁链过渡过程(暂态转子磁链)主导决定的。

4.7　本 章 小 结

本章以磁路的视角，描述了第 3 章双馈风机故障电流解析表达式背后的物理图景，基于磁链-电流间的代数关系阐明了故障电流数学规律对应的物理含义，为直观认识近端三相短路期间双馈风机的故障电流规律提供了新视角。本章发现了转子电流对双馈发电机主磁通的挤出现象，并基于提出的定转子侧等效电感集中表征了双馈风机在不同故障穿越策略下的磁链-电流代数关系，基于提出的磁链-电流代数关系及等效电路直观描述了故障电流分量的初始幅值分配等规律。

本章获得的主要结论如下。

(1)在转子感应电流的作用下，一部分主磁通 $\boldsymbol{\Phi}_{\mathrm{m}}$ 从主磁路中被挤出至转子漏磁路，被挤出的部分主磁通与转子漏磁通 $\boldsymbol{\Phi}_{\mathrm{lr}}$ 完全相同，如图 4-5(b)所示。这一现象直接改变了定子磁链(磁路的激励)与对应产生的定子电流(响应)间的关系，使其不再完全由电机基本磁路参数决定，还与转子感应电流密切相关，这一现象即为转子电流对双馈发电机主磁通的挤出现象。

(2)从定子侧观察，双馈发电机的定子磁链激励与定子电流响应间的关系与定子磁链转速及转子电流密切相关，且可用提出的定子侧等效电感集中以代数关系表示。对应地，从转子侧观察，双馈发电机的转子磁链激励与转子电流响应间的关系可由转子侧等效电感集中表示。定转子侧等效电感具有明确的物理含义，即分别对应从定子、转子端口看磁路的等效电感，分别表征了定转子磁链(激励)与其产生的定转子电流(响应)的比值。

(3)近端三相短路故障发生后，按照磁路线性假设与叠加原理，双馈发电机定子磁链激励由稳态和暂态两个定子磁链分量构成，在静止坐标系中，稳态定子磁链分量以工频转速旋转，对应于故障期间的残余定子电压；暂态定子磁链分量相对于定子绕组静止，对应于为维持定子磁链守恒所产生的暂态分量。对应于以上两个定子磁链分量，转子磁链中也将产生相应频率的转子磁链分量；此外，为维持转子磁链的守恒还将产生一个相对于转子绕组静止的转子磁链暂态分量。

(4)将各磁链分量的转速及故障穿越策略对应的转子侧关系代入，可获得各分量对应的等效电感值，如表 4-2 所示。基于该思路，可建立以代数运算表示的磁链-电流代数关系，如图 4-11 所示。基于该磁链-电流代数关系可以直接获得故障电流规律的解析表达式，且该表达式与第 3 章获得的解析表达式一致。

参 考 文 献

[1] Prentice B R. Fundamental concepts of synchronous machine reactances[J]. Transactions of the American Institute of Electrical Engineers, 1937, 56(12): 1-21.

[2] Doherty R E. A simplified method of analyzing short-circuit problems[J]. Journal of the American Institute of Electrical Engineers, 1923, 42(10): 1021-1028.

[3] Park R H, Robertson B L. The reactances of synchronous machines[J]. Journal of the American Institute of Electrical Engineers, 1928, 47: 345-348.

[4] Ku Y H. Transient analysis of A-C. machinery[J]. Journal of the American Institute of Electrical Engineers, 1929, 48(4): 269-272.

[5] Chang Y, Hu J, Yuan X. Mechanism analysis of DFIG-based wind turbine's fault current during LVRT with equivalent inductances[J]. IEEE Journal of Emerging and Selected Topics in Power Electronics, 2020, 8(2): 1515-1527.

[6] Lopez J, Sanchis P, Roboam X, et al. Dynamic behavior of the doubly fed induction generator during three-phase voltage dips[J]. IEEE Transactions on Energy Conversion, 2007, 22(3): 709-717.

第5章　电网不对称短路故障期间风电机组故障电流的暂态特征分析

5.1　引　言

第 3 章及第 4 章对电网对称短路故障下风电机组故障电流的数学规律进行了分析，并从磁路的视角解释了数学规律背后的物理机制。但实际上，电网不对称短路故障发生的频率远高于对称故障，是另外一种重要的分析场景。在电网不对称短路故障期间，双馈发电机的负序定子磁链将切割转子绕组并产生较大的感应电动势，机侧变换器在 2.4 节控制目标与策略的作用下需要输出更大的电压以遏制过电流，更易因过调制触发 Crowbar 等硬件电路保护[1,2]。另外，当机侧变换器恢复控制能力后，2.4 节中的正负序电流控制之间因正负序测量提取环节、变换器正负序电流分配等因素形成了额外的耦合。正是由于这些特点，双馈风机在电网不对称短路故障期间的行为具备更加复杂的特征，不对称故障电流分析面临更多特殊的挑战。

本章针对不对称短路故障，基于第 3 章、第 4 章提出的分析方法，从磁路的视角近似对双馈风机的不对称故障电流进行计算分析。本章首先介绍了 Crowbar 被触发，机侧变换器后续处于可控状态时双馈风机的故障穿越策略，然后通过划分多个子系统分析了各控制时间尺度内双馈风机的磁链电流关系，基于第 4 章等效电感的概念，分析了不对称短路期间双馈风机暂态故障电流的特征。

5.2　电网不对称条件下双馈风机的故障穿越策略

当电网发生不对称短路故障后，双馈发电机的定子磁链中将同时包含三个分量，即以电网同步速正向旋转的正序稳态分量、以电网同步速反向旋转的负序稳态分量、相对于定子绕组静止的暂态分量[3]。其中，负序定子磁链、暂态定子磁链将分别以 $\omega_1+\omega_r$、ω_r 的高转速切割转子绕组并产生对应的转子感应电动势。在深度不对称短路故障条件下，仅负序定子磁链产生的转子感应电动势就能轻易超过机侧变换器的电压输出能力[4]，如 2.4.4 节所示，无论机侧变换器采用何种控制策略都不能避免机侧变换器的过调制及其引发的过电流。由于负序定子磁链属于稳态分量并不会随着时间逐渐衰减，Crowbar 保护启动后将持续工作直至故障清除[5]。当电网发生不对称故障后，双馈发电机定子磁链各分量产生的转子感应电动势仍易超过机侧变换器的电压控制能力并触发 Crowbar 保护，但随着暂态定子磁链的衰减，转子感应电动势将重新进入机侧变换器电压能力范围，Crowbar 保护可以退出，随后可继续执行 2.3.3 节中的去磁电流控制策略及 2.4 节中设置的不对称控制策略[6]。以 2.4.2 节基于正/反转同步速坐标系的 PI 电流控制策略为例，双馈风机在不对称故障期间的控制保护序贯动作如图 5-1 所示。

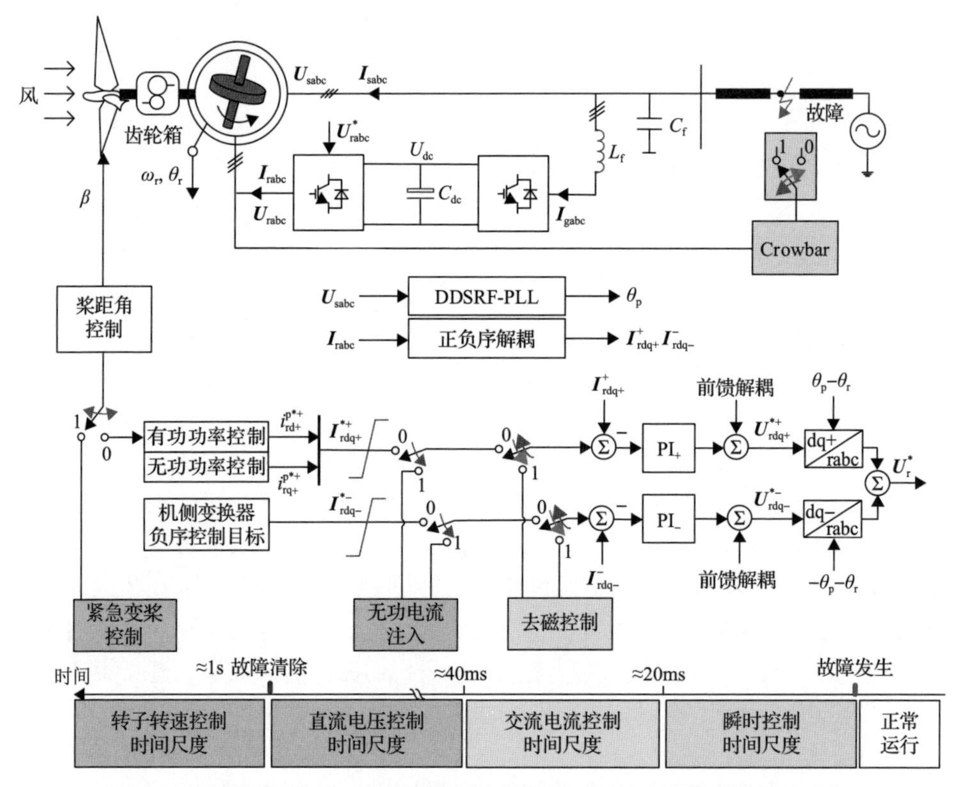

图 5-1　双馈风机在不对称故障期间内部控制及保护电路的序贯切换时序

电网不对称故障期间，由于需要分别对正序、负序电流进行解耦控制，各时间尺度的控制目标与电网对称故障期间有所差异，本节将具体介绍各控制时间尺度的策略及目标。

1. 瞬时控制时间尺度：Crowbar 控制策略

不对称故障发生瞬间，由定子正序稳态磁链、定子负序稳态磁链、暂态定子磁链所形成的转子感应电动势超过机侧变换器电压输出能力，引发过调制及机侧变换器过电流保护，机侧变换器闭锁，转子绕组经 Crowbar 电阻短接，此时转子电压为

$$\boldsymbol{U}_{\mathrm{rdq}} = -R_{\mathrm{c}}\boldsymbol{I}_{\mathrm{rdq}} \tag{5-1}$$

式(5-1)中的电压、电流矢量均包含正序、负序、暂态等多个分量。

2. 交流电流控制时间尺度：去磁电流控制策略

随着定子暂态磁链的衰减，当转子感应电动势达到机侧变换器的控制能力后，机侧变换器重新启动并采取 2.3.3 节中的去磁电流控制策略以进一步恢复机侧变换器的控制能力[2]。此时，机侧变换器正序、负序电流控制的指令分别为

$$\boldsymbol{I}_{\mathrm{rdq+}}^{*+} = K_{\mathrm{d}}'\boldsymbol{\psi}_{\mathrm{sdq+}}' \tag{5-2}$$

$$\boldsymbol{I}_{\mathrm{rdq-}}^{*-} = K_{\mathrm{d}}^{-}\boldsymbol{\psi}_{\mathrm{sdq-}}^{-} \tag{5-3}$$

式中，K_{d}' 为暂态定子磁链的去磁系数；K_{d}^{-} 为负序定子磁链的去磁系数。由于此时控制策略需削减直流及负序磁链，所以两者均为负值。

本章采取正/反转同步速坐标系的 PI 电流控制策略，因此，正负序转子电压可分别表示为

$$\begin{cases}\boldsymbol{U}_{\mathrm{rdq+}}^{+} = R_{\mathrm{r}}\boldsymbol{I}_{\mathrm{rdq+}}^{+} + \mathrm{j}(\omega_1 - \omega_{\mathrm{r}})\boldsymbol{\psi}_{\mathrm{rdq+}}^{+} + K_{\mathrm{pi}}^{+}(\boldsymbol{I}_{\mathrm{rdq+}}^{*+} - \boldsymbol{I}_{\mathrm{rdq+}}^{+}) + K_{\mathrm{ii}}^{+}\displaystyle\int(\boldsymbol{I}_{\mathrm{rdq+}}^{*+} - \boldsymbol{I}_{\mathrm{rdq+}}^{+})\mathrm{d}t \\ \boldsymbol{U}_{\mathrm{rdq-}}^{-} = R_{\mathrm{r}}\boldsymbol{I}_{\mathrm{rdq-}}^{-} + \mathrm{j}(-\omega_1 - \omega_{\mathrm{r}})\boldsymbol{\psi}_{\mathrm{rdq-}}^{-} + K_{\mathrm{pi}}^{-}(\boldsymbol{I}_{\mathrm{rdq-}}^{*-} - \boldsymbol{I}_{\mathrm{rdq-}}^{-}) + K_{\mathrm{ii}}^{-}\displaystyle\int(\boldsymbol{I}_{\mathrm{rdq-}}^{*-} - \boldsymbol{I}_{\mathrm{rdq-}}^{-})\mathrm{d}t\end{cases} \tag{5-4}$$

式中，K_{pi}^{+} 为正序电流控制器的比例系数；K_{pi}^{-} 为负序电流控制器的比例系数；K_{ii}^{+} 为正序电流控制器的积分系数；K_{ii}^{-} 为负序电流控制器的积分系数。

3. 直流电压控制时间尺度：无功电流注入

当机侧变换器控制能力恢复后，将按照并网导则要求支撑电网运行。对于早期没有负序无功电流服务要求的并网标准，双馈风机可采用 2.4 节中的正序、负序电流控制目标，降低电网不对称条件下风机的二倍频振荡载荷。但随着负序电流服务加入并网标准，双馈风机在注入正序无功电流的同时，还要按照 1.3.3 节的要求吸收一定负序无功电流以降低电网负序电压。按照 1.3.3 节中的要求，这一控制时间尺度内双馈风机向电网输出如式(1-5)、式(1-6)所示的无功电流，而机侧变换器的正序/负序、有功/无功电流控制的指令值需进一步推导。

在正、反转同步速 dq 坐标系下，由正、负序分量表示的双馈风机定子电压及磁链方程分别为

$$\begin{cases} \boldsymbol{U}_{\text{sdq+}}^{+} = R_{\text{s}}\boldsymbol{I}_{\text{sdq+}}^{+} + \text{j}\omega_1\boldsymbol{\psi}_{\text{sdq+}}^{+} + \dfrac{\text{d}\boldsymbol{\psi}_{\text{sdq+}}^{+}}{\text{d}t} \\ \boldsymbol{\psi}_{\text{sdq+}}^{+} = L_{\text{s}}\boldsymbol{I}_{\text{sdq+}}^{+} + L_{\text{m}}\boldsymbol{I}_{\text{rdq+}}^{+} \end{cases} \tag{5-5}$$

$$\begin{cases} \boldsymbol{U}_{\text{sdq-}}^{-} = R_{\text{s}}\boldsymbol{I}_{\text{sdq-}}^{-} - \text{j}\omega_1\boldsymbol{\psi}_{\text{sdq-}}^{-} + \dfrac{\text{d}\boldsymbol{\psi}_{\text{sdq-}}^{-}}{\text{d}t} \\ \boldsymbol{\psi}_{\text{sdq-}}^{-} = L_{\text{s}}\boldsymbol{I}_{\text{sdq-}}^{-} + L_{\text{m}}\boldsymbol{I}_{\text{rdq-}}^{-} \end{cases} \tag{5-6}$$

由于正序分量在正转同步速 dq 坐标系下静止，因此忽略微分项，同时忽略定子电阻上的压降，式(5-4)可简化为

$$\boldsymbol{U}_{\text{sdq+}}^{+} \approx \text{j}\omega_1\boldsymbol{\psi}_{\text{sdq+}}^{+} = \text{j}\omega_1(L_{\text{s}}\boldsymbol{I}_{\text{sdq+}}^{+} + L_{\text{m}}\boldsymbol{I}_{\text{rdq+}}^{+}) \tag{5-7}$$

将式(1-5)代入式(5-6)可得机侧变换器的正序无功电流注入指令值为

$$i_{\text{rq.DCS}}^{*+} = -\min\left\{\frac{L_{\text{s}}}{L_{\text{m}}}K^{+}(1-U_{\text{sdq+.post}}^{+}) + \frac{U_{\text{sdq+.post}}^{+}}{\omega_1 L_{\text{m}}}, I_{\text{r}\max}\right\} \tag{5-8}$$

式中，K^{+} 为正序无功电流注入系数；$U_{\text{sdq+.post}}^{+}$ 为故障后风机定子端电压正序分量的幅值；$I_{\text{r}\max}$ 为机侧变换器允许通过的最大电流。

同理，可推导得机侧变换器的负序无功电流注入指令值为

$$i_{\text{rq.DCS}}^{*-} = \min\left\{\frac{L_{\text{s}}}{L_{\text{m}}}K^{-}U_{\text{sdq-.post}}^{-} + \frac{U_{\text{sdq-.post}}^{-}}{\omega_1 L_{\text{m}}}, (I_{\text{r}\max} - i_{\text{rq.DCS}}^{*+})\right\} \tag{5-9}$$

式中，K^{-} 为负序无功电流注入系数；$U_{\text{sdq-.post}}^{-}$ 为故障后风机定子端电压负序分量的幅值。

考虑到机侧变换器最大容量限制，正负序有功电流应为

$$i_{\text{rd.DCS}}^{*+} = \sqrt{I_{\text{r}\max}^2 - (i_{\text{rq.DCS}}^{*+} + i_{\text{rq.DCS}}^{*-})^2} \tag{5-10}$$

$$i_{\text{rd.DCS}}^{*-} = 0 \tag{5-11}$$

在该时间尺度内，正负序转子电压与式(5-4)所示的转子电压表达式相同。

根据式(5-8)～式(5-11)可知，受转子换流器过流能力限制，正负序电流、dq 轴电流之间存在优先控制关系，根据故障深度的不同，正负序电流、dq 轴电流控制目标存在耦合。

5.3　电网不对称短路故障期间双馈风机的磁链分析

本章基于磁链-电流代数关系计算双馈风机的不对称故障电流[7]。不对称故障下，仅考虑电网电压幅值的跌落，忽略相角的跳跃，即忽略锁相环等非线性环节的影响。然后，假设正负序电气量分离环节为理想环节，忽略陷波器的非线性特征。进一步考虑如下假设：

(1) 忽略网侧变换器的影响。相较于定子侧故障电流，双馈风机转子换流器电流较小，可以忽略其影响。

(2) 假设转子转速不变。本节主要考虑双馈风机不对称故障电流电磁暂态过程，考虑到转子的惯性，可以近似认为转子转速不变。

(3) 不考虑 Crowbar 的动态过程，认为 Crowbar 可以马上投入。

基于以上假设，双馈风机可以看作线性系统，可以分别单独考虑定/转子、正/负序磁链的作用。因此，本节先对双馈风机进行磁链分析，将实际的双馈风机拆分为若干个子系统。

5.3.1　不对称故障期间双馈风机的子系统

发生不对称故障时，定子电压由初始的 $\boldsymbol{U}_{\mathrm{sdq+.pre}}^{+}$ 跳变为故障后的 $\boldsymbol{U}_{\mathrm{sdq+.post}}$，其中，故障后定子电压 $\boldsymbol{U}_{\mathrm{sdq+.post}}$ 的正序分量为 $\boldsymbol{U}_{\mathrm{sdq+.post}}^{+}$，负序分量为 $\boldsymbol{U}_{\mathrm{sdq-.post}}^{-}$。由于直流电压控制时间尺度内的电流控制指令由式(5-4)～式(5-7)给定，双馈风机的故障电流可以认为是定子电压和直流电压控制时间尺度电流控制指令的响应。针对不对称故障场景，可近似使用叠加原理，将实际系统分为定子电压激励的系统和控制策略激励下的系统，可按照正序、负序激励进一步将系统分解为图 5-2 所示的四个子系统。

图 5-2(c)和图 5-2(d)中，下标 DCS 表示直流电压控制时间尺度；$\boldsymbol{I}_{\mathrm{rdq+.pre}}^{+}$ 表示直流电压控制时间尺度开始前的正序转子电流；$\boldsymbol{I}_{\mathrm{rdq+.post}}^{*+}$ 表示直流电压控制时间

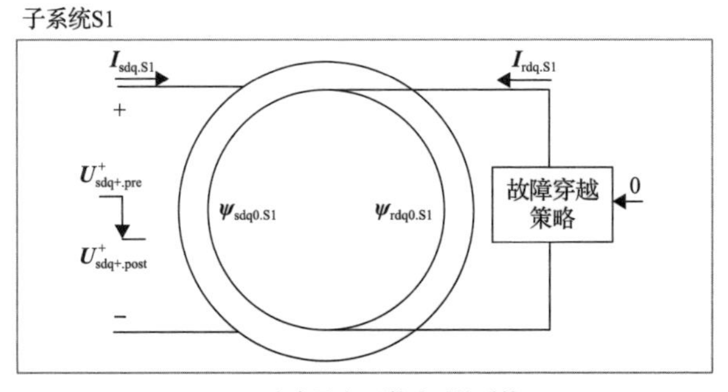

(a) 正序定子电压激励下的系统

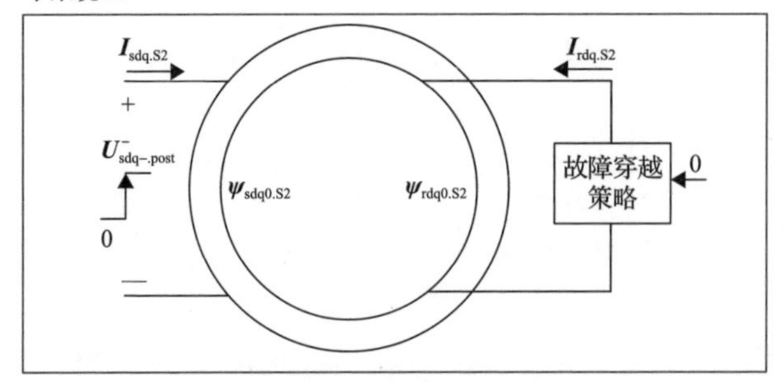

(b) 负序定子电压激励下的系统

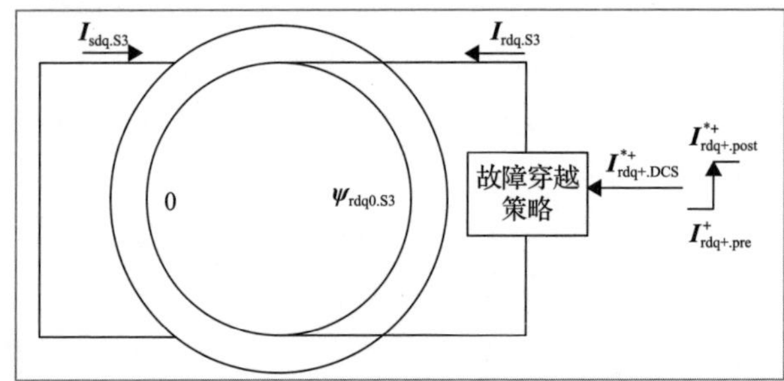

(c) 正序转子电流指令值激励下的系统

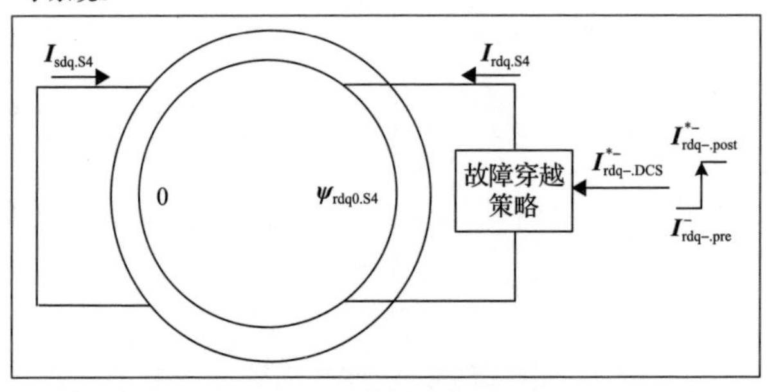

(d) 负序转子电流指令值激励下的系统

图 5-2　双馈风机子系统等效电路

尺度的正序转子电流指令值；$\boldsymbol{I}^{-}_{rdq-.pre}$ 表示直流电压控制时间尺度开始前的负序转子电流；$\boldsymbol{I}^{*-}_{rdq-.post}$ 表示直流电压控制时间尺度的负序转子电流指令值。

由于各时间尺度采取的保护电路和控制策略不同，双馈风机可分的子系统的个数也不尽相同。在瞬时控制时间尺度以及交流电流控制时间尺度，转子电压完全受双馈风机内部物理量控制，相当于受控电压源，因此，双馈风机分为子系统 S1、S2 两个子系统进行分析；在直流电压控制时间尺度，转子电流指令值直接给定，因此，双馈风机分为子系统 S1、S2、S3、S4 四个子系统进行分析。

5.3.2　定子磁链和转子磁链分析

首先对图 5-2(a)和图 5-2(b)所示的定子电压激励子系统进行磁链分析。根据双馈风机的电压方程，在忽略定子电阻的情况下定子电压可表示为

$$\boldsymbol{U}_{\mathrm{sdq+}}^{+} = \mathrm{j}\omega_1\boldsymbol{\psi}_{\mathrm{sdq+}}^{+} + \frac{\mathrm{d}\boldsymbol{\psi}_{\mathrm{sdq+}}^{+}}{\mathrm{d}t} \tag{5-12}$$

式(5-12)是关于定子磁链的一阶微分方程，根据一阶微分方程解的形式，子系统 S1 磁链的表达式为

$$\boldsymbol{\psi}_{\mathrm{s\alpha\beta.S1}}=\boldsymbol{\psi}_{\mathrm{sdq\infty.S1}}\mathrm{e}^{\mathrm{j}\omega_1 t}+\boldsymbol{\psi}'_{\mathrm{s\alpha\beta0.S1}}\mathrm{e}^{-t/T_{\mathrm{eqs}}} \tag{5-13}$$

式中，$\boldsymbol{\psi}_{\mathrm{sdq\infty.S1}}$ 为定子磁链的稳态值；$\boldsymbol{\psi}'_{\mathrm{s\alpha\beta0.S1}}$ 为暂态定子磁链的初始值。

各分量的幅值分别为

$$\begin{cases}\boldsymbol{\psi}_{\mathrm{sdq\infty.S1}}=\dfrac{\boldsymbol{U}_{\mathrm{sdq+.post}}^{+}}{\mathrm{j}\omega_1}\\[2ex]\boldsymbol{\psi}'_{\mathrm{s\alpha\beta0.S1}}=\boldsymbol{\psi}_{\mathrm{sdq0.S1}}-\dfrac{\boldsymbol{U}_{\mathrm{sdq+.post}}^{+}}{\mathrm{j}\omega_1}\end{cases} \tag{5-14}$$

式中，$\boldsymbol{\psi}_{\mathrm{sdq0.S1}}$ 为子系统 S1 中各控制时间尺度初始时刻的定子磁链。

子系统 S2 的定子磁链为

$$\boldsymbol{\psi}_{\mathrm{s\alpha\beta.S2}}=\boldsymbol{\psi}_{\mathrm{sdq\infty.S2}}\mathrm{e}^{-\mathrm{j}\omega_1 t}+\boldsymbol{\psi}'_{\mathrm{s\alpha\beta0.S2}}\mathrm{e}^{-t/T_{\mathrm{eqs}}} \tag{5-15}$$

式中

$$\begin{cases}\boldsymbol{\psi}_{\mathrm{sdq\infty.S2}}=\dfrac{\boldsymbol{U}_{\mathrm{sdq-.post}}^{-}}{-\mathrm{j}\omega_1}\\[2ex]\boldsymbol{\psi}'_{\mathrm{s\alpha\beta0.S2}}=\boldsymbol{\psi}_{\mathrm{sdq0.S2}}-\dfrac{\boldsymbol{U}_{\mathrm{sdq-.post}}^{-}}{-\mathrm{j}\omega_1}\end{cases} \tag{5-16}$$

由式(5-13)和式(5-16)可知，在正序、负序电压的分别激励下，子系统 S1 和子系统 S2 的定子磁链均由稳态工频分量和暂态直流分量组成。

相同的思路可解出正序电流控制指令激励下子系统 S3 的转子磁链：

$$\boldsymbol{\psi}_{\mathrm{r\alpha\beta.S3}}=\boldsymbol{\psi}_{\mathrm{rdq\infty.S3}}\mathrm{e}^{\mathrm{j}\omega_1 t}+\boldsymbol{\psi}'_{\mathrm{rdqr0.S3}}\mathrm{e}^{-t/T_{\mathrm{eqr}}}\mathrm{e}^{\mathrm{j}\omega_{\mathrm{r}} t} \tag{5-17}$$

式中，$\boldsymbol{\psi}_{\mathrm{rdq\infty.S3}}$ 为转子磁链的稳态值；$\boldsymbol{\psi}'_{\mathrm{rdqr0.S3}}$ 为暂态转子磁链的初始值。

式(5-17)中各分量为

$$\begin{cases}\boldsymbol{\psi}_{\text{rdq}\infty.\text{S3}}=\sigma L_{\text{r}}\boldsymbol{I}_{\text{rdq+.post}}^{*+}\\ \boldsymbol{\psi}'_{\text{rdqr0.S3}}=\sigma L_{\text{r}}(\boldsymbol{I}_{\text{rdq+.pre}}^{+}-\boldsymbol{I}_{\text{rdq+.post}}^{*+})\end{cases} \tag{5-18}$$

子系统 S4 的转子磁链为

$$\boldsymbol{\psi}_{\text{r}\alpha\beta.\text{S4}}=\boldsymbol{\psi}_{\text{rdq}\infty.\text{S4}}\text{e}^{-\text{j}\omega_1 t}+\boldsymbol{\psi}'_{\text{rdqr0.S4}}\text{e}^{-t/T_{\text{eqr}}}\text{e}^{\text{j}\omega_{\text{r}}t} \tag{5-19}$$

式(5-19)中各分量为

$$\begin{cases}\boldsymbol{\psi}_{\text{rdq}\infty.\text{S4}}=\sigma L_{\text{r}}\boldsymbol{I}_{\text{rdq}-.\text{post}}^{*-}\\ \boldsymbol{\psi}'_{\text{rdqr0.S4}}=\sigma L_{\text{r}}(\boldsymbol{I}_{\text{rdq}-.\text{pre}}^{-}-\boldsymbol{I}_{\text{rdq}-.\text{post}}^{*-})\end{cases} \tag{5-20}$$

5.4 电网不对称短路期间双馈风机的故障电流分析

在 5.3 节各定、转子磁链的激励下，双馈风机故障电流的对应分量可仍由 4.4 节提出的定转子等效电感计算。本节将结合 5.2 节内的控制关系，计算各控制时间尺度内双馈风机的等效电感。

5.4.1 不同控制时间尺度的等效电感计算

瞬时控制时间尺度内，双馈发电机转子仍由 Crowbar 电阻短接，针对以 ω_{f} 角速度旋转的定子磁链激励，等效电感的表达式与表 4-1 中一致，即

$$\boldsymbol{L}_{\text{eqs.IS}}(\omega_{\text{f}})=L_{\text{s}}\frac{R_{\text{re}}+\text{j}(\omega_{\text{f}}-\omega_{\text{r}})\sigma L_{\text{r}}}{R_{\text{re}}+\text{j}(\omega_{\text{f}}-\omega_{\text{r}})L_{\text{r}}} \tag{5-21}$$

交流电流控制时间尺度和直流电压控制时间尺度中，由于引入了负序电流控制，需重新推导负序电感。在这两个控制时间尺度下，负序转子电流控制器输出的转子电压为

$$\boldsymbol{U}_{\text{rdq}-.\text{ACS}}^{-}=R_{\text{r}}\boldsymbol{I}_{\text{rdq}-}^{-}+\text{j}(-\omega_1-\omega_{\text{r}})\boldsymbol{\psi}_{\text{sdq}-}^{-}+K_{\text{pi}}^{-}(\boldsymbol{I}_{\text{rdq}-.\text{ACS}}^{*-}-\boldsymbol{I}_{\text{rdq}-}^{-}) \tag{5-22}$$

$$\boldsymbol{U}_{\text{rdq}-.\text{DCS}}^{-}=R_{\text{r}}\boldsymbol{I}_{\text{rdq}-}^{-}+\text{j}(-\omega_1-\omega_{\text{r}})\boldsymbol{\psi}_{\text{sdq}-}^{-}-K_{\text{pi}}^{-}\boldsymbol{I}_{\text{rdq}-}^{-} \tag{5-23}$$

根据 4.3 节，控制策略与定子侧等效电感密切相关，定子侧等效电感可表示为式(4-19)。

在任意速 dq 坐标系中，转子电流 $\boldsymbol{I}_{\text{rdqf}}$ 可被定子磁链 $\boldsymbol{\psi}_{\text{sdqf}}$ 表示为

$$\boldsymbol{I}_{\mathrm{rdqf}}=\frac{\boldsymbol{U}_{\mathrm{rdqf}}-\mathrm{j}(\omega_{\mathrm{f}}-\omega_{\mathrm{r}})\dfrac{L_{\mathrm{m}}}{L_{\mathrm{s}}}\boldsymbol{\psi}_{\mathrm{sdqf}}}{R_{\mathrm{r}}-\mathrm{j}(\omega_{\mathrm{r}}-\omega_{\mathrm{f}})\sigma L_{\mathrm{r}}} \tag{5-24}$$

将式(5-22)和式(5-23)分别代入式(4-12)及式(4-19)，可得到用定子磁链 $\boldsymbol{\psi}_{\mathrm{sdqf}}$ 表示的转子电流 $\boldsymbol{I}_{\mathrm{rdqf}}$ 以及挤出矢量 $\boldsymbol{A}$，将上述结果代入式(5-24)，可得到负序电流控制下两个尺度的等效电感及中间变量结果，如表 5-1 所示。

表 5-1　负序电流控制下的等效电感及中间变量结果

变量	交流电流控制时间尺度	直流电压控制时间尺度
$\boldsymbol{I}_{\mathrm{rdqf}}(\omega_{\mathrm{f}})$	$\dfrac{-\mathrm{j}(\omega_1+\omega_{\mathrm{f}})L_{\mathrm{m}}/L_{\mathrm{s}}+K_{\mathrm{pi}}^{-}K_{\mathrm{d}}}{\mathrm{j}(\omega_1+\omega_{\mathrm{f}})\sigma L_{\mathrm{r}}+K_{\mathrm{pi}}^{-}}\boldsymbol{\psi}_{\mathrm{sdqf}}$	$-\dfrac{L_{\mathrm{m}}}{L_{\mathrm{s}}}\dfrac{\mathrm{j}(\omega_{\mathrm{f}}+\omega_1)}{K_{\mathrm{pi}}^{-}+\mathrm{j}(\omega_{\mathrm{f}}+\omega_1)\sigma L_{\mathrm{r}}}\boldsymbol{\psi}_{\mathrm{sdqf}}$
$\boldsymbol{A}(\omega_{\mathrm{f}})$	$\dfrac{L_{\mathrm{lr}}}{L_{\mathrm{m}}}\dfrac{\mathrm{j}(\omega_{\mathrm{f}}+\omega_1)L_{\mathrm{m}}-K_{\mathrm{pi}}^{-}K_{\mathrm{d}}L_{\mathrm{s}}}{K_{\mathrm{pi}}^{-}+\mathrm{j}(\omega_{\mathrm{f}}+\omega_1)L_{\mathrm{lr}}+K_{\mathrm{pi}}^{-}K_{\mathrm{d}}L_{\mathrm{ls}}}$	$\dfrac{\mathrm{j}(\omega_{\mathrm{f}}+\omega_1)L_{\mathrm{lr}}}{K_{\mathrm{pi}}^{-}+\mathrm{j}(\omega_{\mathrm{f}}+\omega_1)L_{\mathrm{lr}}}$
$\boldsymbol{L}_{\mathrm{eqs}}(\omega_{\mathrm{f}})$	$L_{\mathrm{s}}\left.\dfrac{K_{\mathrm{pi}}^{-}+\mathrm{j}(\omega_{\mathrm{f}}+\omega_1)\sigma L_{\mathrm{r}}}{K_{\mathrm{pi}}^{-}+\mathrm{j}(\omega_{\mathrm{f}}+\omega_1)L_{\mathrm{r}}-K_{\mathrm{pi}}^{-}K_{\mathrm{d}}L_{\mathrm{m}}}\right\|_{\omega_{\mathrm{f}}=-\omega_1}$	$L_{\mathrm{s}}\left.\dfrac{K_{\mathrm{pi}}^{-}+\mathrm{j}(\omega_{\mathrm{f}}+\omega_1)\sigma L_{\mathrm{r}}}{K_{\mathrm{pi}}^{-}+\mathrm{j}(\omega_{\mathrm{f}}+\omega_1)L_{\mathrm{r}}}\right\|_{\omega_{\mathrm{f}}=-\omega_1}$

定义 $\boldsymbol{L}_{\mathrm{eqs+}}$ 为正序定子等效电感，$\boldsymbol{L}_{\mathrm{eqs-}}$ 为负序定子等效电感，$\boldsymbol{L}'_{\mathrm{eqs}}$ 为暂态定子等效电感，则双馈风机在电网不对称故障期间各时间尺度的等效电感如表 5-2 所示。

表 5-2　不对称故障下各时间尺度的等效电感

时间尺度	$\boldsymbol{L}_{\mathrm{eqs+}}$	$\boldsymbol{L}_{\mathrm{eqs-}}$	$\boldsymbol{L}'_{\mathrm{eqs}}$
瞬时控制时间尺度	$L_{\mathrm{s}}\dfrac{R_{\mathrm{re}}+\mathrm{j}(\omega_1-\omega_{\mathrm{r}})\sigma L_{\mathrm{r}}}{R_{\mathrm{re}}+\mathrm{j}(\omega_1-\omega_{\mathrm{r}})L_{\mathrm{r}}}$	$L_{\mathrm{s}}\dfrac{R_{\mathrm{re}}+\mathrm{j}(-\omega_1-\omega_{\mathrm{r}})\sigma L_{\mathrm{r}}}{R_{\mathrm{re}}+\mathrm{j}(-\omega_1-\omega_{\mathrm{r}})L_{\mathrm{r}}}$	$L_{\mathrm{s}}\dfrac{R_{\mathrm{re}}-\mathrm{j}\omega_{\mathrm{r}}\sigma L_{\mathrm{r}}}{R_{\mathrm{re}}-\mathrm{j}\omega_{\mathrm{r}}L_{\mathrm{r}}}$
交流电流控制时间尺度	L_{s}	$\dfrac{L_{\mathrm{s}}}{1-K_{\mathrm{d}}^{-}L_{\mathrm{m}}}$	$L_{\mathrm{s}}\dfrac{K_{\mathrm{pi}}^{+}-\mathrm{j}\sigma\omega_1L_{\mathrm{r}}}{-\mathrm{j}\omega_1L_{\mathrm{r}}+K_{\mathrm{pi}}^{+}(1-\omega_1K_{\mathrm{d}}'L_{\mathrm{m}})}$
直流电压控制时间尺度	L_{s}	L_{s}	$L_{\mathrm{s}}\dfrac{K_{\mathrm{pi}}^{+}-\mathrm{j}\sigma\omega_1L_{\mathrm{r}}}{K_{\mathrm{pi}}^{+}-\mathrm{j}\omega_1L_{\mathrm{r}}}$

5.4.2　不对称故障下双馈风机磁链-电流的代数关系模型

5.3.2 节分析了电网不对称故障期间双馈风机定转子磁链的组成分量，5.4.1 节分析了不同转速磁链对应的等效电感，本节基于定转子等效电感构建磁链-电流关系。基本思路是，将定转子磁链拆解为分量的形式，并将磁链分量激励下的双馈风机用定/转子侧等效电感集中表示，据此计算得到每个磁链分量激励下的电流分量。基于该思路建立的磁链-电流代数关系如图 5-3 所示。

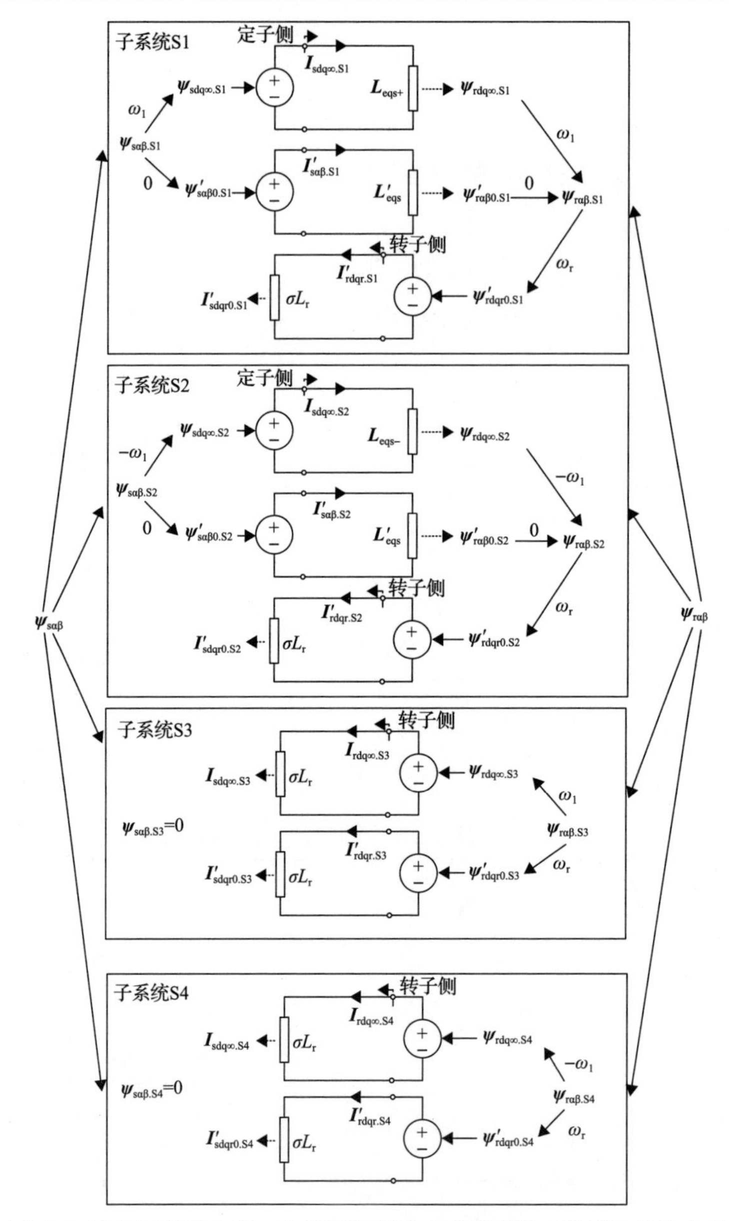

图 5-3　电网不对称短路故障下基于定转子侧等效电感描述的双馈风机磁链-电流代数关系

基于图 5-3 确定故障电流响应各个分量的详细过程如下：首先，按照 5.3.2 节的分析结果将子系统 S1、S2、S3、S4 中定转子磁链的分量按照不同频率分别列在定转子侧(图 5-3 中的左侧表示定子侧，右侧表示转子侧)；按照定转子磁链分量的转速可用对应的等效电感分别从定转子端口等效双馈风机。

在子系统 S1 和 S2 中，定子磁链由稳态分量 $\psi_{sdq\infty}$和暂态直流分量$\psi'_{s\alpha\beta}$组成，

这两个分量由定子侧的故障电流 $\boldsymbol{I}_{\mathrm{sdq}\infty}$和$\boldsymbol{I}'_{\mathrm{s\alpha\beta}}$产生。此外，定子磁链在转子侧感应出相同频率的转子磁链 $\boldsymbol{\psi}_{\mathrm{rdq}\infty}$和$\boldsymbol{\psi}'_{\mathrm{r\alpha\beta}}$，同时，转子绕组内产生了暂态磁链$\boldsymbol{\psi}'_{\mathrm{rdqr}}$，以维持初始时刻转子磁链守恒，暂态磁链$\boldsymbol{\psi}'_{\mathrm{rdqr}}$在定子侧可感应出转速频的暂态故障电流$\boldsymbol{I}'_{\mathrm{sdqr}}$。稳态分量$\boldsymbol{I}_{\mathrm{sdq}\infty}$、暂态直流分量$\boldsymbol{I}'_{\mathrm{s\alpha\beta}}$以及暂态转速频分量$\boldsymbol{I}'_{\mathrm{sdqr}}$三个分量组成了在子系统 S1 和 S2 的定子电流。在子系统 S3 和 S4 中，由于转子电流指令值的阶跃，转子绕组内产生稳态分量 $\boldsymbol{\psi}_{\mathrm{rdq}\infty}$以及暂态直流分量$\boldsymbol{\psi}'_{\mathrm{rdqr}}$，这两个磁链分量在定子侧感应出的稳态电流 $\boldsymbol{I}_{\mathrm{sdq}\infty}$以及暂态转速频分量$\boldsymbol{I}'_{\mathrm{sdqr}}$组成了子系统 S3 和 S4 的定子电流。

利用磁链-电流代数关系，将以上子系统的定子电流叠加，可得到实际系统的故障电流，在两相静止坐标系下可写为如下形式：

$$\begin{aligned}\boldsymbol{I}_{\mathrm{s\alpha\beta}} &= (\boldsymbol{I}_{\mathrm{sdq}\infty.\mathrm{S1}}+\boldsymbol{I}_{\mathrm{sdq}\infty.\mathrm{S3}})\mathrm{e}^{\mathrm{j}\omega_1 t}+(\boldsymbol{I}_{\mathrm{sdq}\infty.\mathrm{S2}}+\boldsymbol{I}_{\mathrm{sdq}\infty.\mathrm{S4}})\mathrm{e}^{-\mathrm{j}\omega_1 t}+(\boldsymbol{I}'_{\mathrm{s\alpha\beta0.S1}}+\boldsymbol{I}'_{\mathrm{s\alpha\beta0.S2}})\mathrm{e}^{-t/T_{\mathrm{eqs}}}\\ &\quad+(\boldsymbol{I}'_{\mathrm{sdqr0.S1}}+\boldsymbol{I}'_{\mathrm{sdqr0.S2}}+\boldsymbol{I}'_{\mathrm{sdqr0.S3}}+\boldsymbol{I}'_{\mathrm{sdqr0.S4}})\mathrm{e}^{-t/T_{\mathrm{eqr}}}\mathrm{e}^{\mathrm{j}\omega_{\mathrm{eqr}}t}\end{aligned} \tag{5-25}$$

式中，$\boldsymbol{I}'_{\mathrm{sdqr0.S1}}$、$\boldsymbol{I}'_{\mathrm{sdqr0.S2}}$、$\boldsymbol{I}'_{\mathrm{sdqr0.S3}}$、$\boldsymbol{I}'_{\mathrm{sdqr0.S4}}$为转速频电流分量的初始值；各故障电流分量可用磁链分量与对应的等效电感表示，即

$$\begin{cases}\boldsymbol{I}_{\mathrm{sdq}\infty.\mathrm{S1}}=\dfrac{\boldsymbol{\psi}_{\mathrm{sdq}\infty.\mathrm{S1}}}{\boldsymbol{L}_{\mathrm{eqs+}}},\quad \boldsymbol{I}_{\mathrm{sdq}\infty.\mathrm{S3}}=-\dfrac{L_{\mathrm{m}}}{L_{\mathrm{s}}}\dfrac{\boldsymbol{\psi}_{\mathrm{rdq}\infty.\mathrm{S3}}}{\sigma L_{\mathrm{r}}}\\ \boldsymbol{I}_{\mathrm{sdq}\infty.\mathrm{S2}}=\dfrac{\boldsymbol{\psi}_{\mathrm{sdq}\infty.\mathrm{S2}}}{\boldsymbol{L}_{\mathrm{eqs-}}},\quad \boldsymbol{I}_{\mathrm{sdq}\infty.\mathrm{S4}}=-\dfrac{L_{\mathrm{m}}}{L_{\mathrm{s}}}\dfrac{\boldsymbol{\psi}_{\mathrm{rdq}\infty.\mathrm{S4}}}{\sigma L_{\mathrm{r}}}\\ \boldsymbol{I}'_{\mathrm{s\alpha\beta0.S1}}=\dfrac{\boldsymbol{\psi}_{\mathrm{s\alpha\beta0.S1}}}{\boldsymbol{L}'_{\mathrm{eqs}}},\quad \boldsymbol{I}'_{\mathrm{s\alpha\beta0.S2}}=\dfrac{\boldsymbol{\psi}_{\mathrm{s\alpha\beta0.S2}}}{\boldsymbol{L}'_{\mathrm{eqs}}}\end{cases} \tag{5-26}$$

将式(5-14)、式(5-16)、式(5-18)、式(5-20)以及式(5-26)代入式(5-25)，可得用电压表示的故障电流：

$$\begin{aligned}\boldsymbol{I}_{\mathrm{s\alpha\beta}} &= (\boldsymbol{I}_{\mathrm{sdq}\infty.\mathrm{S1}}+\boldsymbol{I}_{\mathrm{sdq}\infty.\mathrm{S3}})\mathrm{e}^{\mathrm{j}\omega_1 t}+(\boldsymbol{I}_{\mathrm{sdq}\infty.\mathrm{S2}}+\boldsymbol{I}_{\mathrm{sdq}\infty.\mathrm{S4}})\mathrm{e}^{-\mathrm{j}\omega_1 t}+(\boldsymbol{I}'_{\mathrm{s\alpha\beta0.S1}}+\boldsymbol{I}'_{\mathrm{s\alpha\beta0.S2}})\mathrm{e}^{-t/T_{\mathrm{eqs}}}\\ &\quad+(\boldsymbol{I}'_{\mathrm{sdqr0.S1}}+\boldsymbol{I}'_{\mathrm{sdqr0.S2}}+\boldsymbol{I}'_{\mathrm{sdqr0.S3}}+\boldsymbol{I}'_{\mathrm{sdqr0.S4}})\mathrm{e}^{-t/T_{\mathrm{eqr}}}\mathrm{e}^{\mathrm{j}\omega_{\mathrm{eqr}}t}\end{aligned} \tag{5-27}$$

式中，$\boldsymbol{I}_{\mathrm{sdq0}}$为各时间尺度初始时刻的定子电流。

在不同的时间尺度，定子侧等效电感的值如表 5-2 所示，其他参数的值如表 5-3 所示。

表 5-3　各时间尺度下故障电流表达式参数

<table>
<tr><th>时间尺度</th><th>$\boldsymbol{E}^{+}$</th><th>$\boldsymbol{E}^{-}$</th><th>$\boldsymbol{E}'$</th><th>ω_{eqr}</th><th>T_{eqs}</th><th>T_{eqr}</th></tr>
<tr><td>瞬时控制
时间尺度</td><td rowspan="2">0</td><td rowspan="2">0</td><td>$\mathrm{j}\omega_1\boldsymbol{\psi}_{\mathrm{sdq0}}$</td><td>$\omega_{\mathrm{r}}$</td><td rowspan="3">$\dfrac{L'_{\mathrm{eqs}}}{R_{\mathrm{r}}}$</td><td>$\dfrac{\sigma L_{\mathrm{r}}}{R_{\mathrm{re}}}$</td></tr>
<tr><td>交流电流控制
时间尺度</td><td>$\mathrm{j}\omega_1\boldsymbol{\psi}_{\mathrm{sdq0.ACS}}$</td><td rowspan="2">$\omega_1$</td><td rowspan="2">$\dfrac{\sigma L_{\mathrm{r}}}{K_{\mathrm{pi}}^{+}}$</td></tr>
<tr><td>直流电压控制
时间尺度</td><td>$\mathrm{j}\omega_1 L_{\mathrm{m}}\boldsymbol{I}_{\mathrm{rdq+.post}}^{*+}$</td><td>$-\mathrm{j}\omega_1 L_{\mathrm{m}}\boldsymbol{I}_{\mathrm{rdq-.post}}^{*-}$</td><td>$\mathrm{j}\omega_1\boldsymbol{\psi}_{\mathrm{sdq0.DCS}}$</td></tr>
</table>

结合式(5-27)以及表 5-3，可直观获得电网不对称短路故障条件下双馈风机故障电流的频率成分、幅值以及时间常数等。在瞬时控制时间尺度，故障电流由正序工频分量、负序工频分量、暂态直流分量以及暂态转速频分量组成；在交流电流控制时间尺度以及直流电压控制时间尺度，故障电流由正序工频分量、负序工频分量、暂态直流分量以及暂态工频分量组成。这是由保护电路与控制策略的差异造成的。

5.5　双馈风机不对称故障电流的暂态特征与计算结果

本节将基于 MATLAB/Simulink 中某商用 1.5MW 双馈风机电磁暂态仿真模型，验证式(5-27)中故障电流数学表达式的准确性与适用性。双馈风机的详细参数如表 3-4 所示，在电网不对称短路故障条件下，负序转子电流控制器的参数与正序转子电流控制器的参数相同，$K_{\mathrm{pi}}^{+}=K_{\mathrm{pi}}^{-}=1.2$，$K_{\mathrm{ii}}^{+}=K_{\mathrm{ii}}^{-}=6$；暂态定子磁链的去磁系数 $K'_{\mathrm{d}}=-2$；负序定子磁链的去磁系数 $K_{\mathrm{d}}^{-}=-2$；无功电流注入系数 $K^{+}=K^{-}=2$。故障场景以及故障过程如下。

(1)故障场景：0.5s 时刻风机机端发生不对称短路故障，正序定子电压由 1p.u. 跳变至 0.5p.u.，负序定子电压由 0 跳变至 0.3p.u.。

(2)故障前状态：在 0.5s 前，双馈风机运行于额定满载工况，即运行于超同步状态(ω_{r}=1.2，滑差为–0.2)，双馈风机向电网输出 1.5MW 有功功率、0Mvar 无功功率。

(3)故障期间的控制保护策略：0.5s 电压跌落后，由于故障程度较深，Crowbar 保护电路立即投入直至 0.52s 后转子电流进入机侧变换器的可控范围；随后机侧变换器重新投入工作，且 0.52～0.54s 转子电流控制指令由去磁控制生成，帮助机侧变换器恢复无功注入的能力，在 0.54s 时去磁控制退出，转子电流控制指令由快速无功电流注入生成，直至故障切除。

电网不对称短路故障期间双馈风机定子电压如图 5-4(a)所示。数值仿真得到的双馈风机的故障电流如图 5-4(b)所示。电网不对称短路故障期间双馈风机故障电流的数值仿真结果与解析计算结果的对比如图 5-5 所示。电网不对称短路故障期间双馈风机故障电流分量如图 5-6 所示。

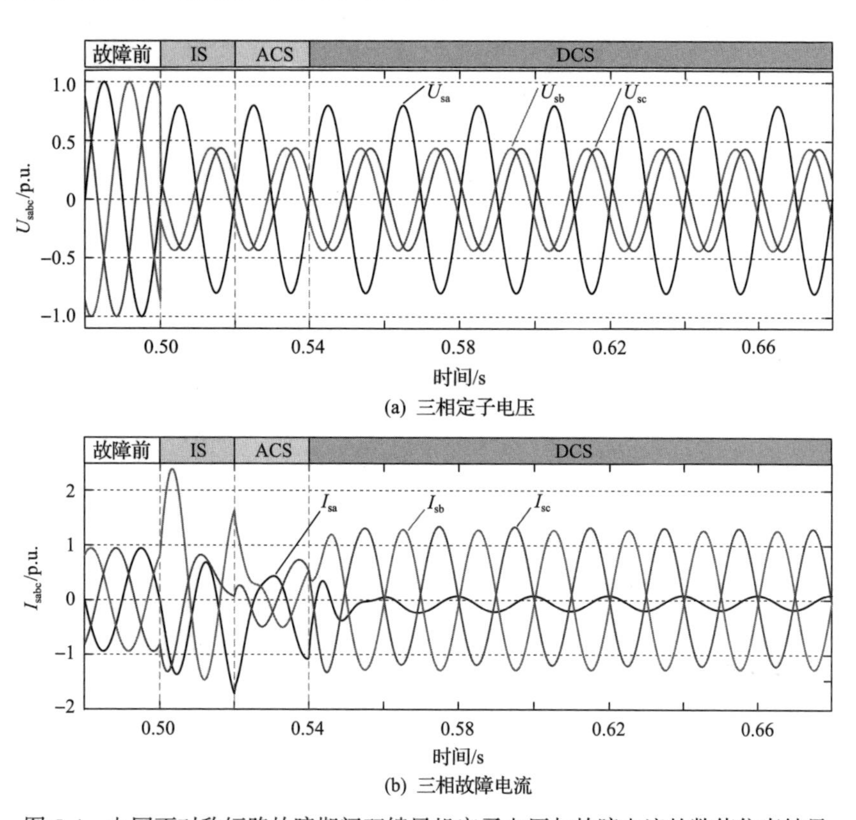

(a) 三相定子电压

(b) 三相故障电流

图 5-4　电网不对称短路故障期间双馈风机定子电压与故障电流的数值仿真结果

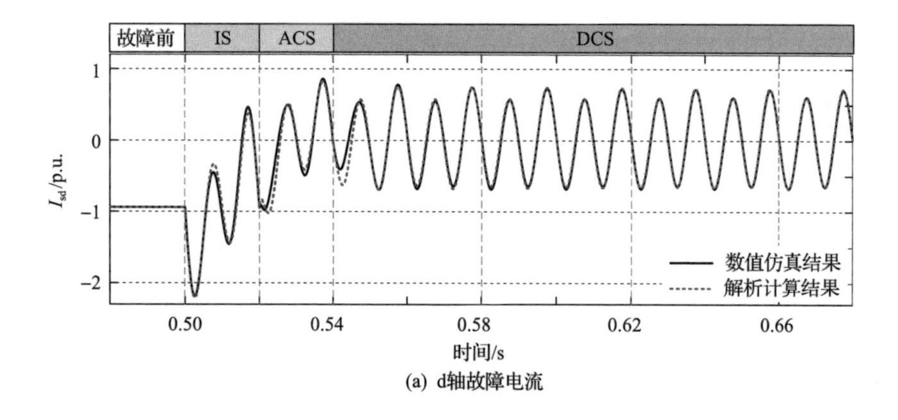

(a) d轴故障电流

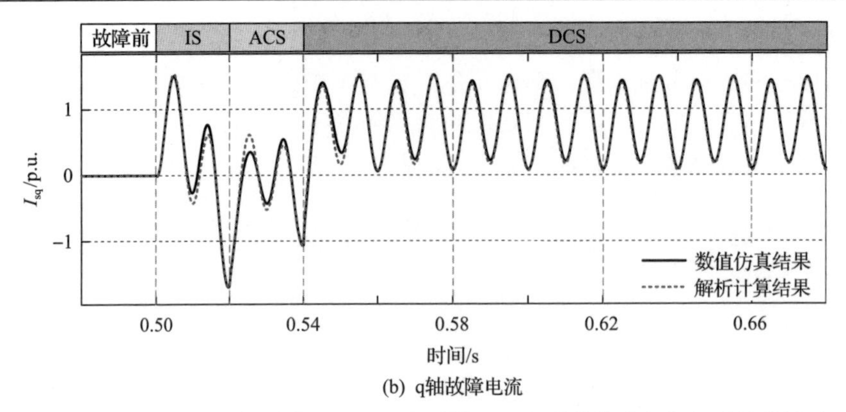

(b) q轴故障电流

图 5-5　电网不对称短路故障期间双馈风机故障电流的数值仿真与解析计算结果对比

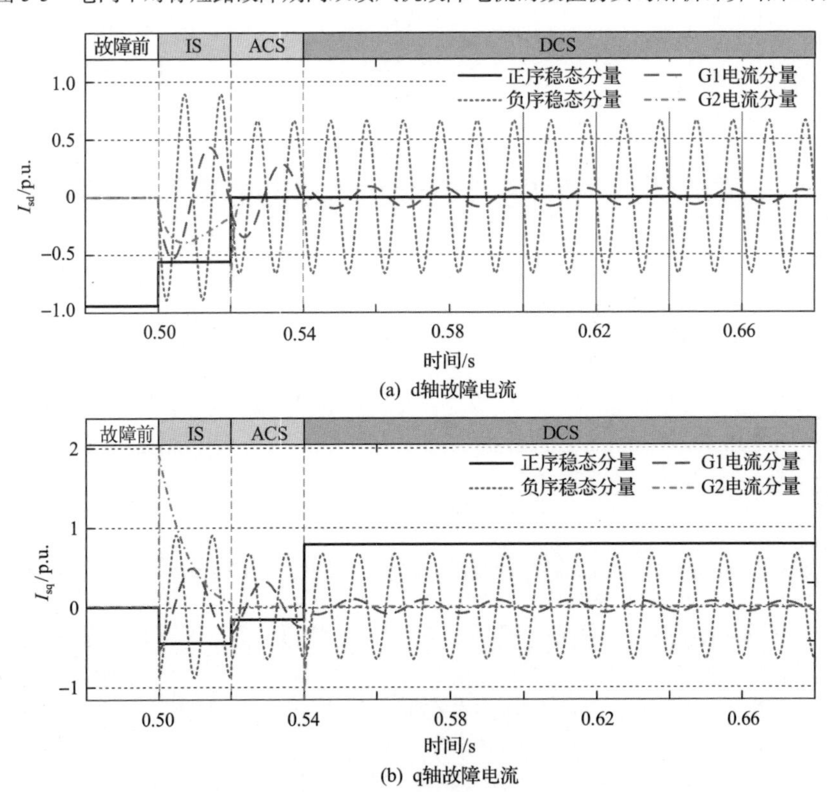

(b) q轴故障电流

图 5-6　电网不对称短路故障期间双馈风机故障电流分量

图 5-5(a)与图 5-5(b)在工频旋转坐标系中分别对比了故障期间两组结果中的 d 轴与 q 轴电流分量。可见，解析计算结果图形趋势与数值仿真结果一致，数值基本匹配，所推导的解析表达式能够准确反映故障电流中的主要规律。

图 5-6 表明，在电网不对称短路故障条件下，双馈风机输出的故障电流包含正序、负序两个稳态分量以及两个暂态分量，分别是正序稳态分量、负序稳态分

量、G1 电流分量以及 G2 电流分量。在故障发生期间，稳态分量的幅值在各时间尺度内均保持恒定，而暂态分量的幅值逐渐衰减。相对于第 3 章、第 4 章电网对称故障条件下双馈风机的故障电流特征，在电网不对称短路故障条件下，故障电流除正序稳态分量和 G1、G2 电流分量外，还包含一个特殊的负序稳态分量，其幅值由负序定子电压及负序转子电流控制策略决定。同时，与双馈风机的对称故障电流表达式对比，G1 电流分量的幅值受负序定子电压的影响，原因在于故障发生时，负序定子电压阶跃，定子绕组内产生衰减的直流分量以维持负序定子磁链守恒。

与图 3-8 相比，电网对称短路故障条件下，故障电流在 dq 坐标系下波形以近似工频的频率波动，而电网不对称短路故障条件下，双馈风机的故障电流在 dq 坐标系下近似以二倍频波动。由图 5-6 可以看出，负序稳态分量的幅值远大于 G1 电流分量，体现了电网不对称短路故障条件下负序稳态分量对双馈风机故障电流的显著影响。

5.6　本 章 小 结

本章针对电网不对称短路期间双馈风机的故障电流开展了近似解析研究。本章将第 3 章、第 4 章中针对对称短路场景提出的分析方法拓展至不对称场景，所得出的故障电流表达式具有简洁统一的形式。

本章获得的主要结论如下：

(1) 相对于对称短路场景，不对称短路场景下双馈风机机侧变换器更容易出现过调制，进而引发转子过电流与 Crowbar 保护。在深度不对称短路故障期间，Crowbar 保护将动作直至故障清除，而在不对称短路故障期间，Crowbar 电路将被切出，机侧变换器将重新启动并陆续工作于去磁电流控制策略与正负序无功电流注入策略。

(2) 在电网发生不对称短路故障的场景中，双馈风机的故障电流分析还需面对 RSC 输出过调制、正负序控制耦合等难题。针对不对称短路故障，本章沿用第 4 章等效电感的分析方法，获得了故障电流解析表达式。

(3) 电网不对称短路故障期间，双馈发电机定子磁链激励由正序稳态、负序稳态和暂态三个分量构成。在静止坐标系中，正序稳态定子磁链分量以工频转速正向旋转，对应于故障期间残余的正序定子电压；负序稳态定子磁链分量以工频转速反向旋转，对应于故障期间产生的负序定子电压；暂态定子磁链分量相对于定子绕组静止，对应于为维持定子磁链守恒所产生的暂态分量。对应于以上三个分量，转子磁链中也将产生相应频率的分量；此外，为维持转子磁链的守恒还将产生一个相对于转子绕组静止的转子磁链暂态分量。

(4)电网不对称短路故障条件下，双馈风机的故障电流包含四个分量，分别是正序稳态分量、负序稳态分量、G1 电流分量以及 G2 电流分量。

当前，除聚焦于风机暂态电流特征的分析外，故障电流相关的研究还涉及多样化控制保护策略目标下风机的正序、负序稳态电流特征[8,9]及其对电力系统故障电气量分布演化规律的影响。以风电并网电力系统的故障新特征为基础，研究还涉及正序、负序量继电保护适应性、继电保护新方案[10-12]。此外，除聚焦于不对称短路的故障分析，线路断路、非全相运行等特殊不对称故障场景中的控制、运行与优化仍是未来一段时间内的研究热点[13]。

参 考 文 献

[1] 贺益康, 胡家兵, 徐烈. 并网双馈异步风力发电机运行控制[M]. 北京: 中国电力出版社, 2011.

[2] 胡家兵, 迟永宁, 汤海雁. 双馈感应电机在风力发电中的建模与控制[M]. 北京: 机械工业出版社, 2014.

[3] Abad G, Lopez J, Rodriguez M A, et al. Doubly Fed Induction Machine: Modeling and Control for Wind Energy Generation Applications[M]. Piscataway: Wiley-IEEE Press, 2011.

[4] Engelhardt S, Kretschmann J, Fortmann J, et al. Capability and limitations of DFIG based wind turbines concerning negative sequence control[C]. 2013 IEEE Power & Energy Society General Meeting, Vancouver, 2013: 1-5.

[5] Chang Y, Kocar I, Mahseredjian J. Analytical characterization of DFIG response to asymmetrical voltage dips for efficient design[J]. Electric Power Systems Research, 2022, 211(4): 108553.

[6] Luo J, Zhao H, Lu X, et al. A review of low voltage ride through in DFIG under unbalanced grid faults[C]. 2019 IEEE PES GTD Grand International Conference and Exposition Asia (GTD Asia), Piscataway: 2019: 718-723.

[7] Chang Y, Hu J, Yuan X. Mechanism analysis of DFIG-based wind turbine's fault current during LVRT with equivalent inductances[J]. IEEE Journal of Emerging and Selected Topics in Power Electronics, 2020, 8(2): 1515-1527.

[8] Sulla F, Svensson J, Samuelsson O. Symmetrical and unsymmetrical short-circuit current of squirrel-cage and doubly-fed induction generators[J]. Electric Power Systems Research, 2011, 81(7): 1610-1618.

[9] Yang S, Zhou T, Chang L, et al. Analytical method for DFIG transients during voltage dips[J]. IEEE Transactions on Power Electronics, 2017, 32(9): 6863-6881.

[10] Haddadi A, Farantatos E, Kocar I, et al. Impact of inverter based resources on system protection[J]. Energies, 2021, 14(4): 1050.

[11] 范小红, 孙士云, 王春又, 等. 适应于双馈风电场送出线不对称故障的时域距离保护[J]. 电力系统保护与控制, 2020, 48(23): 82-91.

[12] Chang Y, Kocar I, Mahseredjian J. The impact of DFIG control schemes on the negative-sequence based differential protection[J]. Electric Power Systems Research, Accepted.

[13] Chang Y, Kocar I, Hu J, et al. Coordinated control of DFIG converters to comply with reactive current requirements in emerging grid codes[J]. Journal of Modern Power Systems and Clean Energy, 2022, 10(2): 502-514.

下篇　风电并网电力系统的暂态稳定分析

第6章　风电暂态特性及其并网电力系统多时间尺度暂态稳定问题

6.1　引　　言

本篇将分析风电并网电力系统的另外一种暂态问题——稳定问题。在上篇介绍故障分析时，重点关注风机电磁暂态过程中故障电流的变化规律。本篇稳定分析研究的则是，系统受到大的干扰后，能否经过一定时间回到原来的运行状态或过渡到新的稳定运行状态的问题，重点关注的是能量储存元件状态的变化过程。对传统电力系统而言，因同步机仅存在一种能量储存元件——机械转子，所以主要分析同步机的转子转速暂态过程及其对应的机电时间尺度暂态稳定问题。然而，风机是由多类型能量储存元件(机械转子/直流电容/交流电感)及相应控制(转子转速控制/直流电压控制/交流电流控制)构成的。所以，风电并网电力系统的稳定问题需要关注风机从电磁到机电暂态过程中，各个能量储存元件输入和输出功率是否能够恢复平衡的问题，即多时间尺度稳定问题。此外，相较于转子运动方程所决定的同步机暂态特性，风机“不平衡功率-能量储存元件状态-内电势相位”的变化规律更加灵活多变，所以风电并网电力系统各时间尺度的稳定机理和失稳形态也会改变。

本章作为下篇的概述章节，首先对比风机与同步机暂态特性的典型差异特征；然后，从电力系统暂态过程一般关系出发，阐述风电并网电力系统与传统电力系统的相似性和差异性；最后，从风电多时间尺度控制结构出发，阐述风电并网电力系统多时间尺度暂态稳定问题主导环节。本章旨在构建风电并网电力系统多时间尺度暂态稳定分析的整体认知，后续章节再针对特定时间尺度稳定问题进行详细介绍。

6.2　并网风电多时间尺度暂态特性及典型特征

回顾同步机内电势形成过程，常规同步机将直流电压作用于励磁绕组，产生的励磁电流建立了励磁磁场，再由转子运动带动励磁磁场同步旋转，与电枢绕组产生相对运动，从而经法拉第电磁感应生成内电势[1]。因此，对同步机而言，其机械变量(转子位置)与电气变量(电动势相位)直接相关(θ_{rsg}=θ_{esg})，同步机内电势的相位暂态特性由转子运动方程决定；其内电势幅值暂态特性由励磁控制及定转子电路(磁链)关系决定[2]。

然而，双馈风机则是通过复杂矢量控制获得交流励磁电压，并产生相对于转子旋转的励磁磁场，进而生成内电势；全功率风机则是通过复杂矢量控制作用于网侧变换器，直接生成内电势。因此，无论是双馈风机还是全功率风机，其内电势的电气位置都与转子的机械位置解耦，内电势运动规律无法再用经典的转子运动方程表示，其具体关系由多样化控制结构决定。图 6-1 简单表示了同步机、双馈风机和全功率风机内电势的形成方式。图中下角标 sg、wt 分别表示同步机变量

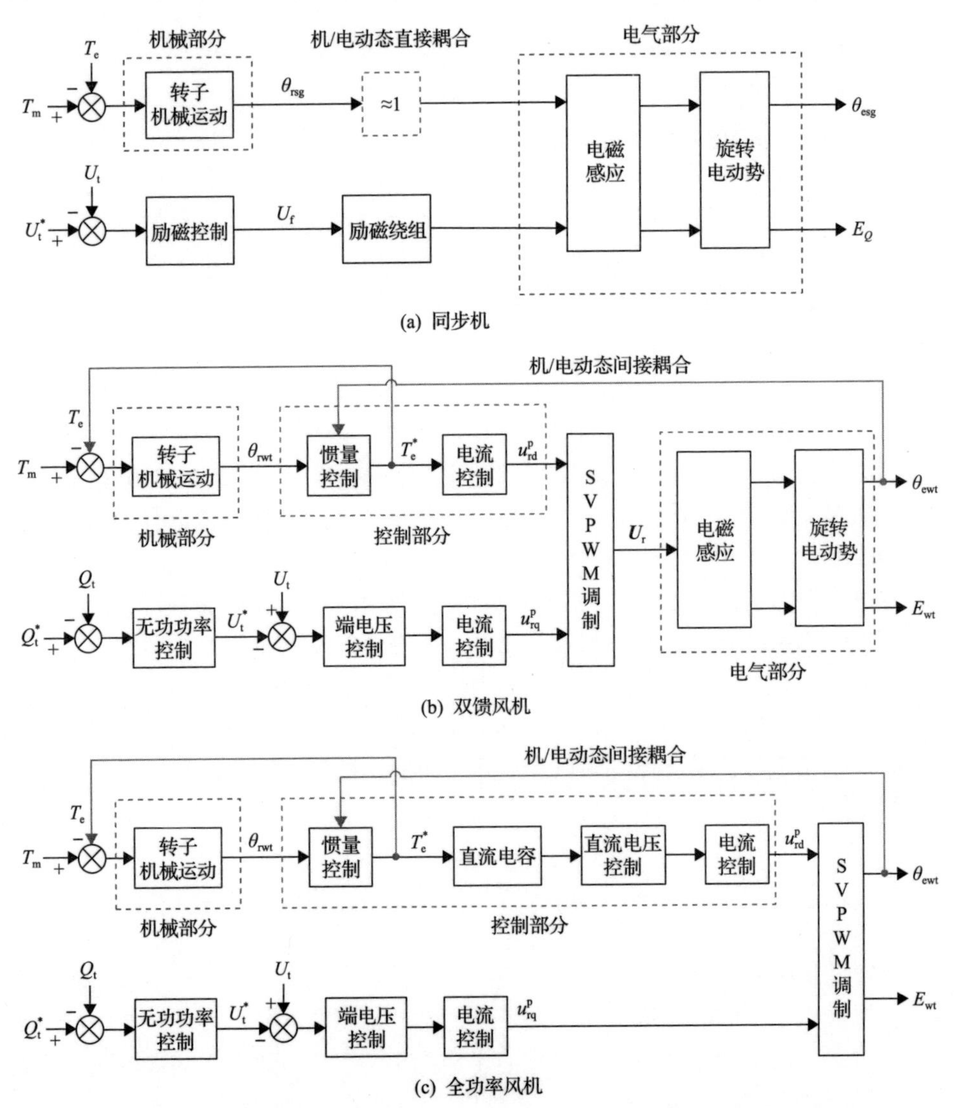

(a) 同步机

(b) 双馈风机

(c) 全功率风机

图 6-1　常规控制策略下风机机电时间尺度暂态“激励-响应”关系模型

和风机变量，上标*表示控制器的指令值，T_m、T_e分别为发电机的输入转矩和电磁转矩，U_f为同步机励磁电压，E_Q为同步机虚构电动势，Q_t、U_t分别为端电压处输出的无功功率和端电压幅值，$\boldsymbol{U}_r$为双馈风机的转子励磁电压矢量，θ_r、θ_e分别表示发电机机械转子位置和内电势电气位置。对比图 6-1(a)与(b)和(c)，可以凝练出风机暂态特性具有非线性、幅值/相位耦合、高阶、多时间尺度等特征。以下将详细阐述几个基本特征及其表现形式。

1) *非线性：有功功率与内电势相位之间的关系为非线性的*

对同步机而言，其输出有功功率与内电势相位之间的动态关系是线性积分关系。而对风机而言，其有功功率与相位间的关系存在多重复杂的非线性环节。这使得传统电力系统的暂态稳定性结论难以适用于风机并网电力系统。

从图 6-1(b)和(c)看出，风机输入反馈量存在多种形式(如电压、电流)，其与功率之间普遍存在电气量转换的非线性关系。同时，风机内部控制也存在非线性环节，如锁相环控制、功率指令与电流指令转换等。这些非线性环节导致风机暂态特性的非线性形式更复杂，内电势动态过程难以解析分析。

2) *幅值/相位耦合：风机内部内电势相位运动与幅值运动耦合*

对同步机而言，相位运动由有功功率动态决定，幅值运动由励磁控制动态决定。因此，相位运动与幅值运动解耦，如图 6-1(a)所示。对风机而言，因矢量控制所在的直角坐标系与内电势幅值/相位所在的极坐标系之间存在变换关系，幅值和相位运动在装备内部形成交叉耦合，如图 6-1(b)和(c)所示。也就是说，内电势幅值和相位的动态相互影响，在分析风电并网电力系统的暂态行为时需同时考虑两者的动态。

3) *高阶：风机不平衡有功功率与内电势相位之间的动态关系高于二阶*

对同步机而言，不平衡功率与内电势相位之间的动态关系是由转子运动方程决定的二阶积分关系。而对风机而言，当附加惯量控制后，其有功功率与内电势相位之间经过转子运动、转速控制器、惯量控制器等多个环节，使得不平衡有功功率与内电势相位之间的动态关系是 2 阶以上的高阶关系。而该高阶关系导致分析风电并网电力系统的功角稳定性时无法直接应用传统电力系统中的部分概念，如加减速面积、能量函数等，而需要在此基础上有进一步的拓展。

4) *多时间尺度：风机暂态特性存在多时间尺度特征*

对同步机而言，仅以机械转子作为主要能量储存元件，其相位特性由机械转子运动决定，体现机电时间尺度(秒级)动态。对风机而言，其内部存在多类型能量储存元件及控制相应能量储存元件状态的常规控制器和暂态控制器。在不同故障持续时间下，参与响应的控制环节和硬件电路不同，导致风机的暂态特性呈现多时间尺度特征。

6.3　风电并网电力系统多时间尺度暂态稳定问题及主导环节

6.3.1　风电暂态特性与电力系统暂态过程响应的一般关系

虽然多类型风机的接入使电力系统并网装备特性呈现多元化，但是从电力系统运行层面而言，风电并网电力系统的基本目标仍保持不变，即为用户提供满足一定电压频率指标的高品质电能。因此，电力系统安全稳定运行的关注目标仍是各节点电压、频率/相位的动态和稳定性。此外，从理论分析角度而言，由戴维南等效定理可知，所有装备在网络端口处所表现的特性均可等效为一个含幅值和相位动态的交流电压源 $\boldsymbol{E}$(即内电势)串联阻抗 $\boldsymbol{Z}$(即内电抗)的形式[3]。综上，分析互联电力系统的同步概念、过程及稳定性时，可以统一以内电势为视角，描述多样化并网装备的外特性，如图 6-2 所示。

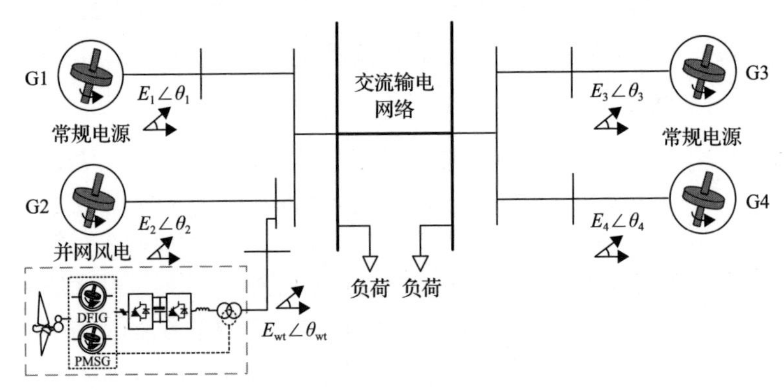

图 6-2　风机-同步机互联电力系统及并网装备内电势

从电力系统暂态过程考虑，为了确保电力系统电压和频率的稳定，系统中输入、输出的有功功率、无功功率必须保持平衡。在一定的故障扰动事件下，各装备输出的有功功率、无功功率发生大的变化。此时，在装备暂态特性作用下，输入、输出功率不平衡导致内电势频率/相位、幅值发生改变；在网络特性作用下，装备输入、输出功率不平衡导致各装备中能量储存元件状态变化，相应控制器动作改变内电势频率/相位、幅值，这反映了装备的暂态特性；而装备内电势频率/相位、幅值变化决定网络中各节点电压和线路电流的分配，进一步改变装备输出的有功功率和无功功率，这反映了网络特性。对于装备和网络而言，输入/输出有功/无功功率和内电势相位/幅值互为对偶的因果变量。系统的暂态过程可以由装备特性的“输入/输出有功/无功功率-内电势相位/幅值”关系及网络特性的“内电势相位/幅值-输入/输出有功/无功功率”关系共同构成的闭环关系描述，如图 6-3 所示。图中下标 i 表示第 i 台并网装备的电气变量，P_i^*、Q_i^*表示各装备有功功率、无功功率指令，P_i、Q_i 表示各装备输出有功/无功功率，E_i、θ_i 表示各装备输出的内电势和相位，U_{flt}、θ_{flt} 为故障点电压幅值和相位。

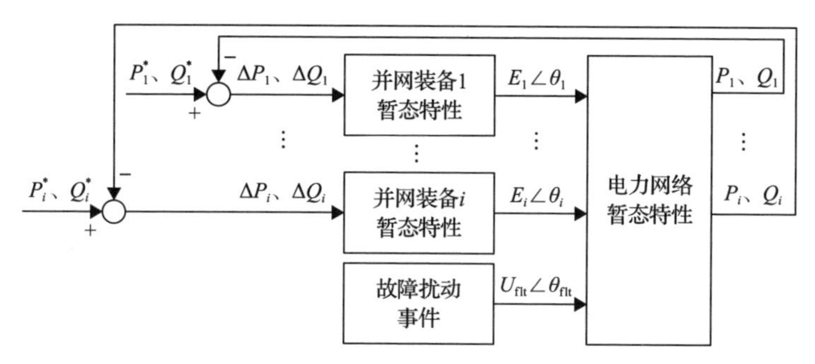

图 6-3　并网装备和电力网络暂态特性与电力系统暂态过程的一般关系

6.3.2　风电并网电力系统暂态稳定问题特点

发电装备暂态特性不同是传统电力系统与风电并网电力系统暂态过程的本质差异。简言之，传统电力系统的暂态过程由物理属性主导，而风电并网电力系统的暂态过程则由控制属性主导。以下详细阐述两者在暂态稳定问题方面的相似性和差异性。

1. 传统电力系统和风电并网电力系统暂态稳定的相似性

从电力系统安全稳定运行的层面来看，两者的暂态稳定问题存在一定相似性，具体包含以下两方面。

1) 同步的含义

对于传统电力系统而言，其同步是指同步机内电势频率保持一致。由于同步机机械转子与内电势位置相同，所以也指同步机机械转速相同。对于风电并网电力系统而言，因风机外特性也可由内电势表征，从系统层面来说，若风机节点内电势频率与其他同步机节点内电势频率维持一致，各节点间相位差保持恒定，各电源(风机和同步机)仍可稳定传输电能，实现同步运行。因此，与传统电力系统相同，风电并网电力系统同步也是指各装备内电势频率相同且在系统规定运行范围之内。

2) 暂态同步过程及稳定问题

由系统论可知，系统暂态过程是由装备特性和网络特性共同决定的。对同步机而言，其同步过程为：扰动后输出电磁功率发生变化，导致作用在转子上的机械/电磁功率不平衡，进而驱动转子转速发生变化，进而调整同步机内电势频率/相位，再经网络及与其他同步机的相互作用改变自身输出的电磁功率。对于典型矢量控制下的风机而言，其同步过程为：扰动后输出电磁功率变化，导致作用在各能量储存元件(机械转子/直流电容/交流电感)上的有功功率不平衡，引起各控制器状态反馈量(转子转速/直流电压/交流电流等能量储存元件状态)发生变化，进而经多时间尺度控制器级联控制和锁相环控制共同作用，调整风机内电势频率/相位，再经网络及与它机相互作用改变自身输出电磁功率。需要指出的是，锁相环输入误差($\theta_t-\theta_p$)可视为矢量控制下的功角($\theta_e-\theta_p$)和实际功角($\theta_e-\theta_t$)之差，其反映实际输出有功功率与矢量控制下电磁功率指令之差，所以锁相调节本质上也反映的是有功功率平衡的过程[4,5]。

因此，传统电力系统和风电并网电力系统的暂态同步过程均是系统受扰后，有功功率在各装备不同形式能量储存元件中，按装备暂态特性和网络暂态特性重新分配的过程[6]。若输入/输出有功功率在一定频率水平下恢复平衡，则各装备内电势频率一致，系统暂态稳定；若输入/输出有功功率失去平衡而使装备内电势相位间出现振荡或者单调失稳，则系统暂态失稳。

2. 传统电力系统和风电并网电力系统暂态稳定的差异性

不同于同步机，风机暂态特性由其多时间尺度控制策略所决定，且其能量储存元件状态与内电势状态也并非直接耦合。因此，相较于基于同步机转子运动方程所建立的传统电力系统暂态稳定理论，风电并网电力系统的暂态同步问题的分类更加复杂，具体包含以下三方面。

1) 多时间尺度稳定问题

传统电力系统中，因电力系统主要由同步机、异步电动机等电磁变换装备构成，以机械转子作为主要能量储存元件，所以其暂态稳定问题主要集中在机电时间尺度。当电力系统发生故障后，由于各机械转子动能间以及与系统位能间存在能量积累和交换，同步机机械转速(旋转能量储存元件状态)会出现单调增大/减小或持续振荡，从而引起机电时间尺度相对相位角单调发散[7]或转速低频振荡[8]现象。

风电并网电力系统中，因风机内部存在多类型能量储存元件，各能量储存元件状态也均可能由于能量积累和交换而出现单调增大/减小[9,10]或持续振荡[11]，从而可能引发多时间尺度暂态稳定问题[6]。为了厘清含高比例并网风电电力系统多时间尺度暂态稳定问题的脉络，在初步分析时，先研究各时间尺度自身暂态行为及稳定问题，将其他时间尺度动态进行简化。由此，将各时间尺度动态解耦，将复杂的多时间尺度动态行为及稳定问题分为不同时间尺度的问题。但需要意识到，因风机内部非线性较强，各时间尺度动态行为间存在强耦合。尤其是在弱电网条件或多机系统中，风机快时间尺度控制器带宽因受多机间相互作用或机网相互作用影响而降低，使得各时间尺度间的耦合增强。此时，在分析某一时间尺度动态行为时，还需考虑该时间尺度与其他时间尺度动态间相互作用的影响。

2) 多样化故障类型

对传统电力系统而言，其同步机相位特性主要由转子运动方程及更长时间尺度的调速控制和一次调频控制决定。在不同电网故障扰动下，同步机表现出的暂态特性较为单一。

对风电并网电力系统而言，风机相位特性由其控制策略决定。针对不同电网运行情况，风机设置了多种控制策略，如常规控制[12]、暂态控制[13]和不对称控制[14]。因此，可以根据不同控制对应的故障类型，从以下几方面研究：首先，可根据风机控制策略是否切换，将问题按照扰动程度划分为浅度故障和深度故障。其中，浅度故障下，风机控制策略不切换，采用常规控制；深度故障下，风机控制策略切换，且随故障时序变化依次采用暂态控制和常规控制。其次，可根据风机负序控制是否动作，将问题分为对称故障和不对称故障。其中，对称故障下，考虑风机正序控制；不对称故障下，需同时考虑风机的正序控制和负序控制。

3) 暂态稳定形态及稳定机理

风机的“功率-内电势相位”动态关系具有高阶、非线性、幅值/相位耦合等特点[15]。这些特征一方面增加了系统的代数约束条件，可能带来新的稳定边界和失稳机理[16]；另一方面使得状态量间的动态关系更加复杂，导致幅值和相位动态耦合[17]、慢时间尺度和快时间尺度动态相互影响等。从而，风电并网电力系统的暂态稳定机理和内电势失稳形态相较于传统电力系统都可能发生变化。需要说明的是，内电势失稳的本质是能量储存元件状态失稳或者控制器失控。不同能量储存元件状态失稳或者不同时间尺度控制器失控，对应的失稳现象(振荡/单调发散)和特征(振荡频率/发散速率)也均不相同。

综上，从内电势视角来看，风电并网电力系统的暂态同步及稳定本质仍是不平衡功率驱动内电势调节至各机功率平衡、内电势频率一致。但因节点并网装备暂态特性变化，基于同步机暂态特性而形成的传统暂态稳定分析部分结论(如暂态稳定问题分类、稳定机理、失稳形态等)面临失效风险。

6.3.3　多时间尺度暂态稳定问题主导环节

在电网条件和运行工况相同时，风机并网电力系统的暂态行为由不同属性故障下风机自身的暂态特性决定。因不同故障程度、不同持续时间下风机的暂态特性均不同，所以可根据不同属性故障对风电并网电力系统暂态行为及其稳定问题进行划分：根据不同故障持续时间下风机动作控制环节，可分为短时故障分析、中时故障分析和长时故障分析；按照不同故障程度下风机控制策略是否切换，可分为浅度故障分析和深度故障分析。

因并网风电具有多时间尺度暂态特性，所以含高比例并网风电电力系统暂态问题也呈现出多时间尺度特征。根据电力系统常见多时间尺度分类，可将高比例并网风电电力系统的多时间尺度暂态问题也分为电磁时间尺度和机电时间尺度。电磁时间尺度暂态行为及稳定问题主要取决于风机的电流控制、电压控制、锁相控制、暂态电流指令控制等交流电流时间尺度和直流电压时间尺度控制器，振荡频率在数十赫兹至数百赫兹。在该频率范围的电流激励下，电感被视为开路，电容被视为短路，所以电磁时间尺度能量传递范围较小。在分析该时间尺度暂态问题时，主要考虑风机电感及交流电流时间尺度控制器间的相互作用、电容及直流电压时间尺度控制器间的相互作用、交流电流时间尺度控制与直流电压时间尺度控制之间的跨时间尺度耦合作用，以及风机与同步机轴系等之间的相互作用。机电时间尺度暂态行为及稳定问题主要取决于风机的转速控制、无功控制、惯量控制等机电时间尺度控制器，同时还受交流电流/直流电压时间尺度控制/保护的跨时间尺度耦合作用的影响，振荡频率在 1Hz 及以下。机电时间尺度交换能量较大，暂态传播范围较广。在分析该时间尺度系统暂态问题时，需考虑风机转子运动及相应控制、同步机转子运动等之间的相互作用。

综上所述，正是因为风机内部存在多时间尺度常规控制和多时间尺度暂态切换控制/保护，风电并网电力系统暂态行为及稳定问题十分复杂。根据不同属性（持续时间和故障程度）故障和响应时间尺度将各控制器和保护电路进行划分，可以帮助厘清分析暂态稳定问题的脉络。在初步分析时，先研究各时间尺度自身暂态行为及稳定问题，将其他时间尺度暂态进行简化。由此，将各时间尺度间暂态解耦，将复杂的多时间尺度暂态行为及稳定问题分为不同时间尺度的问题。但还需要意识到，因风机内部非线性较强，各时间尺度暂态行为间还存在强耦合。尤其是在弱电网条件或多机系统中，风机快时间尺度控制器带宽因受多机间相互作用或机网相互作用的影响而降低，使得各时间尺度间的耦合增强。此时，在分析某一时间尺度暂态行为时，还需考虑其他时间尺度与该时间尺度动态间的相互作用。

6.4 本章小结

本章构建了风电并网电力系统多时间尺度暂态稳定分析的整体认知框架。首先，通过与同步机对比，认识风机暂态特性的宏观差异，指出风机因内电势形成过程不同，所以机械位置和电气位置间接耦合，其耦合关系由控制结构决定；进一步，根据控制特征得出，风机暂态特性具有非线性、幅值/相位耦合、高阶、多时间尺度等特征，并详细阐述了其基本特征及表现形式。然后，以内电势为视角，阐述了风电并网电力系统与传统电力系统暂态稳定问题的相似性和差异性，提出从电力系统安全稳定运行目标出发，风电并网电力系统暂态（同步）稳定问题仍需关注各装备内电势频率是否一致；其暂态过程仍是系统受扰后，有功功率在各装备能量储存元件中按装备特性和网络特性重新分配的过程；然而，因风机暂态特性更为复杂，系统暂态问题的分类更为复杂，具体表现为稳定问题时间尺度、故障扰动类型、稳定形态及机理均存在差异。

参考文献

[1] Prabha K. Power System Stability and Control[M]. New York: McGraw-Hill, 1994.

[2] 王锡凡. 现代电力系统分析[M]. 北京: 科学出版社, 2003.

[3] 汪建. 电路理论基础[M]. 武汉: 华中科技大学出版社, 2002.

[4] He W, Yuan X, Hu J. Inertia provision and estimation of PLL-based DFIG wind turbines[J]. IEEE Transactions on Power Systems, 2017, 32(1): 510-521.

[5] Hu J, Yuan H, Yuan X. Modeling of DFIG-based WTs for small-signal stability analysis in DVC timescale in power electronized power systems[J]. IEEE Transactions on Energy Conversion, 2017, 32(3): 1151-1165.

[6] 袁小明, 程时杰, 胡家兵. 电力电子化电力系统多尺度电压功角动态稳定问题[J]. 中国电机工程学报, 2016, 36(19): 5145-5154.

[7] Haque M H. Equal-area criterion: An extension for multimachine power systems[J]. IET Proceedings-Generation, Transmission and Distribution, 1994, 141(3): 191-197.

[8] 邓集祥, 刘洪波. 多机电力系统非线性振荡的研究[J]. 中国电机工程学报, 2002, 22(10): 67-70.

[9] Yuan H, Yuan X, Hu J. Modeling and large-signal stability of DFIG wind turbine in dc-voltage control time scale[C]. 2016 IEEE Power and Energy Society General Meeting(PESGM), Boston, 2016: 1-5.

[10] 康勇, 林新春, 郑云, 等. 新能源并网变换器单机无穷大系统的静态稳定极限及静态稳定工作区[J]. 中国电机工程学报, 2020, 40(14): 4506-4515.

[11] 胡祺. 电网故障下全功率型风机多尺度暂态切换特性分析及其对系统直流电压控制尺度动态行为的影响研究[D]. 武汉: 华中科技大学, 2018.

[12] Clark K, Miller N W, Sanchez-Gasca J J. Modeling of GE wind turbine generators for grid studies(Version 4.5)[R]. Schenectady: General Electric International, 2010.

[13] Pourbeik P. Proposed changes to the WECC WT3 generic model for type 3 wind turbine generators[R]. Palo Alto: EPRI, 2014.

[14] 贺益康, 胡家兵, 徐烈. 并网双馈异步风力发电机运行控制[M]. 北京: 中国电力出版社, 2012.

[15] 袁豪, 袁小明. 用于系统直流电压控制尺度暂态过程研究的电压源型并网变换器幅相运动方程建模与特性分析[J]. 中国电机工程学报, 2018, 38(23): 6882-6892.

[16] Tang W, Hu J, Chang Y, et al. Modeling of DFIG-based wind turbine for power system transient response analysis in rotor speed control timescale[J]. IEEE Transactions on Power Systems, 2018, 33(6): 6795-6805.

[17] Pei J, Yao J, Liu R, et al. Characteristic analysis and risk assessment for voltage-frequency coupled transient instability of large-scale grid-connected renewable energy plants during LVRT[J]. IEEE Transactions on Industrial Electronics, 2020, 67(7): 5515-5530.

第 7 章　暂态故障下风机多时间尺度“激励-响应”关系模型

7.1　引　　言

风机的物理结构与工作原理迥异于传统同步机，风机并网电力系统暂态稳定的机理相较于传统电力系统发生了巨大变化。如 6.3 节所述，一般而言，系统的暂态过程可以由装备特性的“输入/输出有功/无功功率-内电势相位/幅值”激励响应关系及网络特性的“内电势相位/幅值-输入/输出有功/无功功率”激励响应关系共同构成的闭环关系描述。研究风机暂态特性的“输入/输出有功/无功功率-内电势相位/幅值”激励响应关系是研究系统暂态稳定机理的基础。

同步机组功率不平衡激励经过单个环节即转子运动方程形成内电势幅值频率的响应，该关系直观而易于机理分析。但对于风机而言，故障中各正常/切换环节如电流控制、直流电压控制、转速控制、Crowbar、Chopper、限流、紧急变桨等环节均可参与内电势的形成，风机的激励响应关系中包含复杂多样的环节。若类似于美国 GE 公司和美国西部电力协调委员会(Western Electricity Coordinating Council，WECC)报告[1,2]中根据原始环节的实际连接关系建立装备的模型，则激励响应关系过于复杂而难以理解，不利于系统暂态机理分析。为分析暂态过程机理，仍应当对原始的激励响应关系进一步整理抽象和简化。

事实上，不同类型或控制方式下风机常规及暂态结构均具有多时间尺度特征，且故障下多时间尺度环节序贯动作，不同时间尺度环节是否参与内电势的形成与故障的特征密切相关[3,4]。装备环节的多时间尺度特征是系统暂态过程机理分析的关键特征。从多时间尺度环节何时动作参与内电势形成的视角可进一步认识风机的激励响应关系。

本章主要讨论在对称短路故障下面向系统暂态问题分析的风机建模问题。首先，以典型系统为例，分析故障特征与多时间尺度正常/切换环节动作间的联系；然后提出“基于扰动特征的风机多时间尺度暂态模型体系”建立方法，并据此构建不同扰动特征下风机暂态模型体系。

7.2　故障特征与环节动作的联系

研究认识装备环节的动作情况有助于在一定场景下忽略部分环节而简化装备的“功率-内电势”激励响应关系。经典电力系统稳定分析中，一般认为同步机组的“功率-内电势”激励响应关系由转子运动方程单个环节主导，对不同故障下的环节动作情况的讨论和关注较少。

但对于风机而言，其“功率-内电势”激励响应关系由多时间尺度序贯动作的正常/切换环节决定，在不同的故障条件下参与动作的环节可存在显著不同。例如，故障程度较小时，直流电压、电流指令等状态的变化相对较小，避免直流电压过高的 Chopper、限制电流指令变化范围的限流控制等切换环节将不会动作；又或者在故障持续较短时间(100ms 内)即被切除时，风机中转子转速控制等较慢的时间尺度的环节尚未来得及动作，给出的转矩指令与故障前相比基本无变化，相应也就可以认为该环节没有参与系统暂态过程。总体来说，迥异于同步机组，风机中多时间尺度正常/切换环节是否参与暂态过程存在较大差异，且与故障特征紧密相关。研究故障特征与环节动作之间的联系，是本书中简化风机复杂的“功率-内电势”激励响应关系的基础。

7.2.1　不同故障场景下的环节动作情况

本节通过对典型运行场景下简单系统暂态过程的数值分析，初步说明不同故障场景下系统暂态过程的现象与特征及其与装备各个时间尺度正常/切换环节的相互联系。

拟分析系统的结构如图 7-1 所示，风机经线路与同步机相连，共同向负载供电。风机的控制结构如图 2-7 所示，系统参数如表 7-1 所示。t_0时刻X_2和X_3之间发生三相接地故障。共设置两组故障场景，即接地阻抗X_f=200Ω下故障持续时间分别为 10ms、100ms、1s 的故障场景，以及接地阻抗X_f=10Ω下故障持续时间分别为 10ms、100ms、1s 的故障场景。为方便看到不同故障持续时间下故障前后各状态的变化，故障持续时间分别为 10ms、100ms、1s 的故障场景分别在t_0=1ms、10ms、100ms 时发生故障。

上述故障场景下，各正常环节状态，如交流电流时间尺度内电势 d 轴分量E_{gd}^{p}、

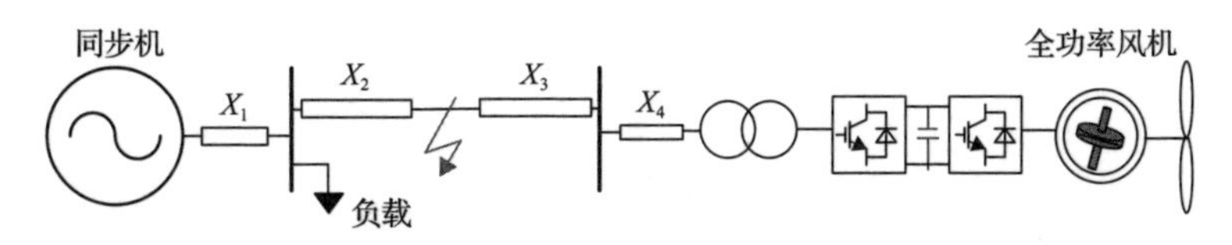

图 7-1　单全功率风机-同步机系统

表 7-1　简单系统参数

符号	参数含义	取值	符号	参数含义	取值
U_{base}	额定线电压有效值	575V	C	全功率风机直流电容	0.09F
S_{base}	额定视在功率	10MV · A	P_{m_pre}	全功率风机机械功率初始值	0.9p.u.
f_{base}	额定频率	50Hz	Q^*	无功功率指令	0.3p.u.
ω_{base}	稳定角频率	314rad/s	ω_r^*	转子转速指令	1.0p.u.
X_1	线路 1 阻抗	0.1p.u.	PI_ω	转子转速控制比例积分参数	5/1
X_2	线路 2 阻抗	0.1p.u.	K_f	惯量控制比例参数	40
X_3	线路 3 阻抗	0.1p.u.	T_f	惯量控制时间常数	1.2
X_4	线路 4 阻抗	0.1p.u.	PI_Q	无功功率控制比例积分参数	0/0.2
P_{load}	负载有功功率	15MW	U_{dc}^*	直流电容电压指令	1100V
Q_{load}	负载无功功率	5Mvar	PI_{dc}	直流电压控制比例积分参数	0.5/35
H_{sg}	同步机转子惯量	6s	PI_U	交流电压控制比例积分参数	0/20
P_{in_pre}	同步机输入有功功率初始值	1p.u.	PI_I	电流控制比例积分参数	0.3/1000
U_{sg}^*	同步机端电压幅值指令	1.05p.u.	PI_{pll}	锁相环比例积分参数	60/1400
H	全功率风机转子惯量	4.32s			

内电势 q 轴分量 E_{gq}^{p}、锁相角频率 ω_{pll}、有功电流 i_{gd}^{p} 及无功电流 i_{gq}^{p}，直流电压时间尺度的有功电流指令 i_{gd}^{p*} 及无功电流指令 i_{gq}^{p*}、直流电容电压 U_{dc}、端电压幅值 U_t，机电时间尺度的转矩指令 T_e^*、转子转速 ω_r、端电压指令 U_t^*、桨距角 θ_{pitch} 等量的响应结果如图 7-2～图 7-7 所示。各切换环节是否触发动作的指标，如交流电流时间尺度的内电势限制是否动作的指标 flag_Elim、快速锁相是否动作的指标 flag_pll，直流电压时间尺度的限流控制是否动作的指标 flag_Ilim、暂态电流控制是否动作的指标 flag_Iinj、Chopper 是否动作的指标 flag_chopper，机电时间尺度的紧急变桨是否动作的指标 flag_pitch 等量的响应结果同样在图 7-2～图 7-7 中展示，值为 1 代表动作，值为 0 代表不动作。

接地阻抗 X_f=200Ω、故障持续时间较短时(故障持续 10ms)，响应波形如图 7-2 所示。储能水平较高的直流电容/机械转子等元件的状态 U_{dc} 和 ω_r 尚未发生变化，相应控制器输出 i_{gd}^{p*}、i_{gq}^{p*}、T_e^* 无显著变化。而交流电感储能水平较低，外界扰动使电感有功电流 i_{gd}^{p} 及无功电流 i_{gq}^{p} 变化，电流指令与反馈的不平衡经动作速度较快的电流控制改变了其输出，即内电势 d 轴分量 E_{gq}^{p}、内电势 q 轴分量 E_{gq}^{p}。同时，扰动程度不大尚未触发各交流电流时间尺度的暂态控制动作，各切换环节是否触发动作的指标均为 0。此场景下风机各环节中交流电流时间尺度正常环节动作改变内电势而参与系统动态。

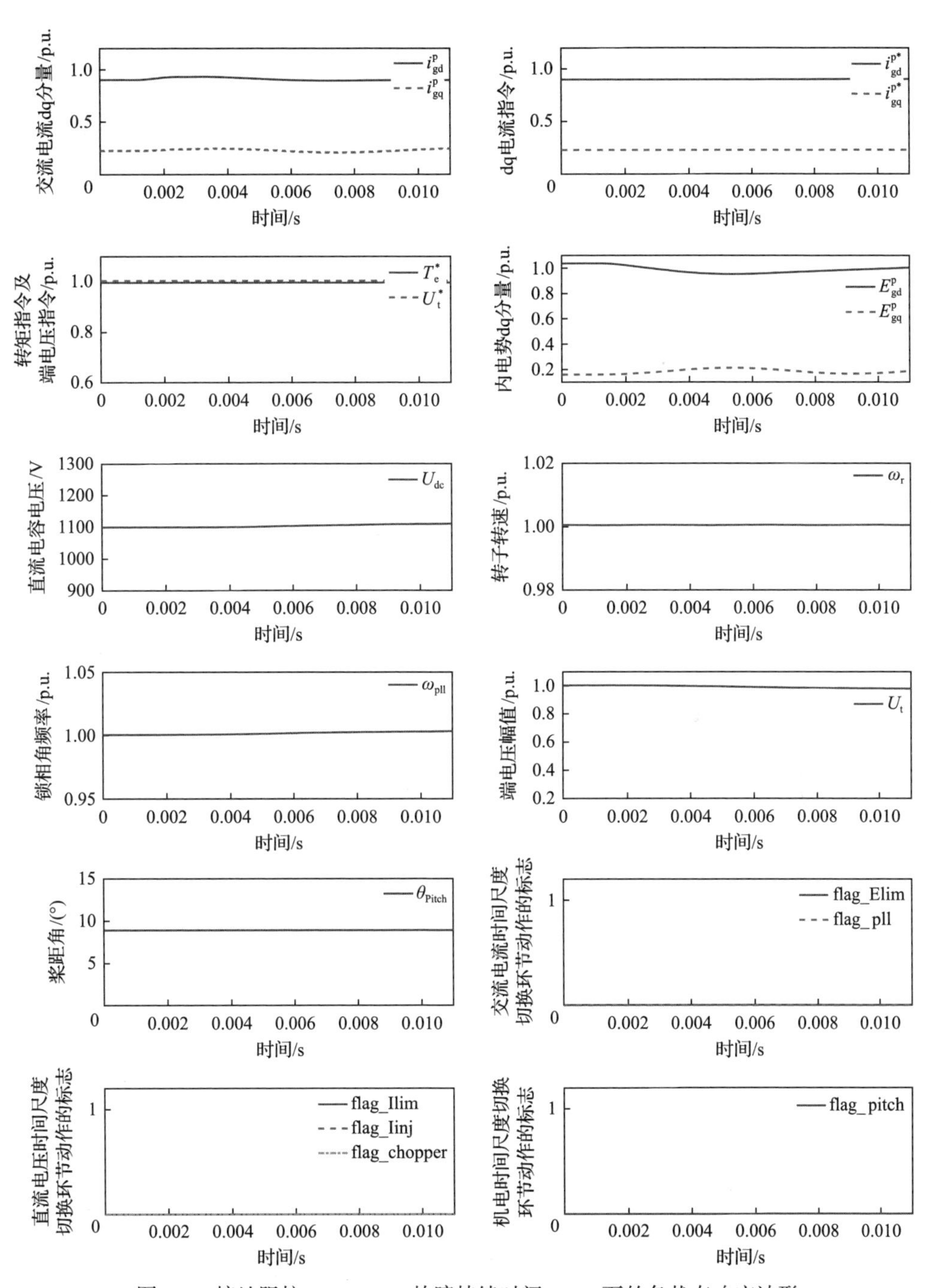

图 7-2 接地阻抗 X_f=200Ω、故障持续时间 10ms 下的各状态响应波形

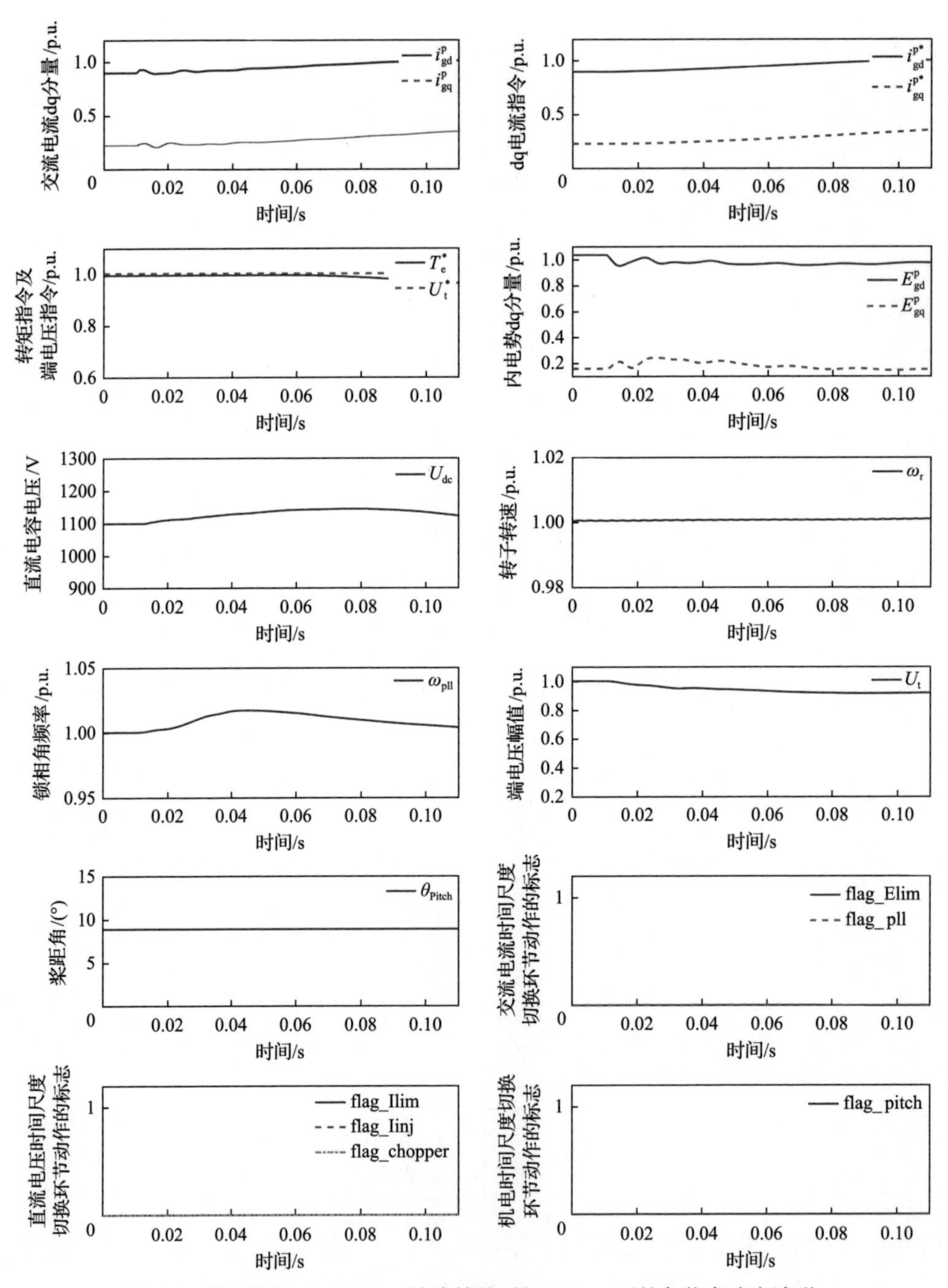

图 7-3　接地阻抗 X_f=200Ω、故障持续时间 100ms 下的各状态响应波形

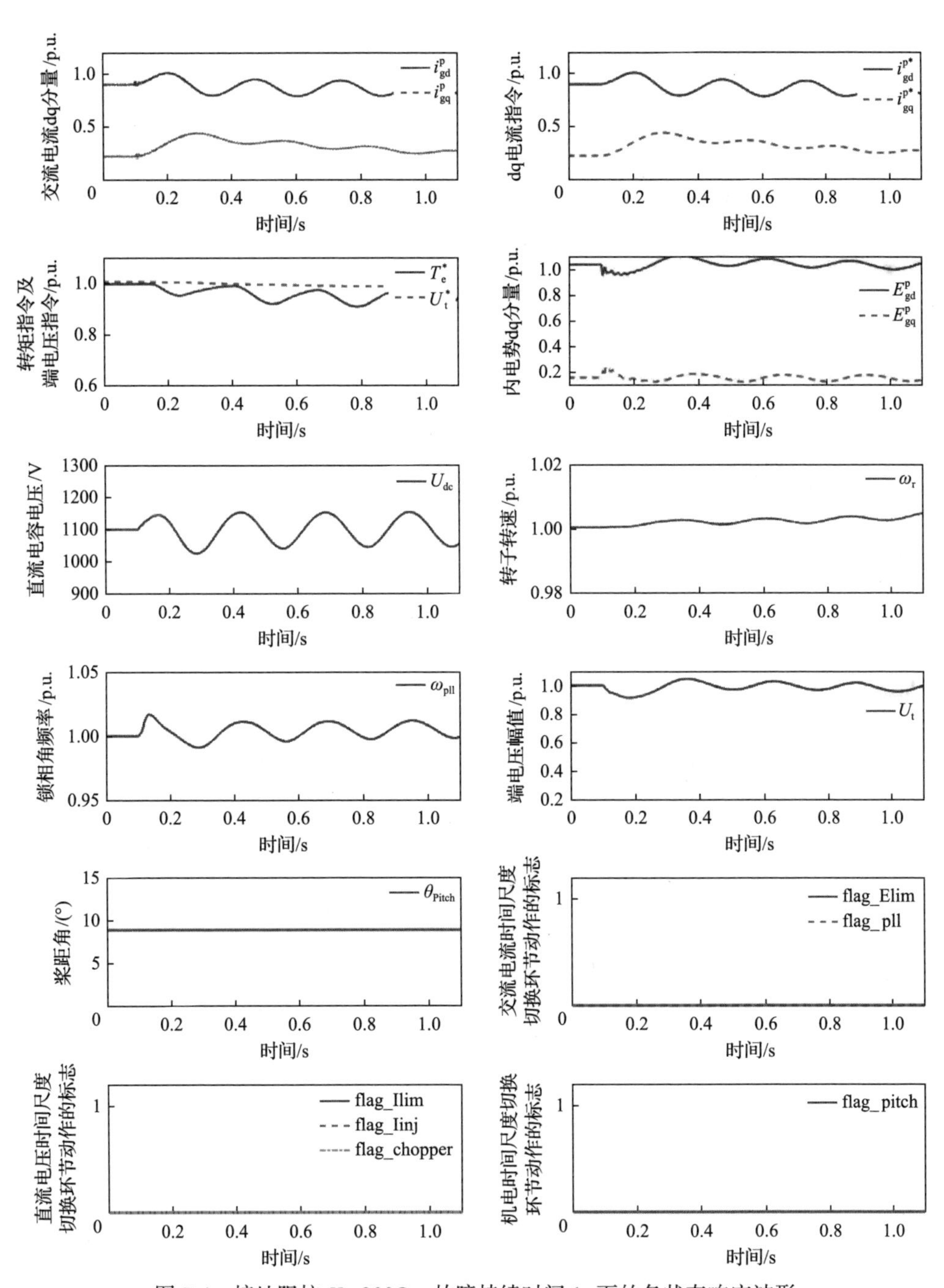

图 7-4　接地阻抗 X_f=200Ω、故障持续时间 1s 下的各状态响应波形

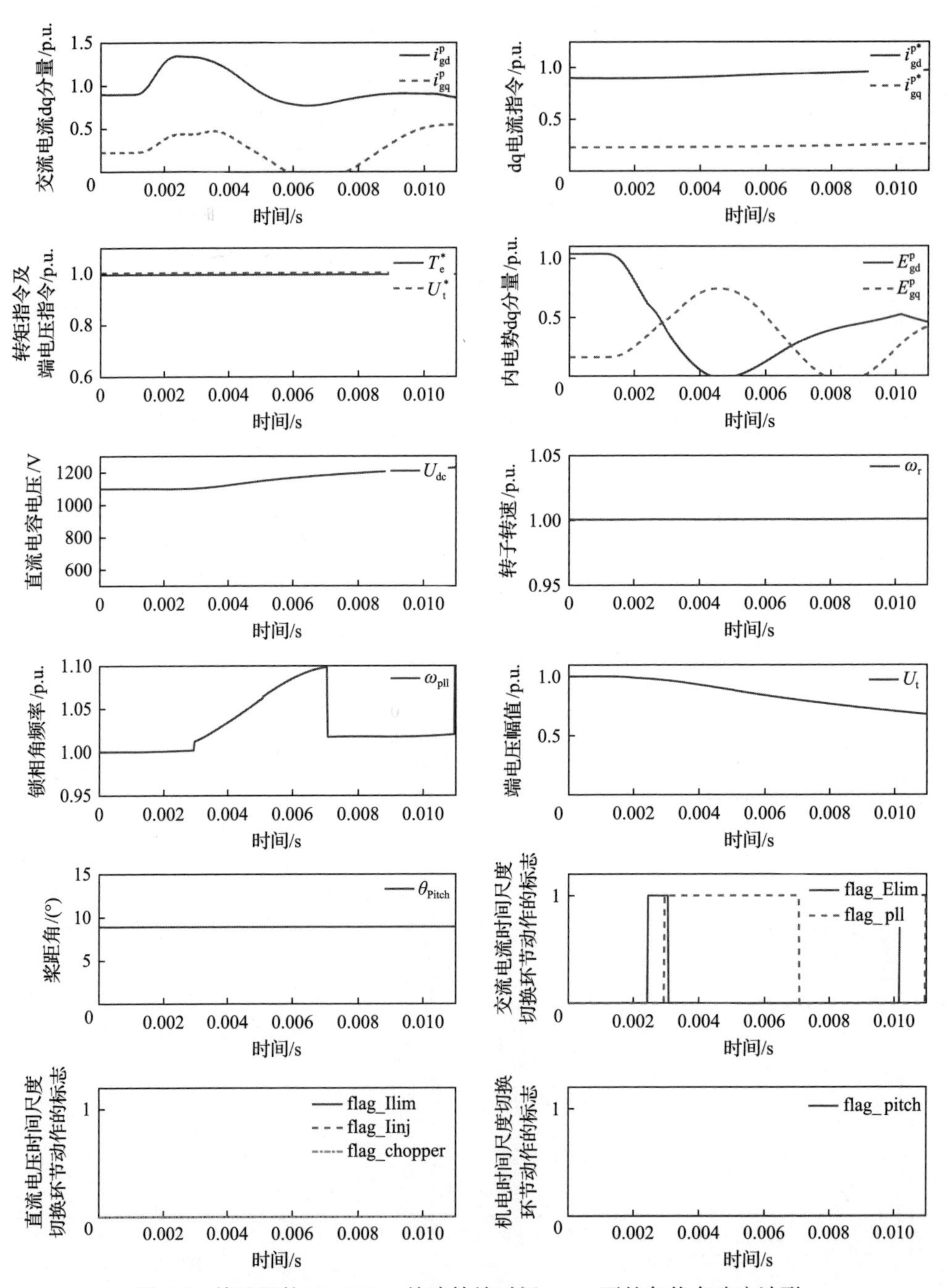

图 7-5　接地阻抗 X_f=10Ω、故障持续时间 10ms 下的各状态响应波形

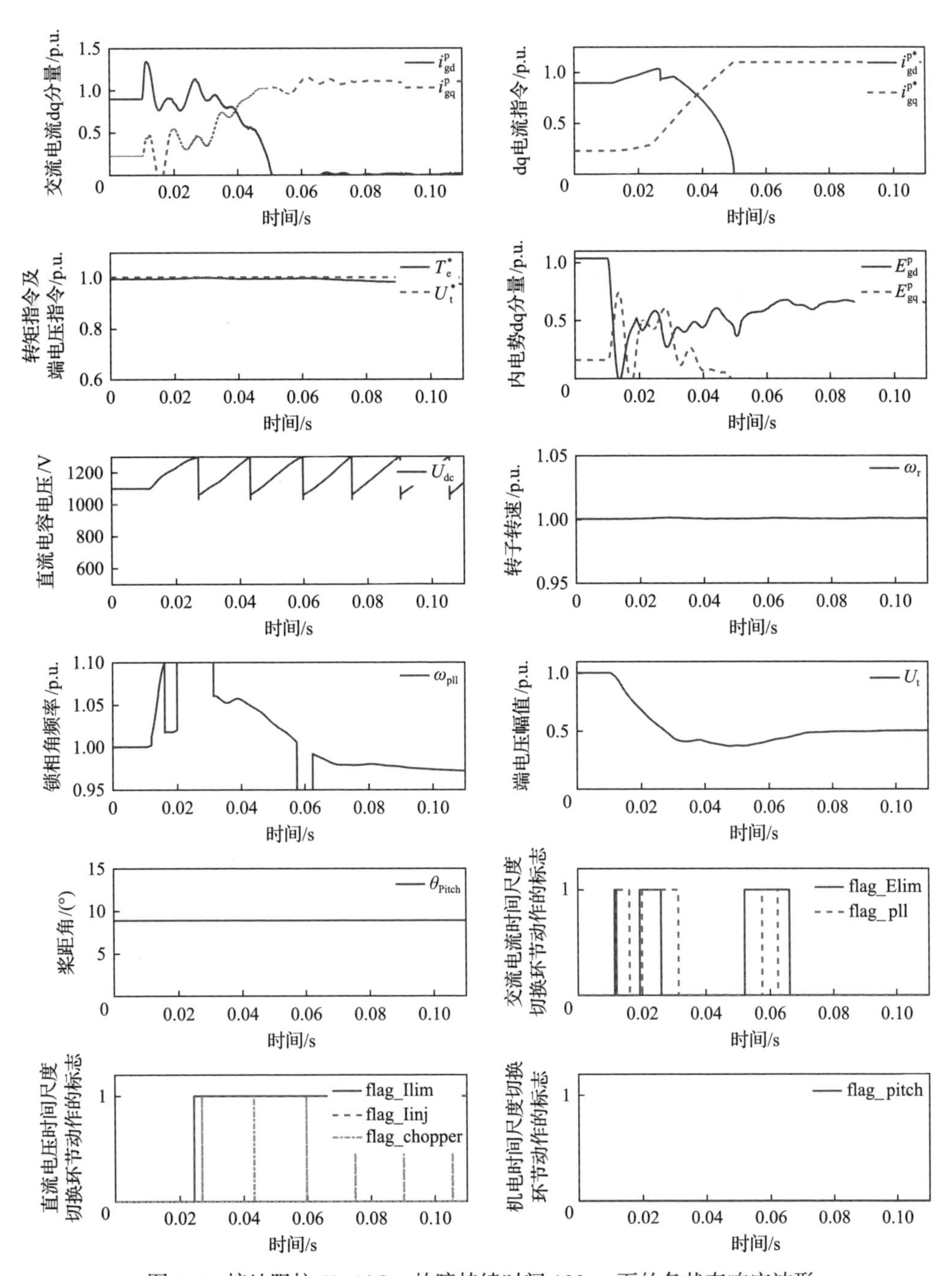

图 7-6 接地阻抗 X_f=10Ω、故障持续时间 100ms 下的各状态响应波形

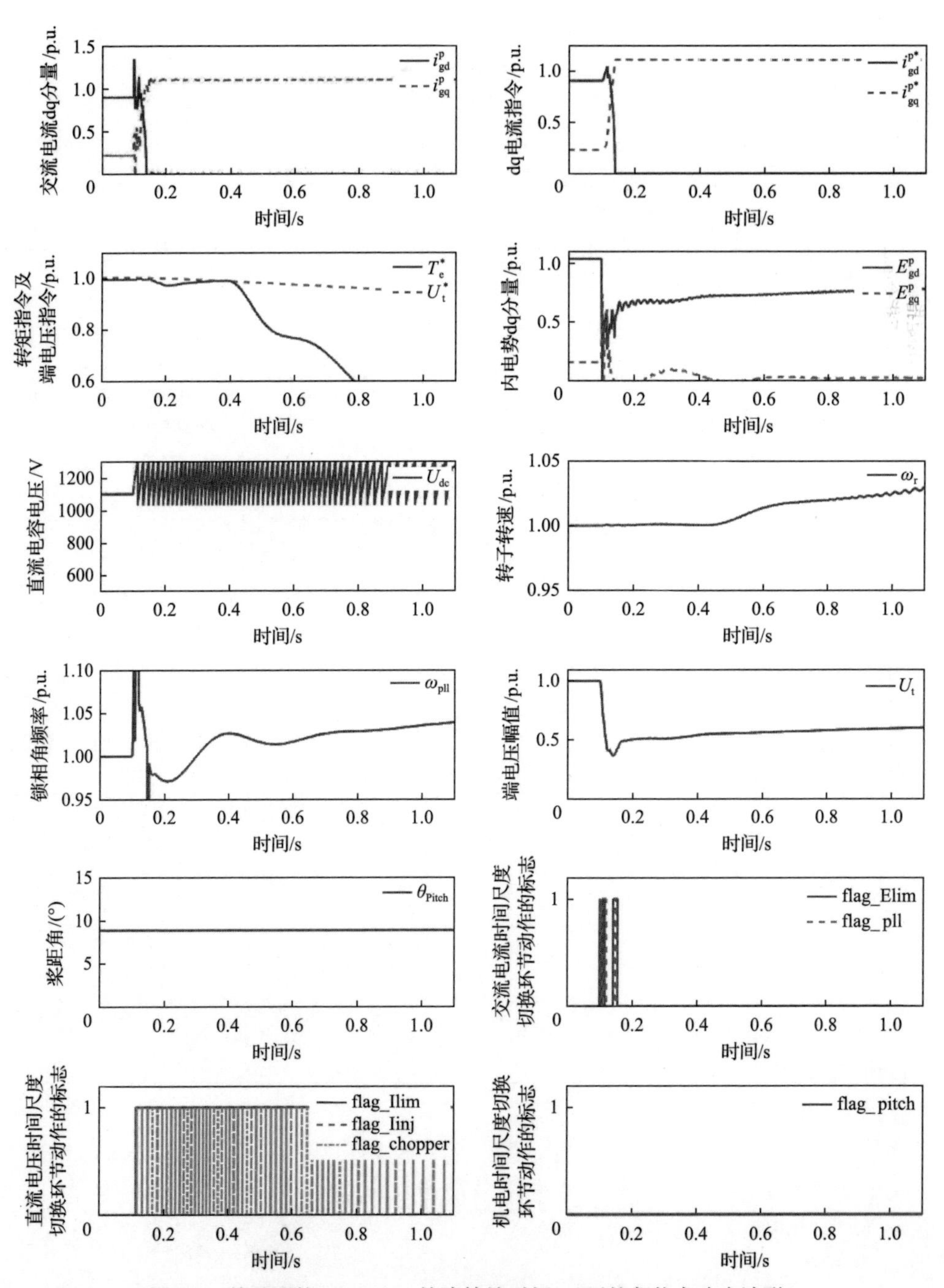

图 7-7　接地阻抗 X_f=10Ω、故障持续时间 1s 下的各状态响应波形

接地阻抗 X_f=200Ω、故障持续时间中等时(设置故障持续 100ms)，响应波形如图 7-3 所示。中时故障前 10ms 响应波形与短时故障响应波形相同，此时仅交流电流时间尺度环节动作，风机以故障前的有功无功电流为控制目标，一般难以使系统端电压幅值 U_t、有功无功功率等电气量恢复至故障前水平。交流电流时间尺度环节动作时，系统中直流电压时间尺度环节、机电时间尺度环节持续地承受输入输出的不平衡。故障持续一段时间后，持续的输入输出不平衡使得储能水平和动作速度居中的直流电压时间尺度环节的状态发生显著变化，如直流电容电压 U_{dc}、有功电流指令 i_{gd}^{p*} 及无功电流指令 i_{gq}^{p*} 等。同时，扰动程度不大尚未触发各直流电压时间尺度的暂态控制动作，各切换环节是否触发动作的指标均为 0。此阶段风机各时间尺度环节中交流电流时间尺度正常环节、直流电压时间尺度正常环节动作改变内电势而参与系统动态。

接地阻抗 X_f=200Ω、故障持续时间较长时(设置故障持续 1s)，响应波形如图 7-4 所示。长时故障前 100ms 的响应波形与中时故障响应波形相同，此时交流电流时间尺度环节、直流电压时间尺度环节均动作而可能无法使风机有功无功功率、频率等电气量恢复至故障前水平，系统中更慢时间尺度的环节持续地承受输入输出的不平衡。故障持续更长时间，持续的输入输出不平衡使得储能水平较高和动作速度较慢的机电时间尺度环节的状态发生显著变化，如转矩指令 T_e^*、转子转速 ω_r、端电压指令 U_t^*等。同时，扰动程度不大尚未触发各机电时间尺度的暂态控制动作，各切换环节是否触发动作的指标均为 0。此阶段风机各时间尺度正常环节均动作改变内电势而参与系统动态。

因此，接地阻抗 X_f=200Ω 时，故障持续时间较短时交流电流时间尺度正常环节动作，故障持续时间中等时交流电流时间尺度、直流电压时间尺度的正常环节动作，故障持续时间较长时交流电流时间尺度、直流电压时间尺度、机电时间尺度正常环节动作。

接地阻抗 X_f=10Ω、故障持续时间较短时(设置故障持续 10ms)，响应波形如图 7-5 所示。与故障程度较浅时相同，储能水平较低的交流电感的有功电流 i_{gd}^{p} 及无功电流 i_{gq}^{p} 迅速增大，动作速度较快的电流环也相应动作。但由于故障程度较深时存在锁相位置与实际端电压相位差距相对较大、电流环控制实现较慢等情况，电流环动作后仍出现过流现象。此时，动作速度较快的快速锁相、内电势限幅等环节触发投入，改变风机内电势 d 轴分量 E_{gd}^{p}、内电势 q 轴分量 E_{gq}^{p}、锁相角频率 ω_{pll} 形成方式，并最终改变内电势的形成方式，交流电流时间尺度各切换环节是否触发动作的指标由 0 变为 1。对于本节仿真中所采用的控制，快速锁相、内电势限幅触发后，正常环节如锁相、电流控制环节仍可继续动作。此后的动态过程中，交流电流时间尺度切换环节还可因不满足触发条件而退出或在触发/退出状态间交替，即各切换环节是否触发动作的指标在 0 和 1 之间交替。故而此时内电势由正常/切换环节共同决定。总体来说，此阶段风机机电及直流电压时间尺度的正常和切换环节状态尚未变化，交流电流时间尺度的正常和切换环节会动作而参与系统动态。

接地阻抗 X_f=10Ω、故障持续时间中等时(设置故障持续 100ms)，响应波形如图 7-6 所示。与故障程度较浅时相同，储能水平居中的直流电容电压 U_{dc}将显著变化，动作速度居中的直流电压控制、端电压控制动作。但故障程度较深时，直流电压时间尺度正常环节给出的有功电流指令 i_{gd}^{p*}及无功电流指令 i_{gq}^{p*}较大，总电流指令将超过变换器的限制，使得限流控制触发投入，如图中 flag_Ilim 由 0 变为 1。故障后尤其是电流指令受限后，装备输出的有功功率受限而导致直流电压迅速上升，超过预定值并触发 Chopper 投入，如图中 flag_chopper 由 0 变为 1。对电流指令的修正如无功电流注入控制等也在此阶段投入，如图中 flag_Iinj 由 0 变为 1。对于本节仿真中所采用的控制，Chopper、限流、暂态电流控制触发后，正常环节如直流电容的状态仍在继续变化、直流电压控制与端电压控制仍可继续动作。此后的动态过程中，直流电压时间尺度切换环节也可因不满足触发条件而退出或在触发/退出状态间交替，即各切换环节是否触发动作的指标在 0 和 1 之间交替。这使得输出到电流控制的有功无功电流指令由正常/切换环节共同决定。该指令通过交流电流时间尺度环节最终形成内电势，电流指令变化的条件下，交流电流时间尺度环节自然动作参与内电势形成。总体来说，此阶段风机机电时间尺度的正常和切换环节状态尚未变化，交流电流时间尺度、直流电压时间尺度的正常和切换环节均会动作而参与系统动态。

接地阻抗 X_f=10Ω、故障持续时间较长时(设置故障持续 1s)，响应波形如图 7-7 所示。与故障程度较浅时相同，储能水平较大的机械转子的转速 ω_r显著变化，动作速度较慢的转速控制、惯量控制、无功功率控制将动作。但故障程度较深时，一定场景下系统的频率动态可能变化较大，含惯量控制风机相应调节电磁转矩指令 T_e^*而使得机侧变换器输出至直流电容的有功功率变化较大，而导致转子转速 ω_r可能出现较大的波动，触发紧急变桨动作而改变桨距角，本仿真场景中紧急变桨动作在 2s 而未在图 7-7 中显示。对于本节仿真中所采用的控制，紧急变桨触发后，正常环节如转子转速控制、惯量控制、无功功率控制仍可继续动作。紧急变桨控制动作一段时间后也可因不满足触发条件而退出或在触发/退出状态间交替，即紧急变桨是否触发动作的指标在 0 和 1 之间交替，但该交替出现在紧急变桨动作之后，所以未在图 7-7 中显示。转矩指令 T_e^*、端电压指令 U_t^*由正常/切换环节共同决定。输入至直流电容的有功功率、端电压指令通过直流电压时间尺度环节、交流电流时间尺度环节最终形成内电势，在其变化的条件下，直流电压时间尺度环节、交流电流时间尺度环节自然动作参与内电势形成。总体来说，此阶段风机机电时间尺度、直流电压时间尺度、交流电流时间尺度正常和切换环节均会动作而参与系统动态。

因此，接地阻抗 X_f=10Ω 时，故障持续时间较短时仅交流电流时间尺度正常/切换环节动作，故障持续时间中等时交流电流时间尺度、直流电压时间尺度的正常/切换环节动作，故障持续时间较长时交流电流时间尺度、直流电压时间尺度、机电时间尺度正常/切换环节动作。

7.2.2 描述故障特征的指标及其与环节动作的联系

7.2.1 节已通过数值仿真分析了几个典型场景下的环节动作情况。本节进一步明确描述故障特征的两个指标，即故障持续时间和故障程度，并总结多时间尺度的正常/切换环节在暂态过程中是否动作与故障特征的关系。

1. 描述故障特征的指标一：故障持续时间

从 7.2.1 节的仿真中可以看出，10ms、100ms、1s 的持续故障下，参与动作的环节的时间尺度各不相同，多时间尺度环节动作与否与故障持续时间紧密相关。虽然这是在特定场景下观察到的仿真结果，但实际上是具有多时间尺度结构的风机的普遍现象。以机电时间尺度环节为例说明，对于机电时间尺度的能量储存元件机械转子而言，其储存的动能较大，感受到一定扰动后，需要扰动持续的时间达到一定长度才能使得其动能发生较显著的变化，进而观察到该环节的状态转子转速发生较显著的变化。对于机械转子而言，使之产生较显著的变化的时间与其时间尺度密切相关，在秒级左右。相对应地，为了实现对转子转速的有效控制，对于机电时间尺度的正常与切换环节如转子转速控制、紧急变桨控制，一般不使其具有过快或过慢的动作速度，而与转速的变化相匹配，其控制给出的指令产生显著变化的时间同样与其时间尺度密切相关，在秒级左右。故而，对于机电时间尺度的环节而言，总是需要故障持续时间达到与其环节时间尺度相当时，其状态才会产生较显著的变化。直流电压时间尺度、交流电流时间尺度同样具有不同储能水平的能量储存元件及相应时间尺度的常规/暂态控制，故而上述论述对于直流电压时间尺度、交流电流时间尺度的正常与切换环节同样适用，总是需要故障持续时间达到与其环节时间尺度相当时，其状态才会产生较显著的变化。

因此，可以以机电时间尺度、直流电压时间尺度、交流电流时间尺度动作所对应的时间尺度为划分依据，对故障予以区分，建立起多时间尺度环节是否动作与不同的故障持续时间之间的联系。以下具体说明故障持续时间这一故障特征的含义，以及其与多时间尺度环节动作的关联。

故障持续时间指由一次网络结构参数突变到下一次网络结构参数突变所间隔的时间。故障持续时间分为短时、中时和长时三种情况。某种故障场景下，装备感受功率不平衡的积累只足以驱使交流电流时间尺度环节状态发生显著变化时，认为其是短时故障。当装备感受功率不平衡的积累足以驱使交流电流时间尺度和直流电压时间尺度环节状态发生显著变化时，认为其是中时故障。当装备感受功率不平衡的积累足以驱使交流电流时间尺度、直流电压时间尺度和机电时间尺度环节状态发生显著变化时，认为其是长时故障。由于驱动相应时间尺度环节状态发生显著变化需要故障的持续时间与环节时间尺度相近，短时、中时、长时故障的时间尺度与相应动作的环节的时间尺度相近，即短时故障一般指 10ms 量级持续时间的故障，中时故障一般指 100ms 量级持续时间的故障，长时故障一般指 1s 量级持续时间的故障。

2. 描述故障特征的指标二：故障程度

从 7.2.1 节的仿真结果可以看出，X_f=200Ω 和 X_f=10Ω 的故障条件下，前者仅正常环节动作，后者正常和切换环节均会动作，正常/切换环节是否动作与故障程度紧密相关。虽然这是在特定场景下观察到的仿真结果，但实际上是具有正常/切换环节的风机的普遍现象。装备感受到扰动后，一般正常环节会自然响应动作，因此重点在于切换环节何时会参与动作。设立暂态相关的物理和控制环节的基本目标是在正常环节无法实现有效控制而导致系统内各状态存在超出风机器件或者系统运行所能接受范围的风险时，改变风机内部的结构或参数重新实现安全稳定运行。风机的正常环节在正常运行的一定范围内均具有有效的控制能力，若故障的程度不大，系统的运行条件和故障前基本类似或变化很小，则正常环节在一定程度下也能实现故障后的安全稳定运行。以限流控制为例进行说明，故障程度不大时，首先，风机端电压幅值变化较小，端电压控制响应该变化而改变无功电流指令的幅度相对较小；其次，风机输出有功功率的变化较小，直流电压及其控制响应该变化而改变有功电流指令的幅度相对较小。总电流的幅值变化不大，而正常运行时总电流大小相对于输出电流上限还有一定裕量，有功无功电流指令作为限流控制的触发信号变化不大，此时限流控制也就不会动作。对于其他切换环节，故障程度较浅时，其触发信号变化不大，也就相应不会动作参与。因此，只有在故障程度较深的时候，切换环节才会投入。

因此，可以以故障程度大小为划分依据，对故障予以区分，建立起正常/切换环节是否动作与故障程度之间的联系。以下具体说明故障程度这一故障特征的含义，以及其与正常/切换环节动作的关联。

故障程度用来描述一定系统下故障后装备感受到的扰动程度。故障程度分为深度故障程度和浅度故障程度两种情况。当某种扰动场景下装备感受到的有功/无功功率、有功/无功电流等状态的变化足以触发装备中切换环节动作时，认为其是深度故障。若装备感受到的有功/无功功率、有功/无功电流等状态的变化不足以触发装备中切换环节动作，则认为其是浅度故障。典型的单机无穷大系统下可以通过无穷大电网电压或端电压的跌落程度或者其相位跳变程度等描述其故障程度。但对于更一般的情况，区分故障程度深浅还需要进一步的研究。

3. 故障特征与环节动作的联系

根据两个描述故障特征的维度，即故障持续时间(短时、中时、长时)和故障程度(深度、浅度)，可以得到 6 种故障情况，即短时浅度故障、短时深度故障、中时浅度故障、中时深度故障、长时浅度故障、长时深度故障。根据故障持续时间与多时间尺度环节动作的联系、故障程度与正常/切换环节动作的联系，可以得到不同故障持续时间/故障程度的故障特征与多时间尺度正常/切换环节动作的联系，如表 7-2 所示。

表 7-2　故障持续时间/故障程度与多时间尺度正常/切换环节动作的对应关系

故障情况	交流电流时间尺度环节		直流电压时间尺度环节		机电时间尺度环节	
	正常环节	切换环节	正常环节	切换环节	正常环节	切换环节
短时浅度故障	•	—	—	—	—	—
中时浅度故障	•	—	•	—	—	—
长时浅度故障	•	—	•	—	•	—
短时深度故障	•	•	—	—	—	—
中时深度故障	•	•	•	•	—	—
长时深度故障	•	•	•	•	•	•

注：•表示动作；—表示未动作。

7.3　基于扰动特征的风机多时间尺度暂态模型体系

风机的多时间尺度环节是否动作与故障程度和故障持续时间密切相关。本节首先从多时间尺度视角整理风机的原始结构，建立级联多时间尺度“激励-响应”模型，分析多时间尺度环节形成内电势的原始方式。其次，在多时间尺度环节形成内电势原始方式的基础上，根据多时间尺度环节动作与故障特征的关联简化级联多时间尺度模型，建立不同持续时间的浅度/深度故障下的风机模型，最终得到不同扰动特征下的风电暂态模型体系。需要说明的是，对于本节关注的全功率风机，其内电势指风机网侧变换器的输出电压。

7.3.1　级联多时间尺度“激励-响应”模型

1. 基于时间尺度特征将各环节整理抽象

保留各控制及切换的原始激励，选取输入有功功率和输出有功功率、直流电容等能量储存元件的激励，将装备各个环节按照时间尺度特征进行整理，得到各时间尺度间连接关系及其形成内电势的方式，如图 7-8 所示，图中 EPC 表示紧急变桨控制，$G_f(s)$表示惯量控制输入输出间的关系，P_m为机械功率。由于本模型所考虑的原始结构下，直流电容将机侧和电网隔离开来，机侧的转矩及电流控制仅因转矩指令变化而动作，故而图 7-8 中简化了机侧的转矩及电流控制动态，认为注入直流电容的有功功率 P_{in} 与转矩指令 T_e^* 和转子转速 ω_r 的乘积相等。

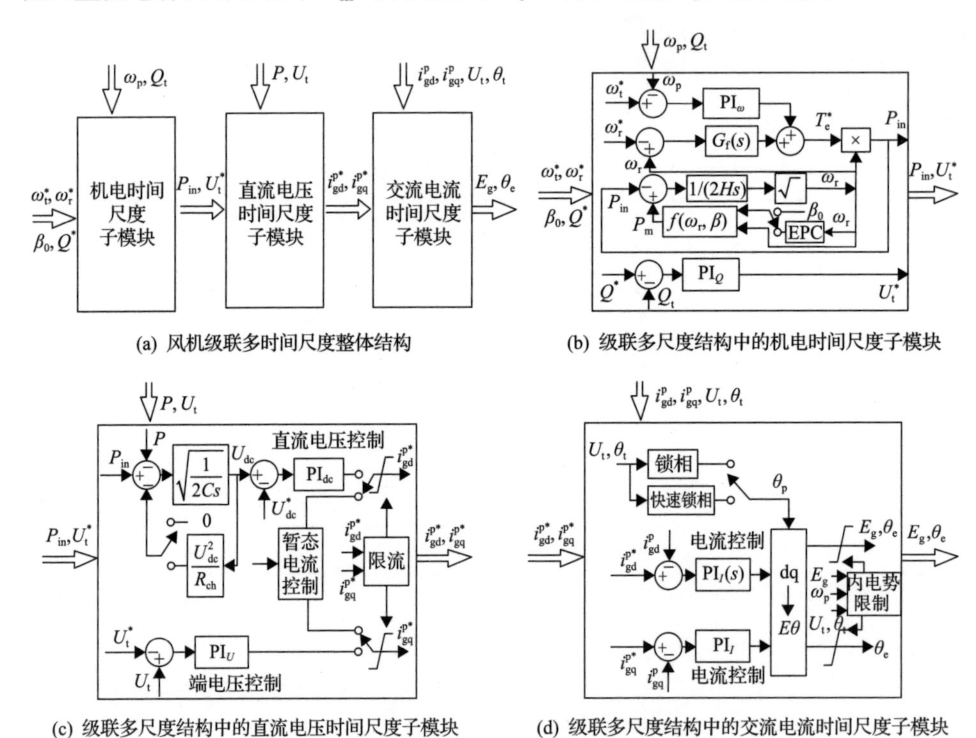

(a) 风机级联多时间尺度整体结构　(b) 级联多尺度结构中的机电时间尺度子模块

(c) 级联多尺度结构中的直流电压时间尺度子模块　(d) 级联多尺度结构中的交流电流时间尺度子模块

图 7-8　全功率风机级联多时间尺度原始结构

模型包含机电、直流电压、交流电流三个时间尺度子模型。机电时间尺度子模型包括转子运动关系、变桨控制、转速控制、无功功率控制等正常环节，以及紧急变桨、机械制动等切换环节。直流电压时间尺度子模型包括直流电容关系、直流电压控制、端电压控制等正常环节，以及 Chopper、限流、无功电流注入等切换环节。交流电流时间尺度子模型包括电流控制、锁相环等正常环节，以及快速锁相、内电势限制等切换环节。

可以看到，内电势直接由交流电流时间尺度环节所形成。交流电流时间尺度接收有功无功电流指令，感受电网反馈的有功无功电流以及端电压幅值和端电压相位，经由交流电流时间尺度结构而形成内电势。其中，有功无功电流指令由直流电压时间尺度所形成。直流电压时间尺度接收注入直流电容的有功功率和端电压指令，感受电网反馈的有功功率和端电压，经由直流电压时间尺度结构而形成有功无功电流指令。其中，注入直流电容的有功功率和端电压指令由机电时间尺度所形成。机电时间尺度接收转子转速指令、无功功率指令、桨距角、惯量控制频率指令(ω_t^*)，并感受端电压角频率、无功功率，经由机电时间尺度结构而形成注入直流电容的有功功率和端电压指令。

2. *有功/无功功率激励统一等效*

从图 7-8 中可以看出，除与内电势处的有功功率 P 和无功功率 Q 直接相关的量外，原始结构中存在多个输入信号：有功电流 i_{gd}^p、无功电流 i_{gq}^p、端电压相位 θ_t、端电压幅值 U_t、锁相角频率 ω_p、端电压处的无功功率 Q_t。为了将装备统一表示为有功功率 P 和无功功率 Q 激励输入，需对这些电气量做如下处理。

1) 将端电压处的无功功率 Q_t 替换为内电势处有功功率 P 和无功功率 Q 相关形式

根据线路电气关系，内电抗 X_g 上消耗的无功功率 Q_{loss} 可由内电势出口处的有功功率 P、无功功率 Q 及内电势幅值 E_g 表示为

$$Q_{loss} = f_1(P,Q,E_g) = \frac{(P^2+Q^2)X_g}{E_g^2} \tag{7-1}$$

由此，可将端电压处输出至电网的无功功率实际值 Q_t 替换为

$$Q_t = Q - Q_{loss} \tag{7-2}$$

2) 将端电压相位 θ_t、端电压幅值 U_t 替换为内电势处有功功率 P 和无功功率 Q 相关形式

根据电路关系，内电势处输出的有功功率 P、无功功率 Q 可由内电抗 X_g 及其两端电压和相位差表述为

$$P = E_g U_t \sin(\theta_e - \theta_t) / X_g \tag{7-3}$$

$$Q = E_g^2 / X_g - E_g U_t \cos(\theta_e - \theta_t) / X_g \tag{7-4}$$

将式(7-3)、式(7-4)联立，得端电压幅值 U_t、端电压相位 θ_t 为

$$U_t = f_2(P,Q,E_g) = \sqrt{(PX_g)^2 + (E_g^2 - QX_g)^2} / E_g \tag{7-5}$$

$$\theta_t = f_3(P,Q,E_g,\theta_e) = \theta_e - \arctan\frac{PX_g}{E_g^2 - QX_g} \tag{7-6}$$

3) 将锁相角频率 ω_p 替换为内电势处有功功率 P 和无功功率 Q 相关形式

锁相角频率 ω_p 由端电压相位 θ_t 输入锁相环得到，端电压相位 θ_t 确定了锁相

角频率 ω_p。端电压相位 θ_t 可由式(7-6)表达为内电势处有功功率 P 和无功功率 Q 相关形式，将锁相环的输入端电压相位 θ_t 替换为有功功率 P 和无功功率 Q，即可得到锁相角频率 ω_p 与内电势处有功功率 P 和无功功率 Q 的关系。

4) 将有功电流 i_{gd}^p 及无功电流 i_{gq}^p 替换为内电势处有功功率 P 和无功功率 Q 相关形式

有功电流 i_{gd}^p、无功电流 i_{gq}^p 与端电压坐标系中有功电流 i_{td}、无功电流 i_{tq} 间存在如下关系：

$$\begin{bmatrix} i_{gd}^p \\ i_{gq}^p \end{bmatrix} = \begin{bmatrix} \cos(\theta_p - \theta_t) & \sin(\theta_p - \theta_t) \\ -\sin(\theta_p - \theta_t) & \cos(\theta_p - \theta_t) \end{bmatrix} \begin{bmatrix} i_{td} \\ i_{tq} \end{bmatrix} \tag{7-7}$$

端电压坐标系中有功电流 i_{td}、无功电流 i_{tq} 与端电压处的有功功率 P_t、端电压处的无功功率 Q_t、端电压幅值 U_t 存在如下关系：

$$i_{td} = P_t / U_t \tag{7-8}$$

$$i_{tq} = -Q_t / U_t \tag{7-9}$$

由于内电抗 X_g 上不消耗有功功率，端电压处有功功率和内电势处有功功率相等，并将式(7-1)、式(7-2)代入式(7-9)，得到端电压坐标系中有功电流 i_{td}、无功电流 i_{tq} 与内电势处的有功功率 P、内电势处的无功功率 Q、端电压幅值 U_t 间存在如下关系：

$$i_{td} = P / U_t \tag{7-10}$$

$$i_{tq} = -\frac{Q - f_1(P,Q,E_g)}{U_t} \tag{7-11}$$

将式(7-5)、式(7-10)、式(7-11)代入式(7-7)得到有功电流 i_{gd}^p 及无功电流 i_{gq}^p 与内电势处有功功率 P 和无功功率 Q 间存在如下关系：

$$i_{gd}^p = f_4(P,Q,E_g) = \frac{\cos(\theta_p - \theta_t)P - \sin(\theta_p - \theta_t)(Q - f_1(P,Q,E_g))}{f_2(P,Q,E_g)} \tag{7-12}$$

$$i_{gq}^p = f_5(P,Q,E_g) = \frac{-\sin(\theta_p - \theta_t)P - \cos(\theta_p - \theta_t)(Q - f_1(P,Q,E_g))}{f_2(P,Q,E_g)} \tag{7-13}$$

将式(7-1)、式(7-2)、式(7-5)、式(7-6)、式(7-8)、式(7-9)代入图 7-8 中，

将图中存在的多个输入信号统一为内电势处有功功率 P 和无功功率 Q 激励，得到全功率风机的级联多时间尺度模型，如图 7-9 所示。需要说明的是，各切换环节的输入信号也已经由上述过程统一为内电势处有功功率 P 和无功功率 Q 激励。但受图 7-9 中位置限制，该图中部分切换环节的输入信号仍然写作原始输入信号，如暂态电流控制的输入信号端电压幅值 U_t，内电势限制的输入信号端电压相位 θ_t、锁相角频率 ω_p 等。

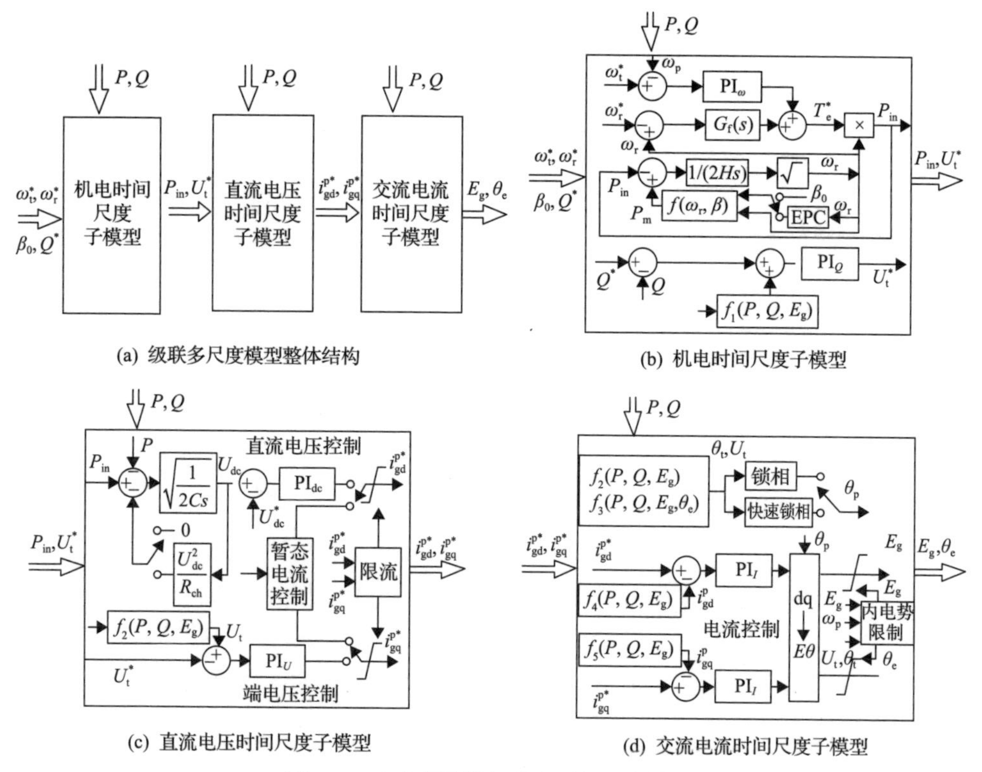

(a) 级联多尺度模型整体结构

(b) 机电时间尺度子模型

(c) 直流电压时间尺度子模型

(d) 交流电流时间尺度子模型

图 7-9　全功率风机级联多时间尺度模型

7.3.2　不同持续时间的浅度故障下建模

浅度故障下仅多时间尺度的正常环节动作参与，不同持续时间故障下不同时间尺度的正常环节动作参与。结合表 7-2 对图 7-9 级联多时间尺度模型中复杂的多时间尺度正常/切换环节予以简化，某故障情况下未动作的环节予以忽略，进而得到不同持续时间的浅度故障下的风机简化模型。

1. 短时浅度故障下的风机模型 1

短时浅度故障下，交流电流时间尺度的正常环节动作。首先，忽略级联多时间尺度模型中的直流电压时间尺度子模型和机电时间尺度子模型，即将直流电压时间尺度、机电时间尺度的动态忽略，认为直流电压时间尺度、机电时间尺度给出的状态不变，即 $i_{gd}^{p*}=i_{gd\_pre}^{p*}$， $i_{gq}^{p*}=i_{gq\_pre}^{p*}$，$P_{in}=P_{in\_pre}$，$U_t^*=U_{t\_pre}^*$。其次，忽略级联多时间尺度模型交流电流时间尺度的切换环节。在该简化条件下，风机级联多时间尺度模型简化为图 7-10。

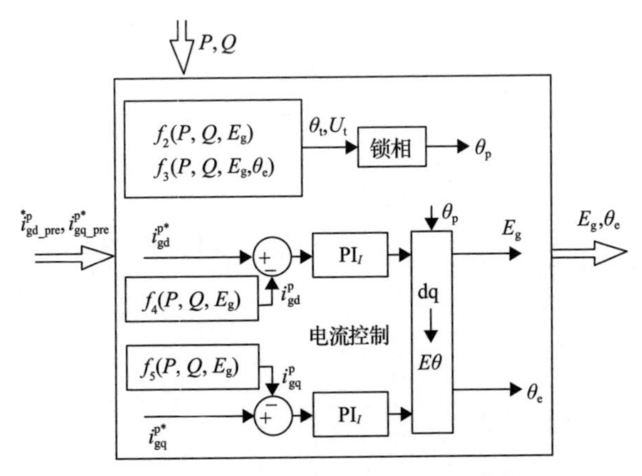

图 7-10　短时浅度故障下的风机模型 1

2. 中时浅度故障下的风机模型 2

中时浅度故障下，交流电流时间尺度、直流电压时间尺度的正常环节动作。首先，忽略级联多时间尺度模型中的机电时间尺度子模型，即将机电时间尺度的动态忽略，认为机电时间尺度给出的状态不变，即 $P_{in}=P_{in\_pre}$，$U_t^*=U_{t\_pre}^*$。其次，忽略级联多时间尺度模型交流电流时间尺度、直流电压时间尺度的切换环节。在该简化条件下，风机级联多时间尺度模型简化为图 7-11。

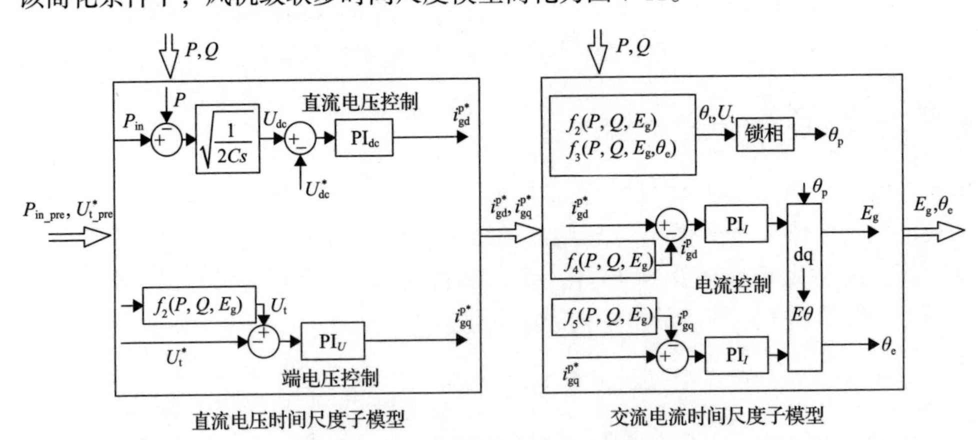

图 7-11　中时浅度故障下的风机模型 2

3. 长时浅度故障下的风机模型 3

长时浅度故障下，交流电流时间尺度、直流电压时间尺度、机电时间尺度的正常环节动作。首先，级联多时间尺度模型中的交流电流时间尺度子模型、直流电压时间尺度子模型、机电时间尺度子模型都需要包括。其次，忽略级联多时间尺度模型交流电流时间尺度、直流电压时间尺度、机电时间尺度的切换环节。在该简化条件下，风机级联多时间尺度模型简化为图 7-12。

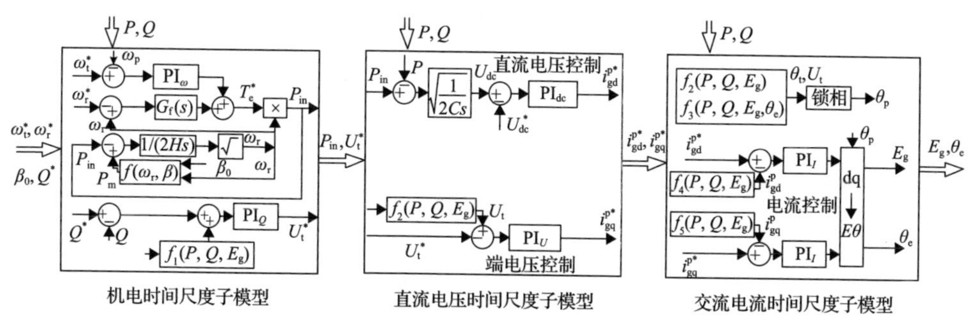

图 7-12　长时浅度故障下的风机模型 3

7.3.3　不同持续时间的深度故障下建模

深度故障下多时间尺度的正常/切换环节均会动作参与，不同持续时间故障下不同时间尺度的正常/切换环节动作参与。结合表 7-2 对图 7-9 级联多时间尺度模型中复杂的多时间尺度正常/切换环节予以简化，某故障情况下未动作的环节予以忽略，进而得到不同持续时间的深度故障下的风机简化模型。

1. 短时深度故障下的风机模型 4

短时深度故障下，交流电流时间尺度的正常/切换环节动作。首先，忽略级联多时间尺度模型中的直流电压时间尺度子模型和机电时间尺度子模型，即将直流电压时间尺度、机电时间尺度的动态忽略，认为直流电压时间尺度、机电时间尺度给出的状态不变，即 $i_{gd}^{p*}=i_{gd\_pre}^{p*}$，$i_{gq}^{p*}=i_{gq\_pre}^{p*}$，$P_{in}=P_{in\_pre}$，$U_t^*=U_{t\_pre}^*$。其次，交流电流时间尺度的正常/切换环节都需要包括在模型中。在该简化条件下，将风机级联多时间尺度模型简化为图 7-13。

2. 中时深度故障下的风机模型 5

中时深度故障下，交流电流时间尺度、直流电压时间尺度的正常/切换环节动作。首先，忽略级联多时间尺度模型中的机电时间尺度子模型，即将机电时间尺度的动态忽略，认为机电时间尺度给出的状态不变，即 $P_{in}=P_{in\_pre}$，$U_t^*=U_{t\_pre}^*$。其次，交流电流时间尺度、直流电压时间尺度的正常/切换环节都需要包括在模型中。在该简化条件下，将风机级联多时间尺度模型简化为图 7-14。

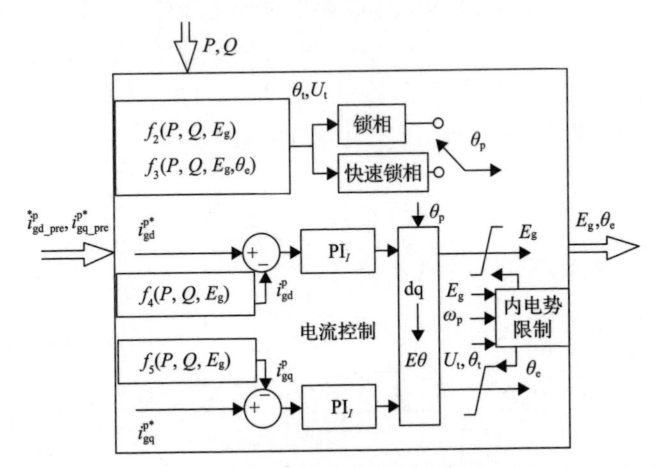

图 7-13　短时深度故障下的风机模型 4

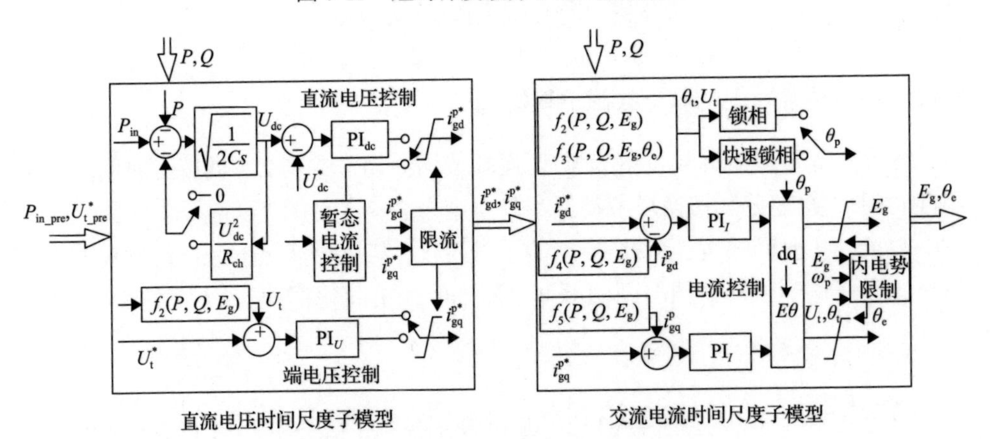

图 7-14　中时深度故障下的风机模型 5

3. 长时深度故障下的风机模型 6

长时深度故障下，交流电流时间尺度、直流电压时间尺度、机电时间尺度的正常环节动作。首先，级联多时间尺度模型中的交流电流时间尺度子模型、直流电压时间尺度子模型、机电时间尺度子模型都需要包括。其次，级联多时间尺度模型交流电流时间尺度、直流电压时间尺度、机电时间尺度的正常/切换环节都需要包括。在该情况下，级联多时间尺度模型的所有环节都需要包括，其模型如图 7-15 所示。

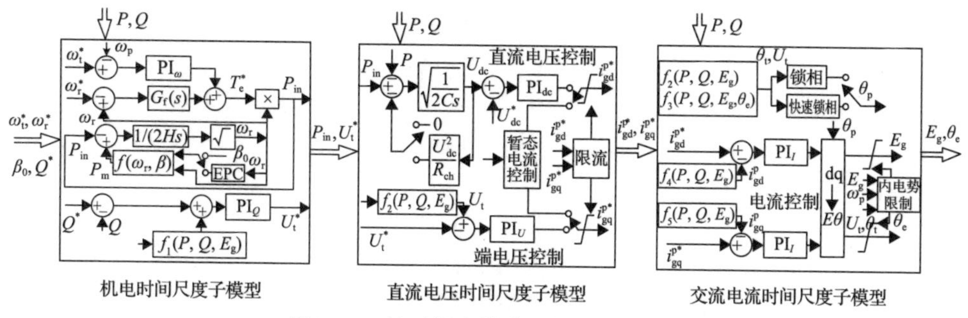

图 7-15　长时深度故障下的风机模型 6

7.3.4　多时间尺度模型与扰动特征的对应关系

如上所述，不同故障特征下装备动作参与的环节不同，装备功率激励-内电势响应的关系不同。根据故障持续时间和故障程度与参与动作环节的关系，建立风机的暂态模型体系，如图 7-16 所示。具体地，在短时浅度故障下，风机的模型如图 7-10 所示；在中时浅度故障下，风机的模型如图 7-11 所示；在长时浅度故障下，风机的模型如图 7-12 所示；在短时深度故障下，风机的模型如图 7-13 所示；在中时深度故障下，风机的模型如图 7-14 所示；在长时深度故障下，风机的模型如图 7-15 所示。

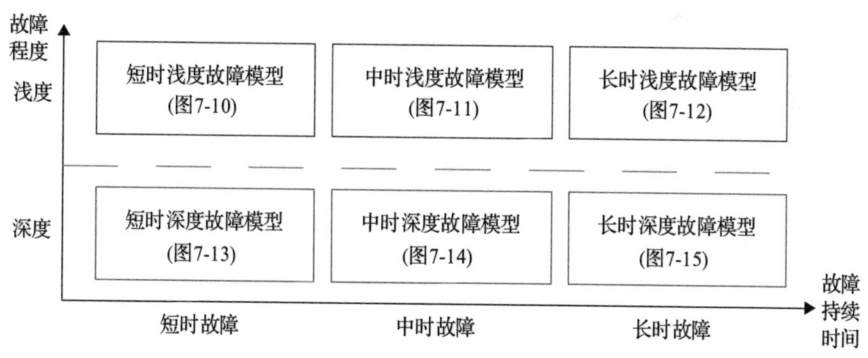

图 7-16　故障持续时间/故障程度与风机暂态模型体系的对应关系

对于单次故障场景，根据故障发生后到下次网络结构改变(如故障切除)前的故障持续时间以及故障的程度，依照该模型体系选择分析该故障持续阶段内的相应模型。根据故障特征所选择的模型中包含了该故障特征下可能动作的环节，尚未动作的装备环节被忽略，故而可简化特定故障下装备的“功率-内电势”激励响应关系。后续可在该模型基础上进行进一步的暂态稳定相关分析。

对于复杂的故障场景，如存在故障发生、故障切除、重合闸、重合闸失败等多次扰动的场景，则需要根据上述网络结构改变的各节点，将故障过程分为不同的阶段。各阶段内网络的拓扑结构不变，各阶段间网络拓扑结构不同，则每两个阶段切换时，等同于单次故障的场景。同样可根据每次扰动的持续时间及程度，依照图选择分析每个阶段内的相应模型，如图 7-17 所示。

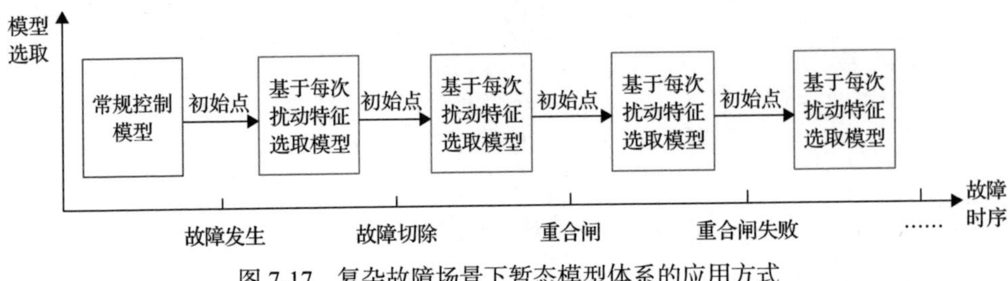

图 7-17　复杂故障场景下暂态模型体系的应用方式

需要说明的是，一般情况下能量储存元件和积分控制器的状态不随控制策略的切换而突变，暂态过程下一阶段状态量的初始值由前一阶段的状态量终值决定。此时可根据已动作环节所决定的系统慢时间尺度环节的反馈行为，以开环的方式求得未动作环节的状态。若因暂态切换等因素使得下一阶段初始时能量储存元件和积分控制器的状态突变，则根据所设定的状态突变调节决定下一阶段的初始值。

7.4　本 章 小 结

本章面向对系统暂态问题分析的风机暂态建模展开研究。首先，本章提出了用以区分多时间尺度正常/切换环节动作情况的故障程度、故障持续时间等故障特征，分析了不同故障程度、故障持续时间的故障情况下装备多时间尺度正常/切换环节的动作情况。接着，本章提出了一种基于扰动特征的风机多时间尺度暂态模型体系建模方法，建立了不同故障特征下的风机暂态模型体系。需要说明的是，虽然本章主要以全功率风机为例进行分析，但因双馈风机、光伏机组与全功率风机结构上均具有多时间尺度特征，且故障发生后多时间尺度正常/切换环节动作与否仍与故障特征相关，所以，上述建模方法同样适用于双馈风机、光伏机组等装备的暂态建模。

基于故障特征建立风机的多时间尺度暂态模型体系是暂态稳定分析的基础，后续在该模型基础上仍需要进一步分析装备的激励响应特性和各时间尺度环节在其中的贡献，以及各状态的暂态行为稳定机理和各环节的影响。

参 考 文 献

[1] Clark K, Miller N W, Sanchez-Gasca J J. Modeling of GE wind turbine generators for grid studies (Version 4.5) [R]. Schenectady: General Electric International, 2010.

[2] Pourbeik P. Proposed changes to the WECC WT3 generic model for type 3 wind turbine generators[R]. Palo Alto: EPRI, 2014.

[3] 袁小明，程时杰，胡家兵. 电力电子化电力系统多尺度电压功角动态稳定问题[J]. 中国电机工程学报，2016, 36 (19) : 5145-5154.

[4] 胡家兵，袁小明，程时杰. 电力电子并网装备多尺度切换控制与电力电子化电力系统多尺度暂态问题[J]. 中国电机工程学报, 2019, 39 (18) : 5457-5467, 5594.

第 8 章　风电并网电力系统机电时间尺度暂态稳定分析

8.1　引　　言

回顾传统电力系统暂态过程，因同步机暂态特性由转子运动方程决定，所以，在同步机内电势相位变化，通过网络改变施加在机械转子上的不平衡有功功率后，直接通过转子运动改变同步机转速和转子位置，进而决定同步机内电势相位动态，对外表现出机电时间尺度暂态过程。因此，由同步机构成的传统电力系统机电时间尺度暂态稳定问题是通过分析转子运动方程所主导的内电势之间相对位置的变化规律，判断系统受扰动后同步机之间能否继续保持同步运行的问题[1]。

在风机主导的电力系统中，因风机暂态特性与所采用的控制方式密切相关，所以在某些控制策略下，电气变量的机电时间尺度动态也会通过不同方式引入机械变量(转子转速)动态中。例如，惯量控制下，风机需通过短时间释放转子动能以提高对系统频率的支撑能力，从而将电网中的功率或频率扰动引入机械转子转速动态中；又如，电网故障期间，为防止风机自身变换器应力过载，同时为系统提供电压支撑，风机切换至暂态控制以限制输出的有功电流和有功功率，进而输入功率与输出功率不平衡驱动风机机械转子转速变化。转子转速变化激发转速控制器动作，从而使风机对外体现出机电时间尺度动态过程。风机转子动能与系统位能在控制器的作用下产生积累与交换，从而可能引发风电主导的机电时间尺度暂态稳定问题。

本章以双馈风机为例，基于“激励-响应”的建模思路，构建了考虑不同常规/暂态控制策略的风机机电暂态模型。其次，以控制切换与否为依据，从故障程度和故障阶段两个维度提出了风电并网电力系统机电暂态稳定分析思路，以单机无穷大系统为例，分别阐述了浅度和深度故障下不同控制方式下风电并网电力系统的机电暂态稳定机理及失稳形态；最后，以风机-同步机互联电力系统为例，分析了不同故障程度下双馈风机与同步机之间的暂态稳定性及失稳形态。

8.2　风机机电时间尺度暂态简化分析模型

在机电时间尺度暂态建模和行为分析中，主要关注该时间尺度本身的能量储存元件及控制器响应，即转子运动、转速控制、无功控制、惯量控制等。因此，为便于分析，做出如下假设：①交流电流时间尺度控制和直流电压时间尺度控制下各控制器实现理想跟踪，更长时间尺度的控制器(如一次调频等)还未动作；②因网侧变换器容量较小且动态与机侧变换器动态呈比例关系，对机电动态影响较小，忽略网侧变换器输出有功功率；③因机械桨距角动作较慢，输入机械功率对风机内电势相位最大值影响较小，且输入机械功率动态对所关注的风电并网电力系统单调失稳机理无本质影响[2]，近似认为输入机械功率恒定。

在此假设条件基础上，以双馈风机为例，建立浅度和深度故障下的机电时间尺度“激励-响应”暂态模型。首先，根据双馈风机磁链方程，参考同步机内电势定义，将双馈风机内电势定义为 $\boldsymbol{E}=E\angle\theta_{\mathrm{e}}=\mathrm{j}X_{\mathrm{m}}\boldsymbol{I}_{\mathrm{r}}$，其中 X_{m} 是双馈发电机互感抗，$\boldsymbol{I}_{\mathrm{r}}$ 是网侧变换器输出励磁电流。其内电势幅值、相位表达式分别为

$$E=f_1(E_{\mathrm{d}}^{\mathrm{p}},E_{\mathrm{q}}^{\mathrm{p}})=\sqrt{(E_{\mathrm{d}}^{\mathrm{p}})^2+(E_{\mathrm{q}}^{\mathrm{p}})^2} \tag{8-1}$$

$$\theta_{\mathrm{e}}^{\mathrm{p}}=f_2(E_{\mathrm{d}}^{\mathrm{p}},E_{\mathrm{q}}^{\mathrm{p}})=\arctan(E_{\mathrm{q}}^{\mathrm{p}}/E_{\mathrm{d}}^{\mathrm{p}}) \tag{8-2}$$

$$\theta_{\mathrm{e}}=\theta_{\mathrm{e}}^{\mathrm{p}}+\theta_{\mathrm{p}} \tag{8-3}$$

式中，$E_{\mathrm{d}}^{\mathrm{p}}$、$E_{\mathrm{q}}^{\mathrm{p}}$ 为锁相坐标系下内电势 d、q 轴分量；双馈风机相位 θ_{e} 由公共坐标系下锁相控制输出相位 θ_{p} 和锁相坐标系下内电势相位 $\theta_{\mathrm{e}}^{\mathrm{p}}$ 共同构成。

此时，双馈风机内电势与端电压之间的关系可写成

$$\boldsymbol{U}_t=\boldsymbol{E}-\mathrm{j}X_{\mathrm{s}}\boldsymbol{I} \tag{8-4}$$

式中，X_{s} 为异步电机的定子电抗；$\boldsymbol{I}$ 为输出定子电流矢量。

由此，得到机电时间尺度内电势暂态关系原始框图和等效电路，如图 8-1 所示。图中，坐标系 dq 与坐标系 dq^{p} 分别为公共坐标系和锁相坐标系，$i_{\mathrm{rd}}^{\mathrm{p}}$、$i_{\mathrm{rp}}^{\mathrm{p}}$ 是锁相坐标系下电流指令 dq 轴分量，θ_{t} 是实际端电压相位。P、Q 是内电势输出的有功功率、无功功率，P_{s}、Q_{s} 是定子输出的有功功率、无功功率。从图中可以看

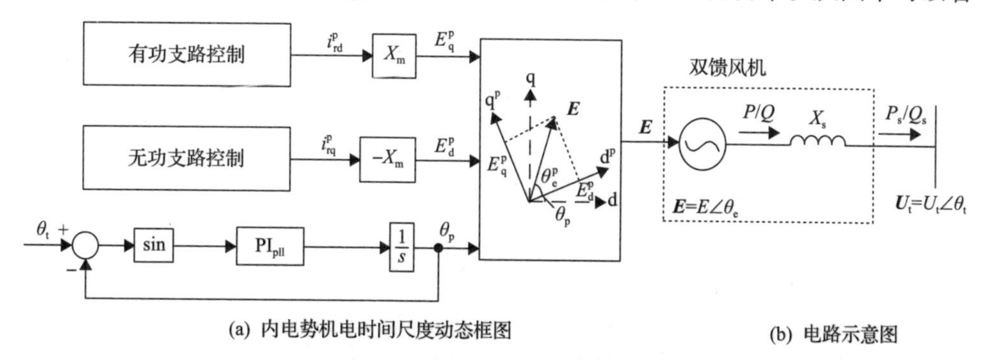

(a) 内电势机电时间尺度动态框图　　(b) 电路示意图

图 8-1　双馈风机机电暂态原始模型

出，双馈风机相位动态由有功支路、无功支路和锁相支路动态共同决定；幅值动态由有功支路和无功支路电流动态决定。在此原始框图基础上，考虑不同有功/无功支路控制，并将激励信号统一等效为有功/无功功率，分别建立常规控制和暂态控制下双馈风机暂态“激励-响应”关系简化分析模型。

8.2.1　常规控制下“激励-响应”关系简化分析模型

在电网正常运行或浅度故障时，双馈风机的机侧变换器运行在常规控制模式。在该模式下，常见的有功支路控制方式有三种，如图 8-2 所示。其中，Dflag=1 为直接由转速控制器得到电流指令的方式；Dflag=2 为恒功率控制方式，先由转速控制器获得功率指令 P^*再经代数环节获得电流指令；Dflag=3 为附加 df/dt 惯量控制方式，在恒功率控制的基础上加入与频率变化率扰动成正比的额外有功功率，再经代数环节得到电流指令。图中 ω_r是发电机转速，P^*是风机输出电磁功率指令，P_{int}是惯量控制生成的附加有功功率指令，f_p是锁相环输出频率，$k_{p\omega}$、$k_{i\omega}$为转速 PI 控制器参数，K_f、T_f是惯量控制的比例系数和时间常数。常规控制下，无功支路同样存在多种控制：端电压控制(V 控制)、无功功率控制(Q 控制)、无功功率-端电压级联控制(QV 控制)。因为机电时间尺度暂态行为及稳定机理主要取决于有功支路控制，不失一般性，本章后续考虑无功支路常规控制时均采用 QV 控制。

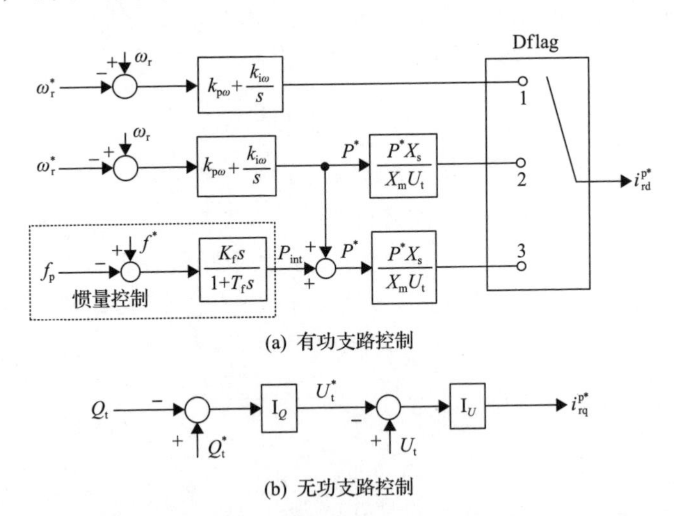

图 8-2　双馈风机机侧变换器常规控制模式有功电流指令计算方式

从图 8-1 和图 8-2 中看出，除内电势输出有功功率 P/无功功率 Q 之外，原始框图中有多个输入电气量：发电机转速 ω_r、端电压处输出至电网的无功功率指令值 Q_t^*和实际值 Q_t、端电压幅值 U_t、锁相环输入相位误差(θ_t–θ_p)。基于电路关系，将这些电气量统一表示为有功功率 P/无功功率 Q 激励，得到含多种有功支路控制的常规控制模式下风机机电时间尺度统一暂态模型，如图 8-3 所示。详细等效过程见文献[3]，图中非线性表达式f_3～f_5分别如下：

$$Q_{\text{loss}}=f_3(P,Q,E)=\frac{(P^2+Q^2)X_{\text{s}}}{E^2} \tag{8-5}$$

$$U_{\text{t}}=f_4(P,Q,E)=\sqrt{(PX_{\text{s}})^2+(E^2-QX_{\text{s}})^2}\Big/E \tag{8-6}$$

$$\theta_{\text{e}}-\theta_{\text{t}}=f_5(P,Q,E)=\arctan\frac{PX_{\text{s}}}{E^2-QX_{\text{s}}} \tag{8-7}$$

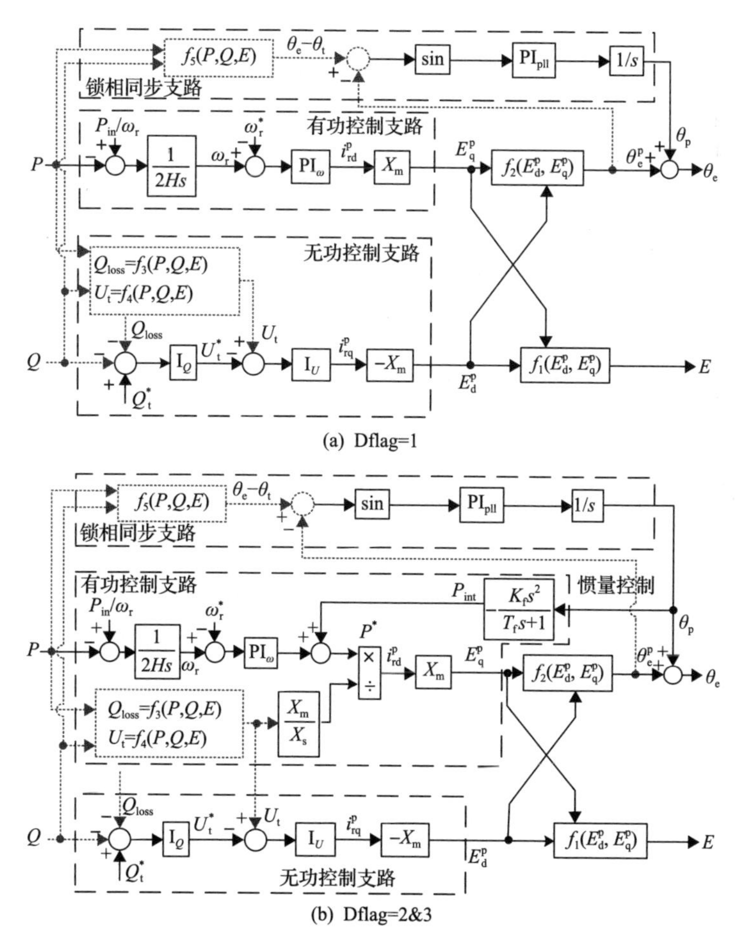

图 8-3　多种有功支路控制下风机机电时间尺度“激励-响应”暂态模型

8.2.2　暂态控制下“激励-响应”关系简化分析模型

电网深度故障下，因控制策略切换后故障各阶段风机自身数学关系发生变化，所以需要认识暂态控制下的风机响应过程并对故障阶段进行划分，再针对各阶段分别建立模型。在分析暂态外特性时，暂态切换控制所引起的内部变量变化过程忽略不计，仅考虑影响外部特性以及影响转速变化的暂态控制，即因 Crowbar、去磁控制等交流电流时间尺度暂态控制切换时间较短，所积累的能量差值较小，对机械转速和故障后机电时间尺度动态影响不明显，所以此处暂不考虑。因暂态切换后，转速控制与内电势动态完全解耦，所以紧急变桨控制动态不会反映在机电外特性中，此处暂不考虑。以下进行深度故障下建模时，主要考虑了影响故障后机电暂态过程的直流电压时间尺度暂态控制。

深度故障发生后，暂态控制触发切换，在限幅环节作用下故障期间电流达到限幅值，如图 8-4 实线框所示，下标中的 ctrl 表示常规控制输出。其动作过程为：端电压跌落至阈值以下，触发无功电流注入控制切换动作，所有的正常控制的积分器被冻结，保持故障前稳态值。端电压跌落至阈值 U_{tdip} 以下后，风机无功电流切换至无功电流注入控制，在正常控制无功电流指令 $i_{\mathrm{rq\text{-}ctrl}}^{\mathrm{p}}$ 的基础上根据电网电压跌落程度呈比例优先向电网注入无功电流 $i_{\mathrm{rq\_inj}}^{\mathrm{p}}$，尽可能为电网提供电压支撑(因在本章正方向定义下，无功电流为负值，所以用负号叠加无功注入电流)；风机无功电流切换至无功电流注入控制，有功控制输出电流受到低电压功率逻辑(LVPL)模块和最大容量双重约束。其中，根据无功电流和变换器容量限制 i_{rmax} 确定有功电流最大值 $i_{\mathrm{rdmax1}}^{\mathrm{p}}$，以确保在按要求对外提供无功功率支撑的前提下尽可能向外输出有功功率；LVPL 依据端电压跌落情况，限制双馈风机有功电流幅值 $i_{\mathrm{rdmax2}}^{\mathrm{p}}$，使无功电流优先受到调控且保护变流器不过流。故障恢复后期，端电压升高，无功电流注入控制退出，无功电流切换至常规控制策略。为了避免有功电流突变，减小故障期间和故障恢复时对系统的冲击，LVPL 限制有功电流恢复速率。所以在

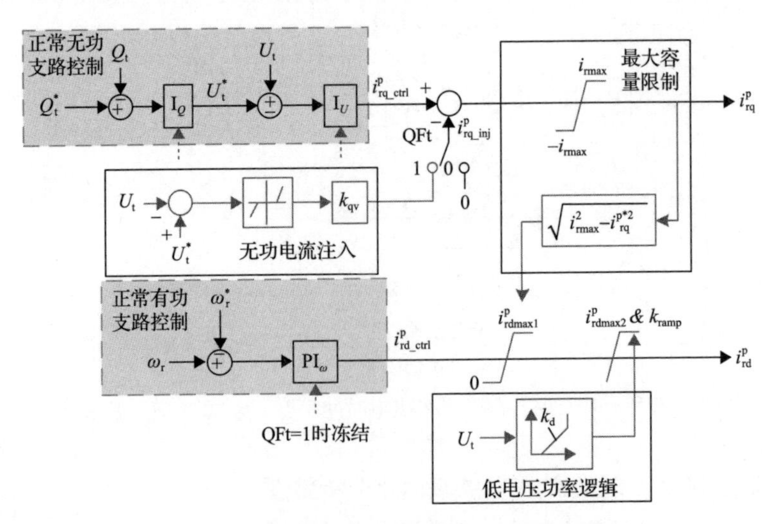

图 8-4　双馈风机机侧变换器暂态电流指令控制

故障恢复初期，有功电流不受常规控制主导，而受爬坡速率主导，以斜率 k_{ramp} 恢复。当有功电流沿一定爬坡速率恢复至正常有功控制策略输出电流值后，爬坡阶段结束，风机完全恢复至常规控制策略。由此，深度故障下风机暂态模型可以根据动作的控制环节不同分为故障期间、故障恢复初期和故障恢复后期。故障恢复后期风机采用常规控制，暂态模型与 8.2.1 节相同，仅需对故障期间和故障恢复初期的风机建立“激励-响应”关系模型。

1. 故障期间

一般情况下，风机有功支路故障前稳态值 $i^{p}_{rd\_ctrl\_10}$ 大于变换器容量和 LVPL 的限幅环节幅值。所以，故障期间，实际有功电流指令由两个限幅环节共同决定，实际无功电流指令由故障前稳态值 $i^{p}_{rq\_ctr1\_10}$ 与无功电流注入环节的附加电流共同决定。而转子运动和常规控制策略未体现在实际有功、无功电流指令中，所以建立故障期间风机外特性暂态模型时忽略。故障期间，风机内电势的定义和构成与常规控制下相同，再将输入变量和输出变量分别等效为有功/无功功率和内电势幅值/相位，得到故障期间双馈风机机电时间尺度暂态模型，如图 8-5 所示。从模型中可以看出，故障期间模型内部不存在微积分环节，输入-输出关系由纯代数环节构成。内电势幅值和相位即时响应输入有功、无功功率变化。

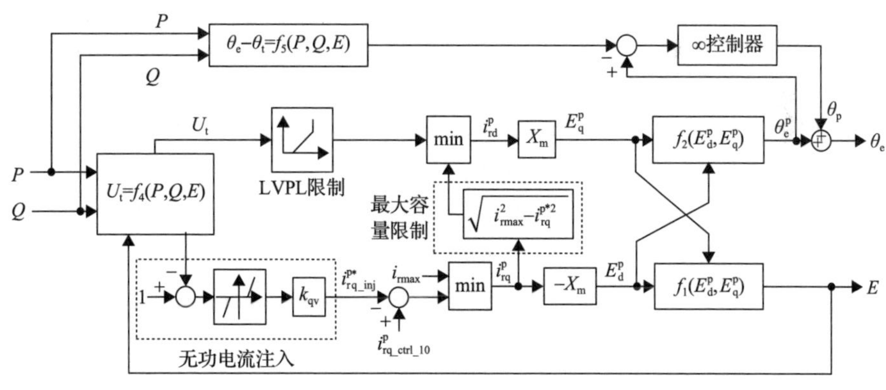

图 8-5　故障期间双馈风机机电时间尺度暂态模型

2. 故障恢复初期

故障恢复初期，正常策略下的转速控制器、无功功率控制器和端电压控制器解冻，各控制器输入切换至正常状态。但为了防止有功电流切换至正常值时对系统造成功率冲击，其恢复速率被限制。此时，有功电流按一定爬坡速率匀速增大，直至与正常有功控制输出电流值相同，爬坡过程结束。所以，在此阶段有功电流由爬坡速率决定，有功电流终值由正常有功功率控制的输出值决定。无功电流由正常无功功率控制决定。由此，建立故障恢复初期双馈风机机电时间尺度暂态模型，如图 8-6 所示。

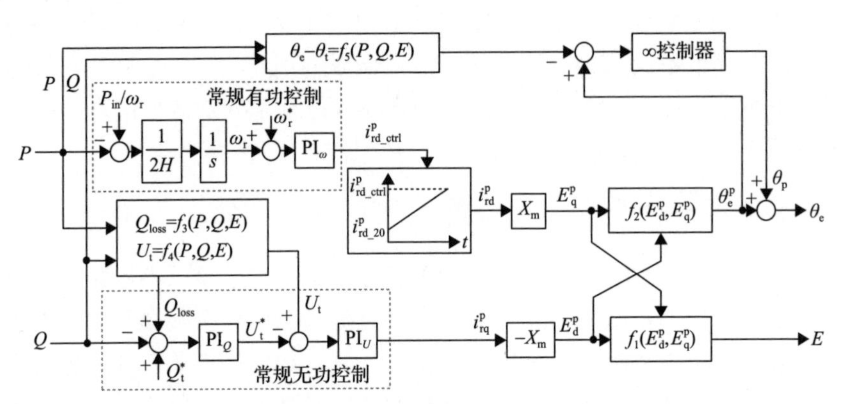

图 8-6　故障恢复初期双馈风机机电时间尺度暂态模型

8.2.3　多种暂态模型在机电时间尺度暂态行为分析中的应用

从系统故障全过程的响应时序而言，浅度故障下，风机暂态控制和保护电路未被触发，在此过程中风机的暂态特性均由常规控制下的暂态模型[图 8-3(a)和图 8-3(b)]所描述，风电并网电力系统的暂态行为在故障全过程呈现连续特征。深度故障期间及故障恢复初期，风机暂态控制和保护电路触发，暂态特性依次由暂态控制下故障期间的暂态模型(图 8-5)和暂态控制下故障恢复初期的暂态模型(图 8-6)所描述；故障前和故障恢复后期，风机恢复常规控制，暂态特性由常规控制下的暂态模型描述。所以深度故障下，风电并网电力系统的暂态行为在故障全过程呈现断续特征。需要说明的是，因能量储存元件和积分控制器的状态不随控制策略的切换而突变，所以暂态过程前一阶段的状态量终值将为下一阶段提供状态量的初始值。不同故障程度及故障时序下所采用的风机暂态模型如图 8-7 所示。

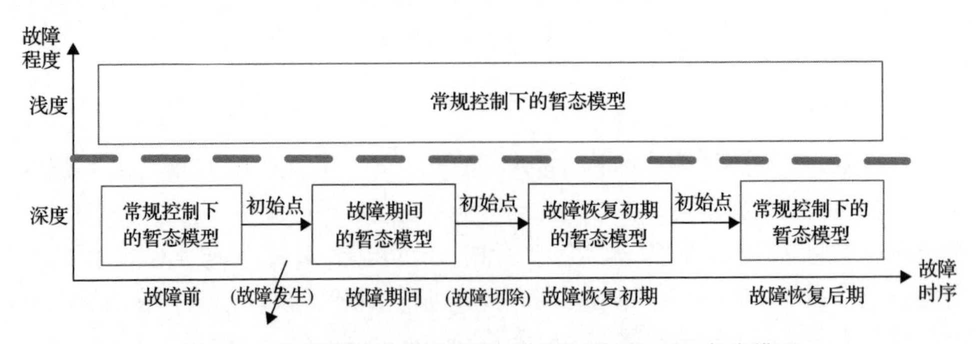

图 8-7　不同故障程度下及故障时序下所采用的风机暂态模型

8.3　锁相同步风电主导电力系统的机电时间尺度暂态稳定机理

基于“激励-响应”模型，发现锁相同步风机与同步机的机电暂态特性存在两大差异：一是同步方式不同，锁相同步风机需采集端电压相位作为控制系统参考相位，同步机则通过不平衡功率调节形成相位；二是不平衡有功功率-相位关系不同，锁相同步风机的“关系”由控制策略所决定，具有高阶、非线性特征，同步机的“关系”则是二阶线性积分关系。这些差异导致风电主导电力系统的机电暂态稳定机理[3,4]发生根本变化。本节以单机无穷大系统为例，阐述不同程度故障下风电主导电力系统机电时间尺度暂态稳定机理及失稳形态。

8.3.1　暂态稳定机理

不同故障程度/阶段下，风电主导电力系统暂态行为差异在于风机控制策略及暂态特性不同。由图 8-8 可知，风机只在深度故障期间和故障恢复初期切换至暂态控制，且在故障恢复后期恢复至常规控制策略。所以，不同程度故障恢复后期，系统结构和稳定机理相同。本节重点以锁相同步双馈风机为例，分析故障恢复后期单机无穷大系统的机电暂态稳定性，所以仅需考虑常规控制策略。为便于揭示相位支路暂态稳定机理，忽略无功支路动态，并以相角差 δ_e 表示风机内电势与无穷大电网电压之间的夹角。

因锁相环响应的时间常数(数百毫秒)远小于机电时间尺度[5,6]，所以，在分析机电时间尺度动态时，认为锁相环已完成响应，即 $\delta_p \approx \delta_t$($\delta_p$ 是锁相控制相位相对于无穷大电网电压的相角差，δ_t 是端电压相位相对于无穷大电网电压的相角差)。结合所提“激励-响应”模型与网络功率传输方程，得到单机无穷大系统框图，如图 8-8 所示[7]。相位支路的表达式为

$$\delta_e = f_{\delta e}(E_d^p, E_q^p) = \underbrace{\arcsin\frac{E_q^p X_{g3}}{U_g X_s}}_{\text{锁相支路代数表达式}} + \underbrace{\arctan\frac{E_q^p}{E_d^p}}_{\text{坐标变换}} \tag{8-8}$$

网络功率传输方程为

$$P = EU_g \sin\delta_e / (X_s + X_{g3}) \tag{8-9}$$

$$Q = E^2 / (X_s + X_{g3}) - EU_g \cos\delta_e / (X_s + X_{g3}) \tag{8-10}$$

式中，X_{g3} 为故障后系统端电压至无穷大电源电网的等效阻抗。

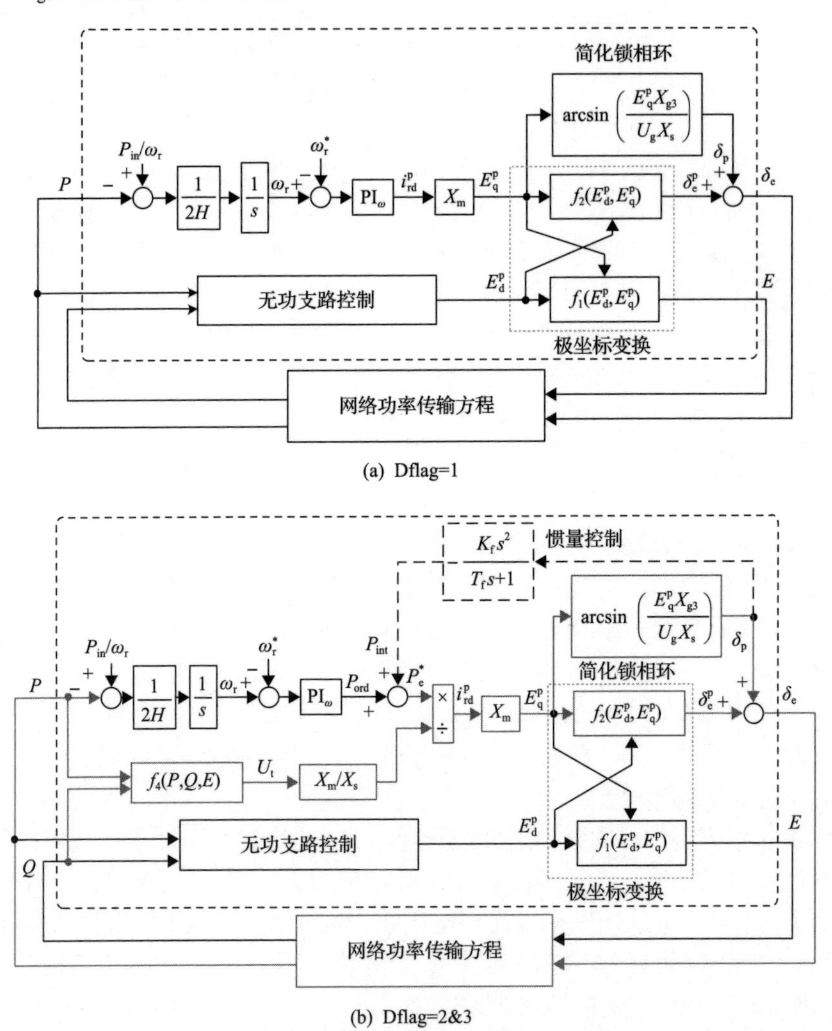

图 8-8　不同有功支路常规控制策略下故障恢复后期单机无穷大系统示意图

文献[7]分析指出，锁相同步双馈风机存在两个特殊的相位约束。首先，借鉴传统两机系统的等面积法可知，当风机的有功控制满足条件“不平衡有功功率与内电势相位为二阶微分关系”时，系统会存在不稳定奇点，类似于传统两机系统中的不稳定平衡点 $\delta_{\text{e-lim1}}$。其次，锁相支路的稳态关系会在风机内部引入一个以 E_{dq}^{p} 为变量的非线性环节“arcsin”，受此环节定义域限制，风机内电势相位必须在相位约束 $\delta_{\text{e-lim2}}$ 内。在单机无穷大系统中，两个相位约束的解析表达式为

$$\delta_{\text{e-lim1}} = \pi - f_{\text{P}}^{-1}(E_{\text{d}}^{\text{p}}, P_{\text{in}} / \omega_{\text{r}}^{*}) \tag{8-11}$$

$$\delta_{\text{e-lim2}}=\frac{\pi}{2}+\arctan\frac{U_{\text{g}}X_{\text{s}}}{E_{\text{d}}^{\text{p}}X_{\text{g3}}} \tag{8-12}$$

式中，f_{P}^{-1} 为函数 f_{P} 的反函数，f_{P} 为锁相同步双馈风机输出电磁功率 P 关于电压 E_{d}^{p} 和相位 δ_{e} 的函数：

$$P=f_{\text{P}}(E_{\text{d}}^{\text{p}},\delta_{\text{e}})=\frac{U_{\text{g}}f_{1}\left[E_{\text{d}}^{\text{p}},f_{\delta\text{e}}^{-1}(E_{\text{d}}^{\text{p}},\delta_{\text{e}})\right]}{X_{\text{g3}}+X_{\text{s}}}\sin\delta_{\text{e}} \tag{8-13}$$

因 $\delta_{\text{e-lim1}}$ 处的稳定性与内电势相位随输出有功功率变化的规律密切相关，所以 $\delta_{\text{e-lim1}}$ 是否为稳定约束与有功支路控制方式密切相关。①当有功支路控制 Dflag＝1 时，“有功功率-内电势相位”虽然不完全为二阶微分线性关系，但不平衡功率驱动下的内电势加速度、速度及相位的动态变化关系与同步机相似，所以存在与同步机不稳定平衡点相似的相位约束 $\delta_{\text{e-lim1}}$ 以及恢复能力不足导致转子转速失速的失稳机理。②当有功支路控制 Dflag =2 时，双馈风机输出电磁功率是受控量，功率指令 P^* 变化后，会由代数支路即时调节内电势相位，以使输出有功功率 P 快速准确跟踪功率指令 P^*。相位在 $\delta_{\text{e-lim1}}$ 处的增大趋势会被抑制，不会形成正反馈。所以，Dflag = 2 时 $\delta_{\text{e-lim1}}$ 不是系统的相位约束。③当有功支路控制 Dflag = 3 时，因惯量控制微分环节存在，双馈风机的“有功功率-内电势相位”之间呈现高阶关系。有功功率与内电势相位之间的动态关系更为复杂，相位在越过 $\delta_{\text{e-lim1}}$ 后的动态过程，与转子转速、转速控制、惯量控制参数均有关。此时，相位约束 $\delta_{\text{e-lim1}}$ 处稳定性判断条件更为复杂，需要结合实际控制参数及各变量运行状态判断。

因 $\delta_{\text{e-lim2}}$ 是由锁相机制产生的固有非线性环节所引起的，$\delta_{\text{e-lim2}}$ 是否为稳定约束与有功支路控制方式无关，但具体表达形式与控制方式有关。该相位约束数学上对应着该非线性系统的一种奇异诱导分岔现象，即简化锁相环动态为非线性代数环节后，系统微分代数方程的代数约束增加并使系统形成了奇异面。通过系统微分代数方程求得该奇异面所对应的功角表达式即为 $\delta_{\text{e-lim2}}$。当系统的状态向量轨迹接触奇异面时，微小的状态量变化将导致系统变量快速变化，从而引起系统不稳定。该相位约束物理上意味着锁相支路静态工作点最大值，即相位超过此约束后，锁相支路将不存在静态工作点，锁相环始终无法输出满足 $U_{\text{tq}}^{\text{p}}=0$ 的稳态相位值，锁相相位无法准确跟踪端电压相位。此时，若锁相控制仍代数化，则简化锁相环解析式无解；若计及锁相动态，则锁相相位 δ_{p} 会在锁相相位控制积分器作用下不断增大。需要说明的是，$\delta_{\text{e-lim2}}$ 是风机内部非线性代数环节与网络非线性代数关系共同作用的结果，其表达式与风机内部控制策略有关。在 Dflag=1 的控制方式下，$\delta_{\text{e-lim2}}$ 的表达形式如式(8-12)所示。若风机内部因控制策略变化而引入新的非线性环节[如图 8-8(b) Dflag=2 和 Dflag=3 中的功率指令代数支路]，则 $\delta_{\text{e-lim2}}$ 的表达形式可能发生变化，其具体形式同样可通过求解非线性系统的奇异面表达式求得。

此外，从图 8-8 中可知，风机的幅值动态与相位动态是耦合的，当转子转速控制输出变量单调增大时，幅值也会在其影响下增大，形成幅值-相位联合失稳的新形态。

8.3.2　浅度故障下风电主导电力系统的机电时间尺度暂态稳定性

本节基于对单机无穷大系统机电暂态稳定机理的分析，分析系统机电暂态同步稳定行为及失稳行为，分析场景如图 8-9 所示。双馈风机经双回线路与无穷大电网相连。该双回线路的某一回线路端口发生三相非金属接地故障(接地阻抗为 X_f)，并在 t_{cl} 后切除，故障后系统单回线路运行。双馈风机及单机无穷大系统参数如表 8-1 和表 8-2 所示。

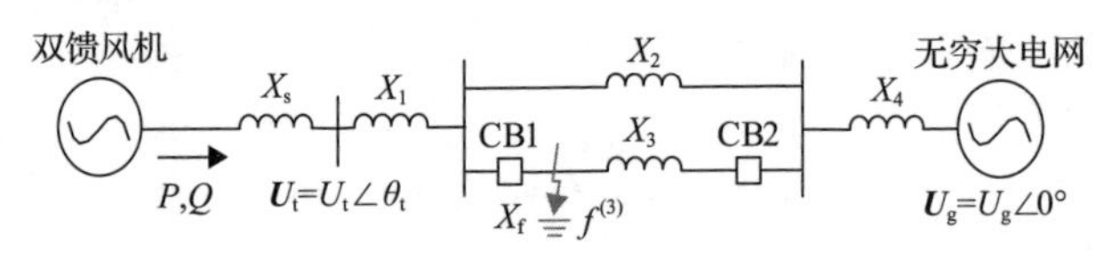

图 8-9　单机无穷大系统

表 8-1　双馈风机参数

类别	符号	变量名	数值	类别		符号	变量名	数值
额定参数	S_N/(MV·A)	额定容量	1.67	基本控制参数		T_{in}/p.u.	输入机械转矩	0.9
	U_N/V	额定电压	690			ω_r^*/p.u.	转速指令	1.2
	f_N/Hz	额定频率	50			Q_t^*/p.u.	无功功率指令	0.07
电路参数	H/s	惯性常数	4			PI_{pll}	锁相控制 PI 参数	60/1400
	X_m/p.u.	互感抗	2.9			PI_I	电流控制 PI 参数	20/200
	X_s/p.u.	定子感抗	3.08			k_{iQ}/k_{iV}	无功/电压控制参数	0.5/40
	X_r/p.u.	转子感抗	3.06	有功控制参数	Dflag=1	PI_ω	转速控制 PI 参数	3/20
	R_s/p.u.	定子电阻	0.023		Dflag=2	PI_ω	转速控制 PI 参数	3/0.6
	R_r/p.u.	转子电阻	0.009		Dflag=3	T_f/K_f	惯量控制参数	0.5/5

表 8-2　单机无穷大系统参数

场景	$X_1 \sim X_4$/p.u.	E_q^0/p.u.	X_f/p.u.	t_{cl}/s
1(稳定)	0.2/0.1/0.1/0.2.	1.48	0.87	0.625
2(失稳)	0.2/0.2/0.2/0.2.	0.93.	0.87	0.625

1. 暂态稳定/失稳行为

在表 8-1 和表 8-2 的参数配置下，得到不同有功支路控制方式下单机无穷大系统的暂态行为，如图 8-10 所示，其中图 8-10(a)为场景 1 参数下的稳定行为，图 8-10(b)为场景 2 参数下的失稳行为。

从稳定行为可以看出，不同有功支路控制下，故障恢复后期系统机电暂态过程存在较大差异：Dflag=1 时，内电势相位直接由转子运动和转子转速控制得到，因相位调节过程较慢，不平衡功率累积在转子上的动能较多，转子转速变化较大，所以导致系统机电时间尺度暂态行为较显著。Dflag=2 时，系统有功功率变化同时作用在转子和代数环节 f_4 上。前者因转子时间常数较大，功率指令变化缓慢；后者因代数路径即时调节内电势相位，内电势相位突增。所以，当锁相环动态较快时，输出有功功率可以快速跟踪功率指令，使功率重新平衡，转子转速不存在显著变化。此时，风机对外等效为恒有功功率源。Dflag=3 时，在代数路径作用下，风机的输出功率 P 同样会跟踪指令值 P^*。但因惯量控制的存在，故障瞬间扰动会通过锁相支路及惯量控制改变有功功率指令 P^*，从而打破了转子上的有功功率平衡。进而，转子转速及控制器动作，系统产生显著的机电时间尺度暂态行为。

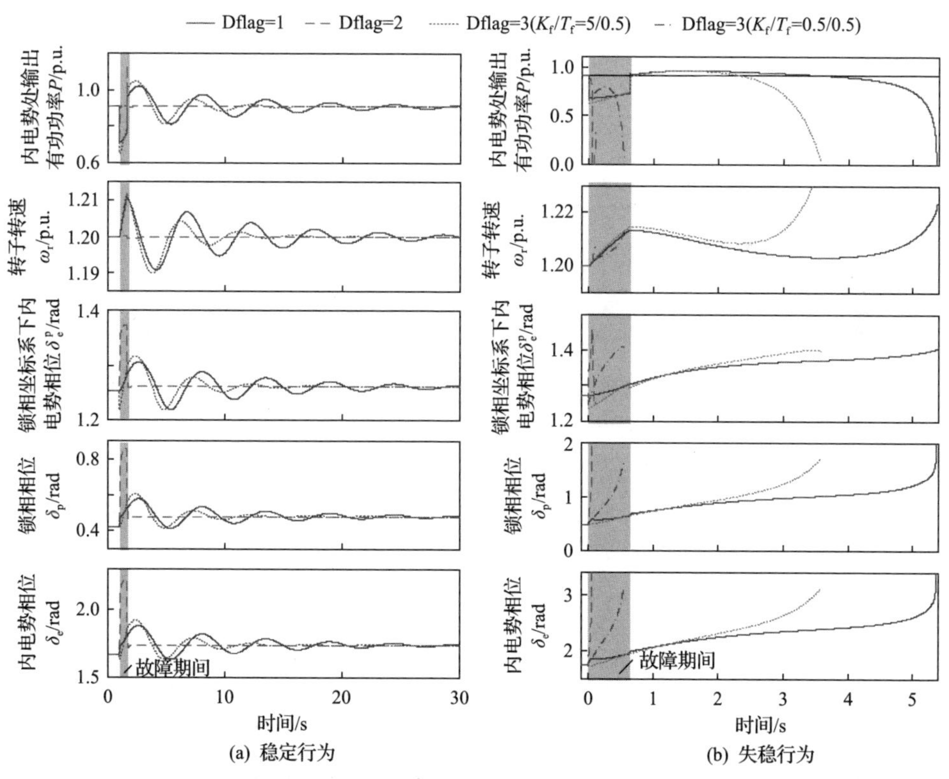

图 8-10　不同有功支路控制下，单机无穷大系统暂态行为

从失稳行为可以看出，不同有功支路控制下，故障恢复后期系统机电暂态失稳过程存在差异，但均存在快速失稳过程。Dflag=1 时，系统失稳行为分为慢速发

散和快速发散两个阶段。首先，当 δ_e 越过相位约束 $\delta_{e\text{-lim1}}$ 时是慢速发散阶段，此时暂态行为由转子运动和转子转速控制等慢时间尺度动态主导；其次，当 δ_e 越过相位约束 $\delta_{e\text{-lim2}}$ 时是快速发散阶段，此时暂态行为由锁相环快时间尺度动态主导。Dflag=2 时，系统易在故障期间发生快速单调失稳。因为故障期间电压较低，而所需有功功率较大，所以内电势相位 δ_e 最大。该相位失稳行为同样由锁相控制主导。Dflag=3 时，系统失稳形态(失稳阶段与发散速率)与惯量控制比例系数 K_f 密切相关。随着 K_f 增大，δ_e 由故障期间失稳变为故障恢复后期失稳，发散速率也减慢。此时，锁相相位 δ_p 在锁相控制调节作用下增大，一方面直接作用于内电势相位 δ_e；另一方面经惯量控制减小有功功率指令 P_{int}，从而减小锁相坐标系下内电势相位 δ_e^p，抑制 δ_e 增大。所以，K_f 越大，惯量控制的抑制作用越强，从而减缓内电势相位 δ_e 的发散速率。

2. 影响因素及规律

1) 有功支路控制参数影响

由前述分析可知，单机无穷大系统暂态行为受有功控制策略影响。本小节在表 8-1、表 8-2 参数基础上，分别修改转子转速控制器参数、转子惯性时间常数、惯量控制时间常数和惯量控制比例系数，以分析不同控制响应参数对系统机电暂态稳定性的影响规律。因系统呈现高阶、强非线性，难以通过构造暂态能量函数量化系统的暂态稳定程度，所以，统一通过故障极限切除时间衡量系统的暂态稳定程度。极限切除时间越大，则系统的暂态稳定程度越高。不同控制策略下的参数方案如表 8-3 所示，各方案下极限切除时间随参数变化的规律如图 8-11 所示。

从图 8-11 看出，Dflag=1 时单机无穷大系统机电时间尺度暂态行为主要受转子转速控制器带宽和转子惯性时间常数影响。随着 n_ω 增大，转速控制器带宽增大，故障极限切除时间减小，系统稳定性降低。随着 H 增大，故障极限切除时间增大，系统稳定性提升。这是因为，在此控制下内电势相位动态由转子运动和转速控制共同决定，较小的转子惯性时间常数或较大的转速控制器带宽，都会使内电势响应速度增加，对外体现的等效惯量减小，相位变化更明显，从而降低了系统的暂态稳定性。

表 8-3　不同有功支路控制对单机无穷大系统故障切除时间的影响参数设置方案

影响因素	1	2	3	4	5
Dflag=1，不同转子转速控制器参数 $(3n_\omega, 20n_\omega^2)$	n_ω=0.5	n_ω=0.75	n_ω=1	n_ω=1.25	n_ω=1.5
Dflag=1，不同转子惯性时间常数 H	H=3s	H=3.5s	H=4s	H=4.5s	H=5s
Dflag=3，不同惯量控制时间常数 T_f	T_f=1.5	T_f=3.5	T_f=5.5	T_f=7.5	T_f=9.5
Dflag=3，不同惯量控制比例系数 K_f	K_f=0（Dflag=2）	K_f=1	K_f=2	K_f=3	K_f=4

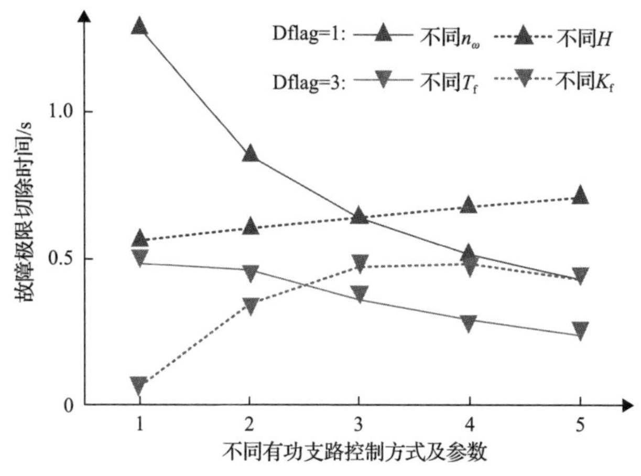

图 8-11　不同有功支路控制方式下单机无穷大系统故障极限切除时间变化规律

从图 8-11 看出，Dflag=3 时单机无穷大系统机电时间尺度暂态行为还会受惯量控制时间常数 T_f 和惯量控制比例系数 K_f 影响。随着 T_f 增大，故障极限切除时间减小，系统稳定性降低。系统故障极限切除时间随 K_f 变化而非单调变化，而是随 K_f 增大，故障极限切除时间先增大后减小，系统稳定性先增加后降低。且随 K_f 增大，故障后系统易发生多摆失稳。$K_f=0$（Dflag=2）时易发生故障期间失稳。这是因为，惯量控制效果与 PI 控制器相似：比例系数 K_f 越大，风机释放转子动能的能力越强，等效惯量增大，但同时阻尼作用削弱，所以系统稳定性先增强后减弱，且易发生多摆失稳；时间常数 T_f 增大，不影响等效惯量但增强阻尼作用，所以系统稳定性增强。

2）输入机械功率动态的影响[3]

如图 8-12 所示，风机输入功率由风速、MPPT 控制和桨距角控制共同决定。结合图 8-11 可知，输入功率动态仅通过改变转子转速动态，影响风机机电时间尺度动态。但因未改变风机内电势形成结构，所以对风电主导的暂态稳定机理无影响。考虑不同运行工作区下输入机械功率动态，所得风机机电暂态行为如图 8-13 所示，T_{mppt} 为 MPPT 控制时间常数；P_0 为风机输出功率指令，该指令可以来自于场站主控，也可由风机预设，默认值为风机额定功率；k_{pct}、k_{ict} 是桨距角控制 PI 参数，k_{pcm}、k_{icm} 是桨距角补偿控制 PI 参数；β_{max1}、β_{max2} 分别为桨距角控制和桨距角补偿控制的限幅参数；β^* 为实际输出桨距角指令值；空气动力学模型中，ρ 为空气密度，S_w 为风力机叶片迎风扫掠面积，V_w 为进入风力机扫掠面前的空气流，C_p 为风能利用系数，表征风力机捕获风能的能力。从图 8-13 中可以看出，因桨距角动作并将其动态传递至内电势相位的响应过程较慢，所以桨距角动态对内电势

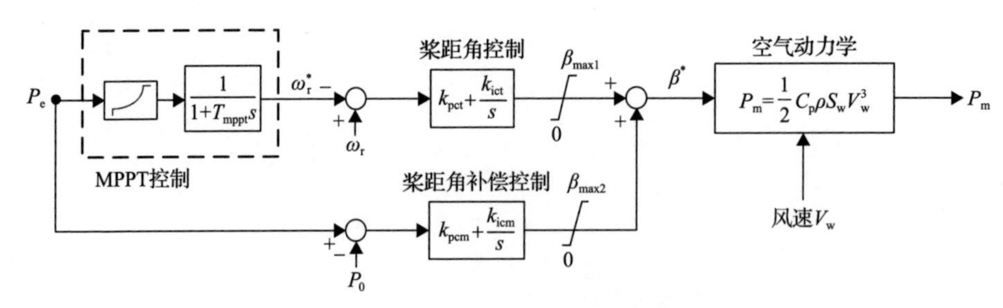

图 8-12　风力机结构及控制框图

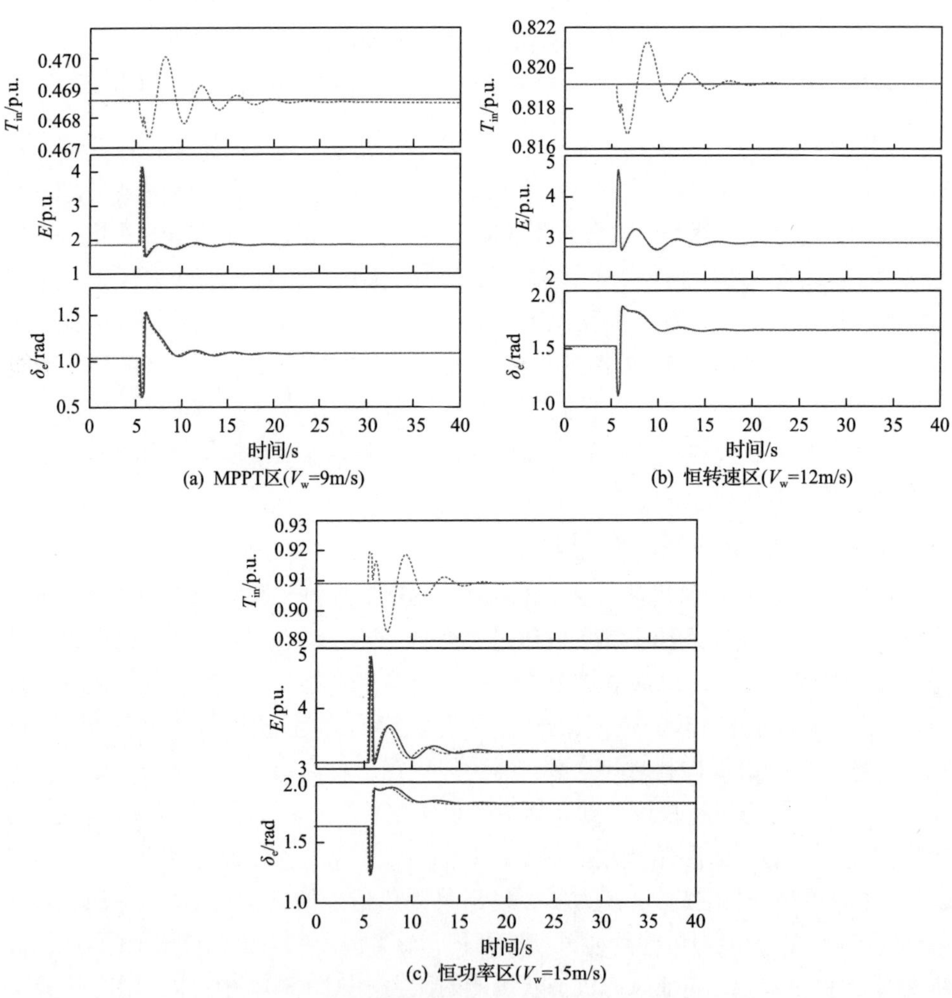

(a) MPPT区(V_w=9m/s)　　(b) 恒转速区(V_w=12m/s)

(c) 恒功率区(V_w=15m/s)

图 8-13　输入机械功率动态对风机暂态稳定性的影响对比

——恒定输入转矩；……变输入转矩

相位“一摆”过程影响较小，所以输入动态对所关注的“一摆”期间暂态稳定性影响较小。然而，由于桨距角控制会通过改变桨距角指令 β^* 抑制转速变化，从而根据转速误差$(\omega_r-\omega_r^*)$调整输入转矩 T_m，所以，桨距角控制可以起到一定的阻尼作用，从而使机电振荡衰减更快。此外，当转速超过一定范围后，紧急变桨控制也会被激发以减小输入机械功率，抑制转速变化，从而可以在一定程度上提升风机机电暂态稳定性。

8.3.3　深度故障下风电主导电力系统的机电时间尺度暂态稳定性

深度故障下，风机暂态控制(如 Crowbar、无功电流注入、爬坡恢复等)一般只在故障期间和故障恢复初期切换，且在故障恢复后期恢复至常规控制策略。所以，故障恢复后期系统暂态行为与浅度故障相同。暂态控制切换仅影响故障期间和故障恢复初期的暂态行为，并通过改变故障恢复后期系统的初始状态，影响故障恢复后期系统的暂态行为。所以，仅需研究故障期间及恢复初期系统暂态行为及其关键因素影响规律。此外，暂态切换仅改变 dq 电流指令 i_{rdq}^p，不改变电流指令 i_{rdq}^p 至内电势幅值相位 E/δ_e 的关系，即内电势构成方式不变，所以，浅度故障下所得特殊相位约束 $\delta_{e\text{-lim}2}$ 同样适用于深度故障下的单风机无穷大系统。

1. 故障期间及恢复初期系统暂态行为及关键因素

1) 故障期间

由图 8-5 可知，故障期间，风机的有功电流和无功电流由各限幅环节共同决定，输入-输出为即时代数关系。无功电流 i_{rq}^p 由故障前稳态值 $i_{rq\_ctrl\_10}^p$、无功电流注入 $i_{rq\_inj}^{p*}$、变换器容量限制 i_{rmax} 的最小值共同决定。其中，故障前稳态值 $i_{rq\_ctrl\_10}^p$ 和变换器容量限制 i_{rmax} 与故障程度无关，只有无功电流注入 $i_{rq\_inj}^{p*}$ 与故障期间端电压幅值 U_t 和无功电流注入系数 k_{qv} 有关。所以，对于同一结构和运行工况的系统，故障期间无功电流 i_{rq}^p 取决于端电压 U_t 和无功电流注入系数 k_{qv}，即 $i_{rq}^p=F_{irq}(U_t, k_{qv})$。有功电流 i_{rd}^p 由 LVPL 限幅 i_{rdmax2}^p 和变换器容量限制约束 i_{rdmax1}^p 共同构成。其中，LVPL 限幅 i_{rdmax2}^p 与端电压幅值 U_t 和 LVPL 限幅曲线斜率 k_d 相关，变换器容量限制约束 i_{rdmax1}^p 与无功电流 i_{rq}^p 有关，而无功电流 i_{rq}^p 与端电压幅值 U_t 相关。所以，有功电流 i_{rd}^p 取决于端电压幅值 U_t、LVPL 限幅曲线斜率 k_d 和无功电流注入系数 k_{qv}，即 $i_{rd}^p=F_{ird}(U_t, k_d, k_{qv})$。由有功电流 i_{rd}^p 和无功电流 i_{rq}^p 分别得到锁相坐标系下内电势 q 轴分量和 d 轴分量，再经过极坐标变换，与锁相相位共同得到公共坐标系下内电势的幅值和相位。不同无功电流注入系数 k_{qv} 和 LVPL 限幅曲线斜率 k_d 下，F_{ird} 和 F_{irq} 与各变量的关系分别如图 8-14 和图 8-15 所示。

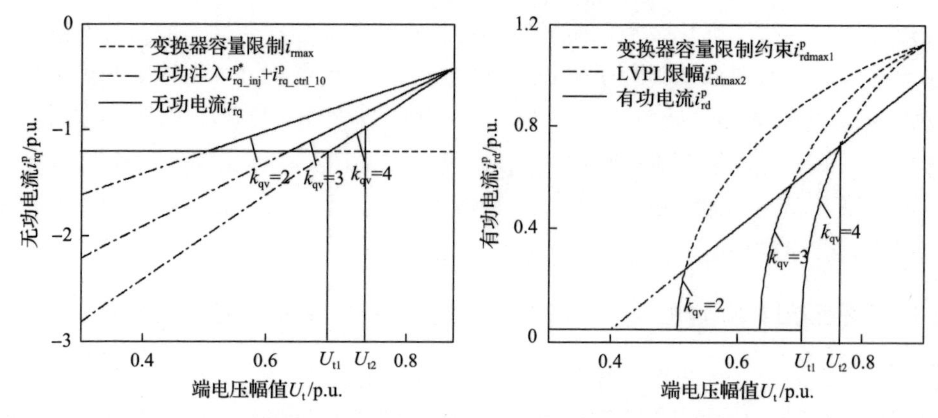

图 8-14 不同无功电流注入系数 k_{qv} 下，故障期间双馈风机有功/无功电流 i^{p}_{rdq} 与端电压幅值 U_t 的关系

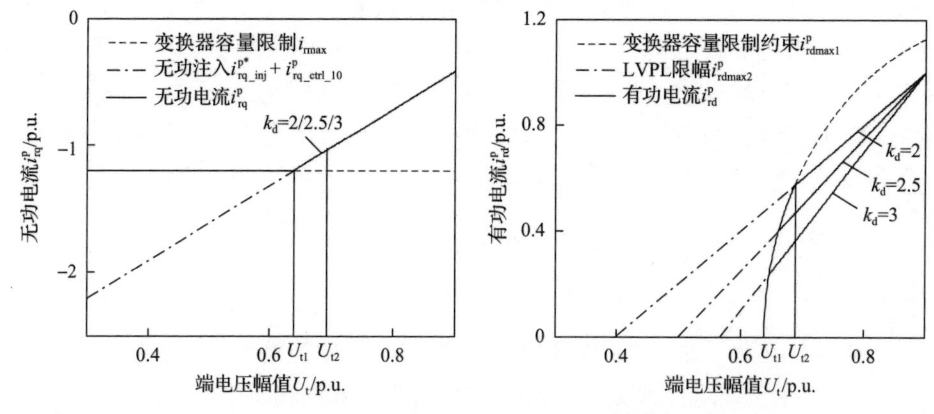

图 8-15 不同 LVPL 限幅曲线斜率 k_d 下，故障期间双馈风机有功/无功电流 i^{p}_{rdq} 与端电压幅值 U_t 的关系

根据有功电流和无功电流的主导暂态控制环节不同，即图 8-14、图 8-15 中实线出现拐点，可以将端电压幅值 U_t 跌落程度以 U_{t1}、U_{t2} 分为三种情况(图 8-14、图 8-15 中分别以 k_{qv}=4 和 k_d=2 为例进行标注)。区域 1：$U_{t2}<U_t<U_{tdip}$(切换阈值)时，无功电流 i^{p}_{rq}(绝对值，下同)由无功比例注入环节主导且随端电压的减小而增大，有功电流 i^{p}_{rd} 由 LVPL 限幅环节主导且随端电压的减小而减小，变换器仍有余量。区域 2：$U_{t1}<U_t<U_{t2}$ 时，无功电流 i^{p}_{rq} 仍由无功比例注入环节主导，但有功电流 i^{p}_{rd} 受无功电流和最大容量限制，随端电压的减小而减小。区域 3：$U_t<U_{t1}$，无功电流 i^{p}_{rq} 达到变换器最大容量，不再随端电压的降低而变化，有功电流 i^{p}_{rd} 为 0。从图 8-14 可知，随无功电流注入系数 k_{qv} 增大，临界值 U_{t1} 和 U_{t2} 均增大。区域 1 内，无功电流增大，有功电流不变；区域 2 内无功电流增大，有功电流减小；区域 3 内有功电流和无功电流保持不变。从图 8-15 可知，随 LVPL 限幅曲线斜率 k_d

增大，临界值 U_{t1} 不变、U_{t2} 减小，只有区域 1 内有功功率随 k_d 的增大而增大。

将风机电流的函数 $F_{ird}(U_t, k_d, k_{qv})$ 和 $F_{irq}(U_t, k_{qv})$、内电势幅值/相位转换函数和故障期间网络方程联立，可以得到故障期间的系统方程。此时，系统方程由代数关系构成。也就是说，故障期间除转速外各变量(如输出有功/无功功率、内电势幅值/相位)均会保持为确定常数，无机电时间尺度动态过程。转子转速虽有动态过程，但由于输出有功功率恒定，施加在转子上的不平衡有功功率恒定。

不同无功电流注入系数 k_{qv} 和 LVPL 限幅曲线斜率 k_d 下，故障接地阻抗 X_f 与有功功率 P、无功功率 Q、内电势幅值 E/相位 δ_e 的关系分别如图 8-16 和图 8-17 所示。对应于分段函数 F_{ird} 和 F_{irq} 的特性，可以将故障期间的行为以 X_{f_turn1} 和 X_{f_turn2} 为界分为三段。区域 1($X_f > X_{f\_turn2}$)：随故障程度增加(X_f减小)，有功电流减小、无功电流增大，输出有功功率减小、无功功率增大。区域 2($X_{f\_turn1} < X_f < X_{f\_turn2}$)：随故障程度增加，无功电流增大至最大值、有功电流受变换器容量限制约束减小至 0，因无功电流输出不足以支撑端电压减小，所以输出无功功率略降、有功功

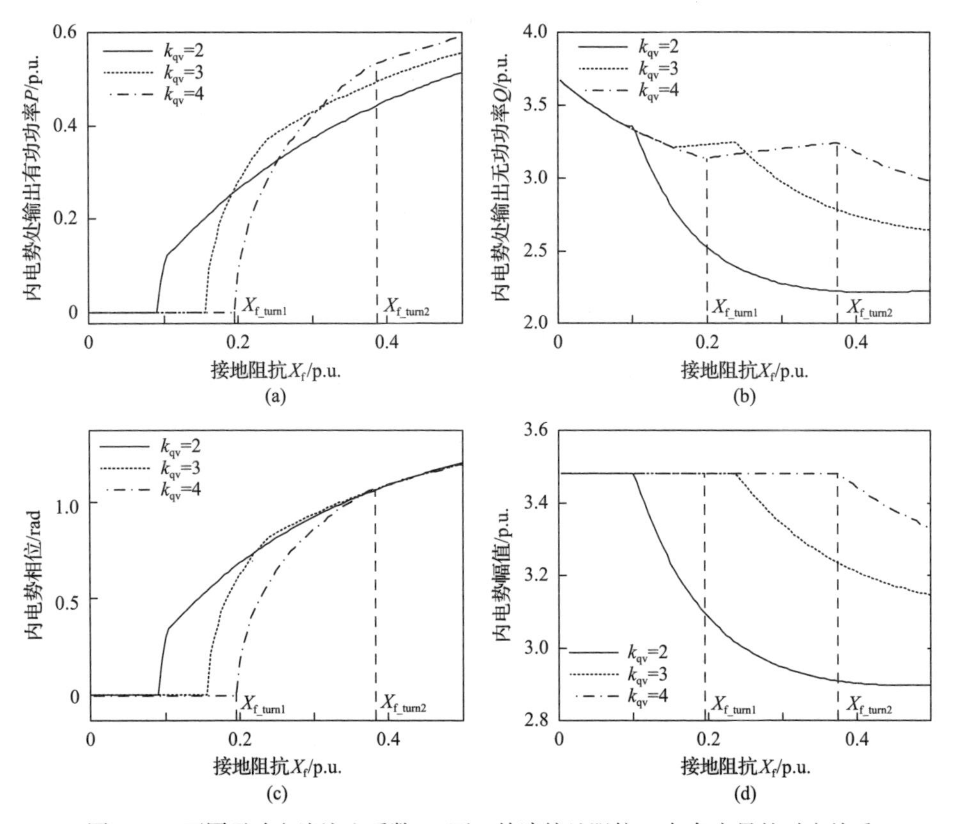

图 8-16　不同无功电流注入系数 k_{qv} 下，故障接地阻抗 X_f 与各变量的对应关系

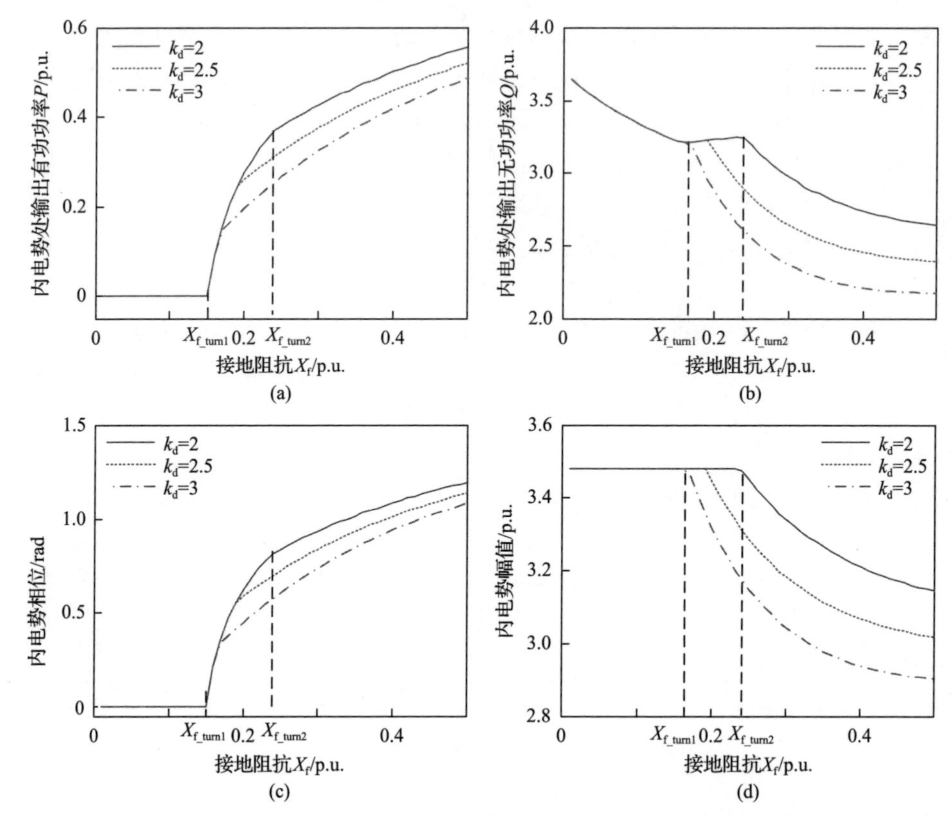

图 8-17　不同 LVPL 限幅曲线斜率 k_d 下，故障接地阻抗 X_f 与各变量的对应关系

率减小至 0，内电势相位减小至 0、内电势幅值保持最大值不变。区域 3(X_f<X_{f_turn1})：有功电流和无功电流不受控制参数影响，为定值。输出有功功率为 0、输出无功功率因无功功率损耗 Q_{loss} 的增大而增大，内电势幅值为最大值、相位为 0 不变。

从图 8-16 看出，随 k_{qv} 增大，区域 1 内无功电流增大、有功电流不变，风机对端电压的支撑能力增强，此时有功功率、无功功率和内电势幅值与 k_{qv} 呈正相关，内电势相位与 k_{qv} 变化弱相关；区域 2 内无功电流增大、有功电流减小，综合作用下有功功率、无功功率和内电势相位与 k_{qv} 呈负相关，内电势幅值不变。从图 8-17 看出，k_d 只在区域 1 有影响，即随 k_d 增大，有功电流减小而无功电流不变，在风机内部耦合作用下，内电势幅值和相位均与 k_d 呈负相关，有功功率和无功功率输出能力与 k_d 也呈负相关。

2) 故障恢复初期

故障恢复初期的持续时间和暂态行为是决定故障恢复后期系统初始点的两个

重要因素。由图 8-6 所示模型可知，故障恢复初期风机暂态特性由无功支路常规控制和有功电流爬坡系数 k_{ramp} 决定。其与网络传输方程共同决定了此阶段系统的暂态行为。故障恢复初期持续时间 t_{ramp} 由有功/无功支路常规控制输出值和有功电流爬坡系数 k_{ramp} 共同决定。

(1) 暂态行为及主导因素。在表 8-1、表 8-2 基础参数配置下，故障工况为接地阻抗 X_f=0.25p.u.、故障时间 t_{cl}=0.53s，所得不同爬坡系数 k_{ramp} 下的系统暂态行为如图 8-18 所示。

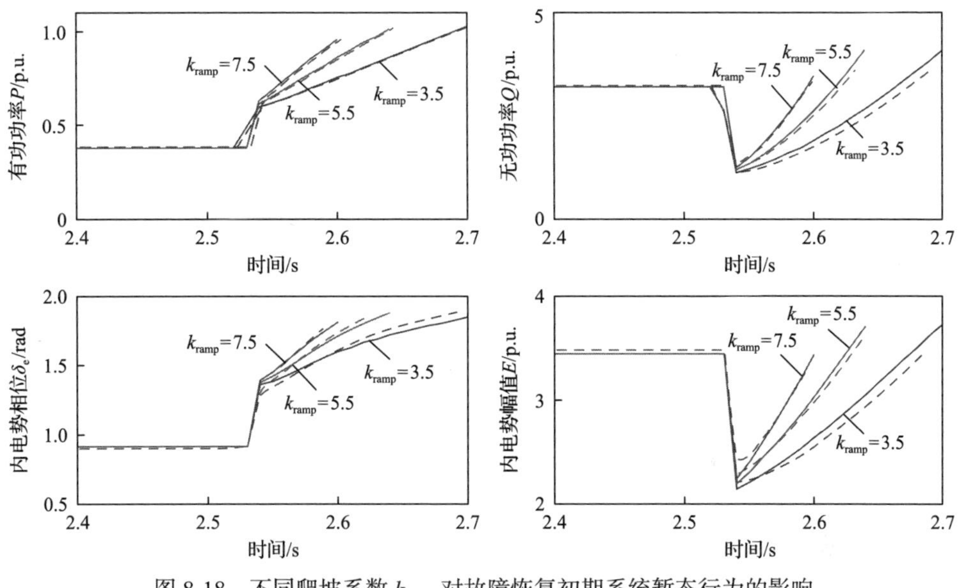

图 8-18　不同爬坡系数 k_{ramp} 对故障恢复初期系统暂态行为的影响

有功支路控制方式：Dflag=1 (实线)；Dflag=3 (虚线)

从图 8-18 看出，故障恢复初期系统暂态行为受爬坡系数 k_{ramp} 影响较大。爬坡系数 k_{ramp} 决定有功电流 i_{rd}^{p} 的动态，进而影响内电势幅值和相位动态，造成系统暂态行为差异。随 k_{ramp} 增大，风机内电势幅值和相位恢复速率加快，对外输出有功功率、无功功率的能力增强。

(2) 持续时间 t_{ramp} 的主导因素及规律。从图 8-18 看出，不同爬坡系数 k_{ramp} 改变了有功电流 i_{rd}^{p} 的恢复速率，从而显著改变 t_{ramp}，且 k_{ramp} 越大 t_{ramp} 越小。因不同有功支路常规控制下 $i_{rd\_ctrl}^{p}$ 动态差异较小，所以对 t_{ramp} 影响较小。进一步，在表 8-4 的方案设计下，通过数值仿真分析爬坡系数 k_{ramp}、有功支路控制策略及参数变化对故障恢复初期持续时间 t_{ramp} 的影响规律，如图 8-19 所示。总体来看，爬坡系数 k_{ramp} 对持续时间 t_{ramp} 的影响最大，不同有功支路控制策略及参数对 t_{ramp} 影响较小，且集中在 $1/k_d$ 附近。

表 8-4　不同控制参数对单机无穷大系统故障恢复初期持续时间影响参数设置方案

影响因素	1	2	3	4
不同爬坡系数 k_{ramp}	k_{ramp}=1.5	k_{ramp}=3.5	k_{ramp}=5.5	k_{ramp}=7.5
Dflag=1 不同转速控制器参数 $(k_{p\omega},k_{i\omega})=(3n_\omega,20n_\omega^2)$	n_ω=0.5	n_ω=0.75	n_ω=1	n_ω=1.25
Dflag=3 不同惯量控制时间常数 T_f	T_f=1.5	T_f=3.5	T_f=5.5	T_f=7.5
Dflag=3 不同惯量控制比例系数 K_f	K_f=0 (Dflag=2)	K_f=5	K_f=10	K_f=15

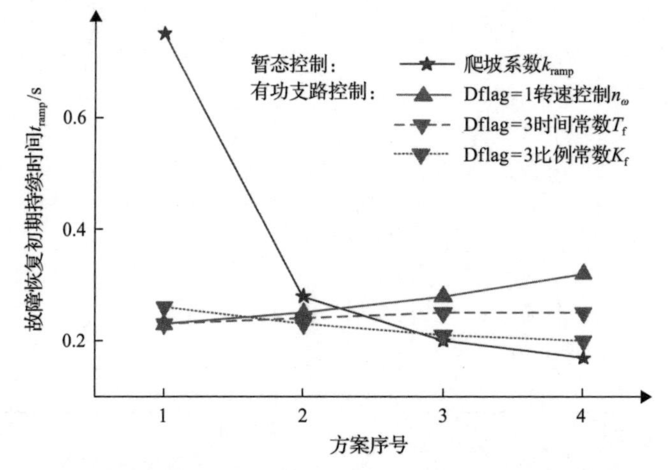

图 8-19　各控制器参数变化下单机无穷大系统故障恢复初期持续时间

综上，故障恢复初期系统暂态行为及持续时间 t_{ramp} 均受爬坡系数 k_{ramp} 主导影响，受有功/无功支路常规控制策略影响较小。

2. 暂态控制参数对故障恢复后期系统暂态稳定性的影响规律

因为故障恢复后期系统是复杂非线性系统，而复杂非线性系统的暂态行为及稳定性与初始条件密切相关[8]，这意味着，即使在相同系统结构及相同属性故障(故障程度/故障持续时间)下，暂态控制参数变化也会通过改变故障期间的行为，从而影响故障恢复后期系统稳定性。

由前述分析可知，单机无穷大系统深度故障期间暂态行为受风机暂态控制下无功电流注入系数 k_{qv} 主导影响，故障恢复初期暂态行为及持续时间受爬坡系数 k_{ramp} 主导影响。所以重点分析 k_{qv} 和 k_{ramp} 对系统暂态稳定性的影响。因不同有功支路控制下影响规律基本相同，以下以 Dflag=1 为例展开。参数配置如表 8-1 所示，故障工况为接地阻抗 X_f=0.25p.u.，故障时间 t_{cl}=0.53s。

1) 无功电流注入系数

有功支路常规控制 Dflag=1 时，不同无功电流注入系数 k_{qv} 时深度故障下单机无穷大系统各变量时域响应如图 8-20 所示。可以看出，随 k_{qv} 增大，风机内电势相位一摆最大值先减小后增大，故障恢复后期系统由失稳变为稳定后又失稳，暂态稳定性先变强后变弱。从能量角度理解，这是因为：随着无功电流注入系数 k_{qv} 增大，故障期间风机有功/无功电流依次由不同的控制和限幅环节决定，输出有功功率先增大后减小，导致累积在风机转子上的能量先减小后增大；故障恢复初期，有功电流受爬坡速率限制，对外输出有功功率受限，但有功电流初始值随 k_{qv} 的增大而先增大后减小，相应地有功功率输出能力先变强后变弱且持续时间 t_{ramp} 先减小后增大，两者共同导致故障恢复初期风机转子累积的能量先减小后增大。系统在暂态过程期间累积的能量越大，恢复后期系统的暂态稳定性越低。

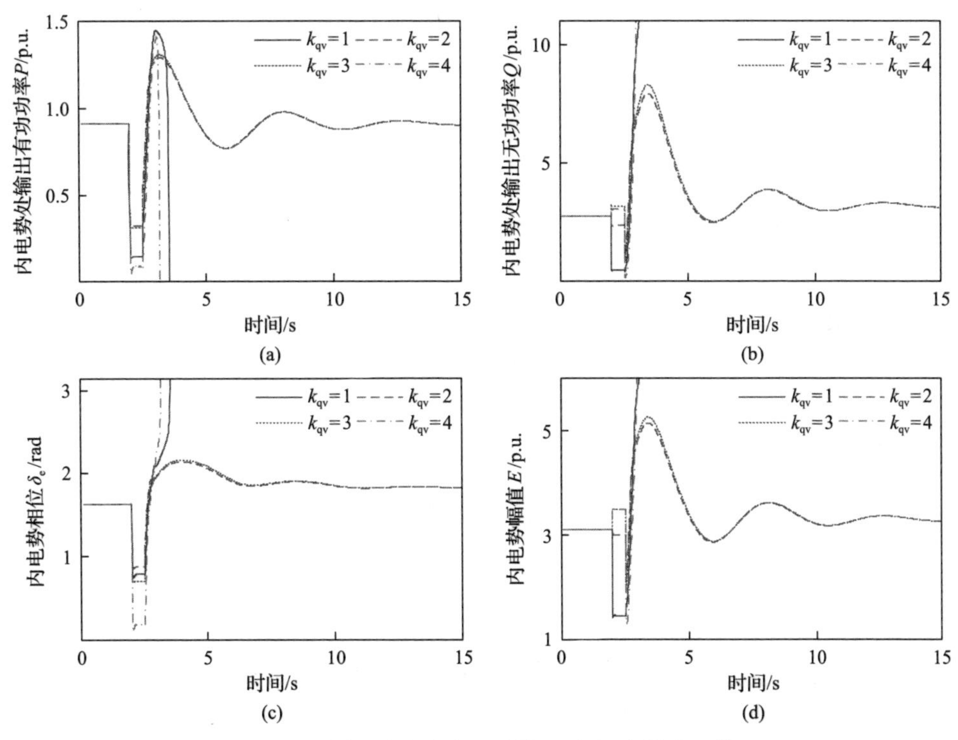

图 8-20　不同无功电流注入系数 k_{qv} 的深度故障下单机无穷大系统各变量时域响应(Dflag=1)

2) 爬坡系数

爬坡系数 k_{ramp} 是故障恢复初期系统暂态行为的主导因素。故障恢复初期，各状态量初始值相同，不同 k_{ramp} 改变此阶段暂态行为以及持续时间 t_{ramp}，从而影响故障恢复后期各状态变量的初始状态。

以有功支路常规控制 Dflag=1 为例，不同爬坡系数 k_{ramp} 的深度故障下单机无穷大系统各变量时域响应如图 8-21 所示。可以看出，爬坡系数 k_{ramp} 越大，故障恢复后期系统初始状态越接近稳态值，相位初始值和相位一摆最大值均越小，故障恢复后期系统由不稳定到稳定，暂态稳定性逐渐增强。从能量角度理解，这是因为：爬坡系数 k_{ramp} 越大，故障恢复初期风机有功电流恢复速率越快，对外输出有功功率的能力越强，则作用在转子上的不平衡功率越小、作用时间越短，使得转子上积累的动能越小，恢复后期系统的暂态稳定性越高。

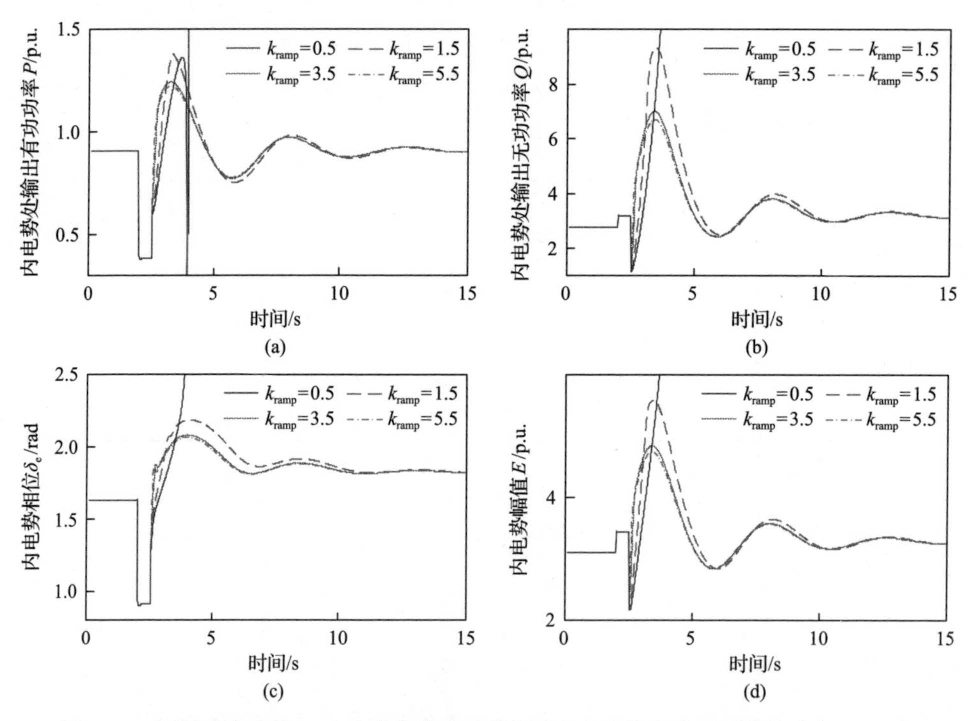

图 8-21　不同爬坡系数 k_{ramp} 的深度故障下单机无穷大系统各变量时域响应(Dflag=1)

针对上述结果，需补充说明三点。

(1)因全功率风机与双馈风机的机电时间尺度内电势幅值和相位形成方式相似，即均是由锁相坐标系中 dq 分量经直角坐标-极坐标变换得到内电势幅值 E 与锁相坐标系中的相位 $\delta_{\mathrm{e}}^{\mathrm{p}}$，再由 $\delta_{\mathrm{e}}^{\mathrm{p}}$ 与锁相相位 δ_{p} 共同构成内电势相位 δ_{e}，所以，全功率风机内电势幅值和相位之间也存在相同的耦合关系和额外的相位约束 $\delta_{\mathrm{e\text{-}lim2}}$，上述所得功率传输特性及新的失稳机理同样适用于含全功率风机的单机无穷大系统。

(2)因全功率风机与双馈风机在深度故障下的控制切换逻辑相似，即在故障期间和故障恢复初期切换，故障恢复后期为常规控制策略，所以，深度故障下双馈风机并网电力系统分析思路同样适用于全功率风机并网电力系统。

(3) 全功率风机和双馈风机的风力机工作原理相同，差异仅在机械功率转换为电功率的方式，所以输入功率的影响规律相似。

8.4　锁相同步风电-同步机互联系统机电时间尺度暂态稳定性

本节以简化的风电-同步机互联系统为例，具体分析锁相同步风电主导的电力系统机电暂态行为。考虑到双馈风机和全功率风机在机电时间尺度控制策略上具有相通性，以更具一般性的双馈风机为例展开分析。

8.4.1　锁相同步风电-同步机互联系统暂态稳定机理

1. 分析场景及系统模型

锁相同步双馈风机-同步机两机系统分析场景如图 8-22 所示，故障工况设置与 8.3 节相同。

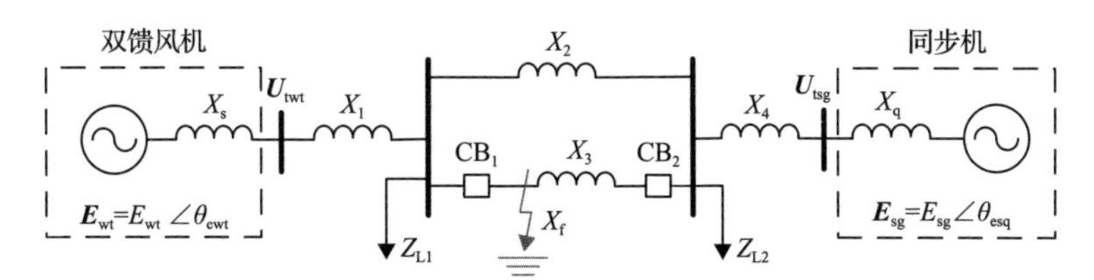

图 8-22　锁相同步双馈风机-同步机两机系统图

根据图 8-22 电路关系将双馈风机端电压矢量表示为

$$\boldsymbol{U}_{\text{twt}}=\boldsymbol{E}_{\text{wt}}-\text{j}X_{\text{s}}\boldsymbol{I}_{\text{wt}}=\boldsymbol{K}_1\boldsymbol{E}_{\text{wt}}+\boldsymbol{K}_2\boldsymbol{E}_{\text{sg}} \tag{8-14}$$

式中，下标 wt、sg 分别表示双馈风机和同步机变量(下同)；系数 $\boldsymbol{K}_1=k_1\angle\varphi_1$，$\boldsymbol{K}_2=k_2\angle\varphi_2$。因未计电路电阻，$\varphi_1=\varphi_2=0°$。$k_1$、$k_2$ 满足如下等式：

$$k_1=\frac{X_1}{(X_{\text{s}}+X_1)+(X_2/2+X_4)\parallel X_{\text{f}}} \tag{8-15}$$

$$k_2=\frac{X_2}{(X_{\text{s}}+X_1)\parallel X_{\text{f}}+(X_2/2+X_4)} \tag{8-16}$$

将式(8-14)写成极坐标形式：

$$U_{\text{twt}}\angle(\theta_{\text{twt}}-\theta_{\text{ewt}})=k_1E_{\text{wt}}\angle\varphi_1+k_2E_{\text{sg}}\angle(\theta_{\text{esg}}-\theta_{\text{ewt}}+\varphi_2) \tag{8-17}$$

结合$\theta_{\text{pwt}} \approx \theta_{\text{twt}}$，并对极坐标形式进行变换：

$$k_1 E_{\text{wt}} \sin(\theta_{\text{ewt}}^{\text{p}} + \varphi_1) = -k_2 E_{\text{sg}} \sin(\theta_{\text{ewt}}^{\text{p}} - \theta_{\text{ewt}} + \theta_{\text{esg}} + \varphi_2) \tag{8-18}$$

将式(8-3)代入式(8-18)，求得锁相同步双馈风机锁相相位θ_{pwt}和内电势相对相位$\delta_{\text{wt-sg}}$的表达式：

$$\begin{aligned}\theta_{\text{pwt}} &= \arcsin\left(\frac{k_1 E_{\text{qwt}}^{\text{p}}}{k_2 E_{\text{sg}}}\cos\varphi_1 + \frac{k_1 E_{\text{dwt}}^{\text{p}}}{k_2 E_{\text{sg}}}\sin\varphi_1\right) + \varphi_2 + \theta_{\text{sg}} \\ &= f_6(E_{\text{dwt}}^{\text{p}}, E_{\text{qwt}}^{\text{p}}, E_{\text{sg}}, \theta_{\text{sg}})\end{aligned} \tag{8-19}$$

$$\begin{aligned}\delta_{\text{wt-sg}} &= \theta_{\text{pwt}} + \theta_{\text{ewt}}^{\text{p}} - \theta_{\text{sg}} = \arcsin\left(\frac{k_1 E_{\text{qwt}}^{\text{p}}}{k_2 E_{\text{sg}}}\cos\varphi_1 + \frac{k_1 E_{\text{dwt}}^{\text{p}}}{k_2 E_{\text{sg}}}\sin\varphi_1\right) + f_2(E_{\text{dwt}}^{\text{p}}, E_{\text{qwt}}^{\text{p}}) + \varphi_2 \\ &= f_\delta(E_{\text{dwt}}^{\text{p}}, E_{\text{qwt}}^{\text{p}}, E_{\text{sg}})\end{aligned} \tag{8-20}$$

由式(8-19)和式(8-20)可知，风机锁相相位和内电势相对相位均由同步机内电势幅值E_{sg}、风机内电势 dq 轴分量$E_{\text{dqwt}}^{\text{p}}$所构成的代数关系决定。风机和同步机内电势处输出功率可通过网络功率传输方程得到，分别表示为

$$\boldsymbol{S}_{\text{wt}} = \boldsymbol{E}_{\text{wt}} \boldsymbol{I}_{\text{wt}}^* = \frac{E_{\text{wt}}^2}{Z_{11}} \angle \alpha_{11} - \frac{E_{\text{wt}} E_{\text{sg}}}{Z_{12}} \angle (\delta_{\text{wt-sg}} + \alpha_{12}) \tag{8-21}$$

$$\boldsymbol{S}_{\text{sg}} = \boldsymbol{E}_{\text{sg}} \boldsymbol{I}_{\text{sg}}^* = \frac{E_{\text{sg}}^2}{Z_{22}} \angle \alpha_{22} - \frac{E_{\text{wt}} E_{\text{sg}}}{Z_{21}} \angle (-\delta_{\text{wt-sg}} + \alpha_{21}) \tag{8-22}$$

式中，$\boldsymbol{S}$ 为风机及同步机内电势处输出的视在功率，$\boldsymbol{S}=P+\text{j}Q$；$Z_{11}$、$Z_{22}$ 分别为风机及同步机内电势处的自阻抗，相角分别为α_{11}、α_{22}；Z_{12}、Z_{21} 为风机与同步机间的转移阻抗，相角分别为α_{12}和α_{21}。

采用不同有功支路控制下双馈风机“激励-响应”关系模型和考虑三绕组的同步机“激励-响应”关系模型，并结合式(8-19)～式(8-22)，得到故障恢复后期两机系统的闭环框图，如图 8-23 所示。

图 8-23 同步机“激励-响应”关系模型中，X_{ad}为 d 轴电枢反应电抗，R_{f}为励磁绕组电阻，T'_{d0}为同步机定子开路励磁绕组时间常数，X_{dq}为 dq 轴同步电抗，X'_{d}为 d 轴暂态电抗。f_{sg1}为输出有功功率、无功功率与端电压的非线性表达式、f_{sg2}为无功功率与 d 轴定子电流的非线性关系(详细推导过程见文献[9]附录 B)。

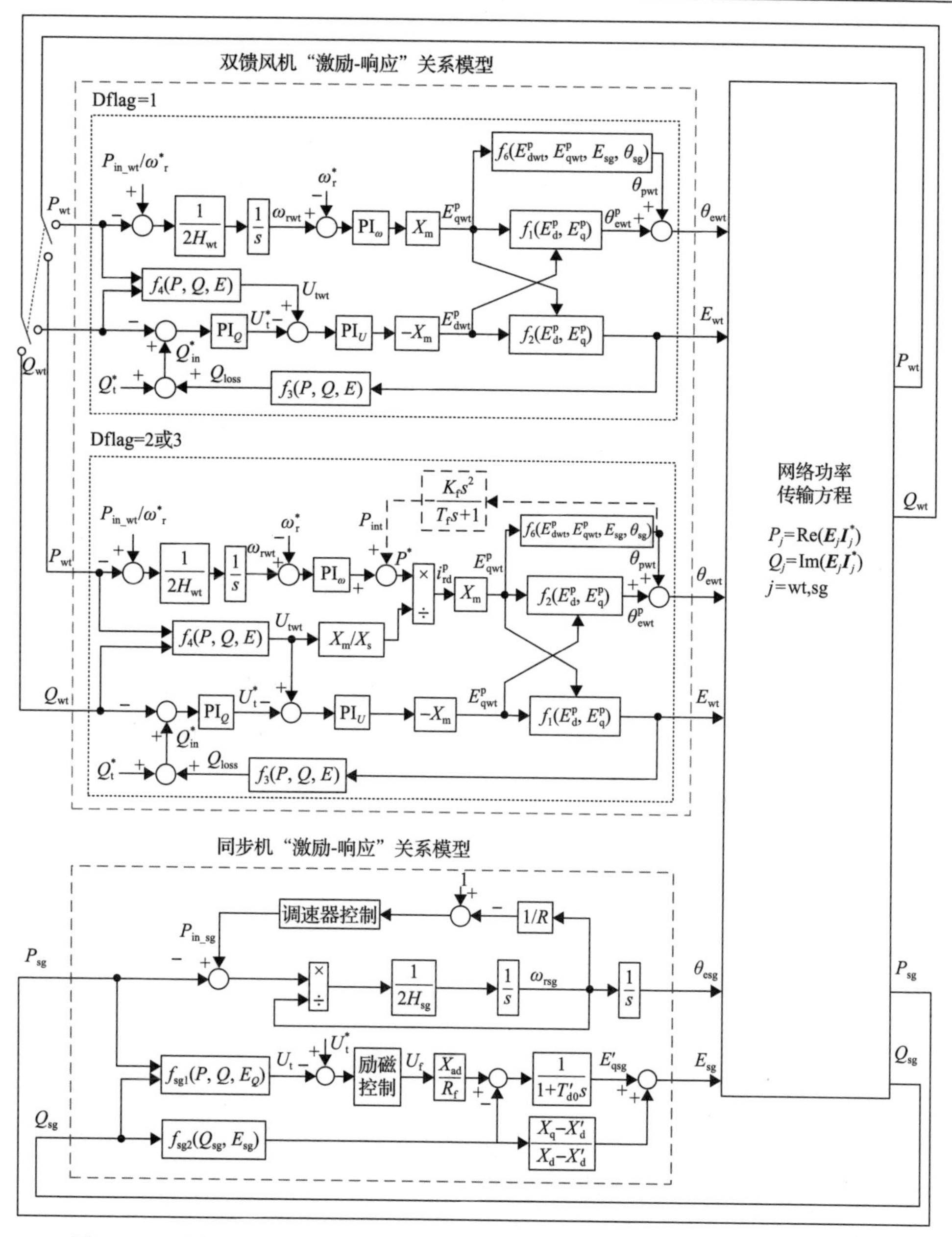

图 8-23　不同风机有功支路控制策略下，锁相同步双馈风机-同步机两机系统模型

Q^*_{in} 为内电势处输入无功功率

2. 网络功率传输特性

首先，因风机极坐标变换，其内电势的幅值和相位动态耦合。由式(8-20)可

知，$E_{\mathrm{qwt}}^{\mathrm{p}}$ 可表示为关于 $E_{\mathrm{dwt}}^{\mathrm{p}}$、$E_{\mathrm{sg}}$、$\delta_{\mathrm{wt\text{-}sg}}$ 的函数 $f_{\delta}^{-1}(E_{\mathrm{dwt}}^{\mathrm{p}},E_{\mathrm{sg}},\delta_{\mathrm{wt\text{-}sg}})$，其中 f_{δ}^{-1} 为 f_{δ} 的反函数。将其代入式(8-1)，可得到幅值 E_{wt} 与相位 $\delta_{\mathrm{wt\text{-}sg}}$ 之间的一般关系为

$$E_{\mathrm{wt}}=f_{1}(E_{\mathrm{dwt}}^{\mathrm{p}},f_{\delta}^{-1}(E_{\mathrm{dwt}}^{\mathrm{p}},E_{\mathrm{sg}},\delta_{\mathrm{wt\text{-}sg}}))=g_{\mathrm{E}}(E_{\mathrm{dwt}}^{\mathrm{p}},E_{\mathrm{sg}},\delta_{\mathrm{wt\text{-}sg}}) \tag{8-23}$$

将风机幅值与相位耦合关系式(8-23)代入网络功率传输方程式(8-21)、式(8-22)后，可得到两机系统的功率传输特性曲线(图 8-24)。其中，细线表示故障前，粗线表示故障后，实线表示锁相支路有静态工作点，虚线表示锁相支路无静态工作点。可见，锁相同步双馈风机-同步机两机系统中两机功率传输特性相较于传统两机系统中的功率传输特性明显发生形变[1,2]。实际上，此两机系统与传统两机系统的功率关系均满足式(8-21)、式(8-22)。但因风机自身幅值-相位耦合特性，所以风机的内电势幅值随相位按特定规律变化，而非恒定值。所以，两机运行点会沿着传统系统中不同内电势幅值下的正弦功率传输特性曲线簇变化，从而形成了新的功率传输特性曲线。

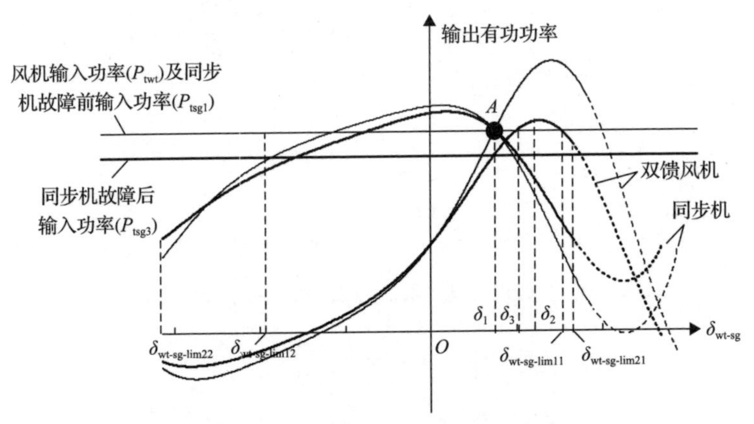

图 8-24　两机系统的功率传输特性曲线

3. 两机系统暂态稳定机理分析

假设两机出力相等，故障前输入功率相同，系统稳态工作点位于两曲线交点 A 处，内电势相对相位为 δ_1。故障期间，两机输出有功功率均小于输入功率，故障期间相对相位末状态 δ_2 取决于两机内电势相位相对增长速率。故障恢复后期稳态时，风机输入功率 P_{twt} 不变，同步机输入功率 P_{tsg1} 在调速器作用下减小至 P_{tsg3}，系统有功功率达到新的平衡，内电势相对相位稳态值增大至 δ_3。两机内电势相对相位 $\delta_{\mathrm{wt\text{-}sg}}$ 由故障后初始点 δ_2 运行至故障后稳态点 δ_3 的暂态过程由风机和同步机暂态特性共同决定。

首先，因同步机调速器调节过程较慢，故障恢复后期两机不平衡有功功率仍

较大，随着相对相位增加，风机输出有功功率先增大后减小，而同步机输出有功功率则一直减小。同步机受不平衡功率 P_{usg} 作用而使内电势绝对相位 θ_{esg} 增大，风机在不平衡功率 P_{uwt} 作用下机械转子先减速后加速，内电势绝对相位 θ_{ewt} 的变化规律由自身暂态特性决定。从图 8-24 中看出，当相对相位 $\delta_{wt\text{-}sg}$ 超过某一个约束值 $\delta_{wt\text{-}sg\text{-}lim11}$ 时，风机和同步机的不平衡有功功率均随着相对相位的增大而增大，且风机绝对相位 θ_{ewt} 的增大速率大于同步机绝对相位 θ_{esg} 的增大速率，则两机相对相位 $\delta_{wt\text{-}sg}$ 不断增大，失去同步。同理，当 $\delta_{wt\text{-}sg}$ 小于某一个约束值 $\delta_{wt\text{-}sg\text{-}lim12}$ 时，θ_{ewt} 的减小速率小于 θ_{esg} 的减小速率，则两机相对相位 $\delta_{wt\text{-}sg}$ 也可能反向不断增大至失去同步。通过上述暂态过程的物理认识并结合 8.3.1 节单机系统下风机失稳机理的分析可知，锁相同步双馈风机-同步机两机系统也会存在与传统同步机两机系统类似的相对相位约束及因恢复能力不足导致的失稳机理，该约束与风机有功支路控制方式密切相关。根据上述分析，这类相位约束存在正值 $\delta_{wt\text{-}sg\text{-}lim11}$ 和负值相对相位约束 $\delta_{wt\text{-}sg\text{-}lim12}$，分别满足条件：

$$\delta_{wt\text{-}sg\text{-}lim11} = \min\left\{\frac{d\theta_{ewt}}{dP_{uwt}} > \frac{d\theta_{esg}}{dP_{usg}}, \frac{dP_{wt}}{d\delta_{wt\text{-}sg}} < 0, \frac{dP_{sg}}{d\delta_{wt\text{-}sg}} < 0\right\} \tag{8-24}$$

$$\delta_{wt\text{-}sg\text{-}lim12} = \max\left\{\frac{d\theta_{ewt}}{dP_{uwt}} < \frac{d\theta_{esg}}{dP_{usg}}, \frac{dP_{wt}}{d\delta_{wt\text{-}sg}} > 0, \frac{dP_{sg}}{d\delta_{wt\text{-}sg}} > 0\right\} \tag{8-25}$$

其次，从图 8-23 中看出，不同控制方式下，风机内部均存在由极坐标变换、网络方程通过锁相支路引入的两个非线性环节。对于 Dflag=2 和 3，还存在由功率控制引入的非线性代数支路。风机内部的非线性代数环节与网络非线性代数环节将共同形成新的非线性相位约束 $\delta_{wt\text{-}sg\text{-}lim21}$、$\delta_{wt\text{-}sg\text{-}lim22}$。

此处以 Dflag=1 为例，分析锁相机制下风机内部非线性环节带来的相位约束解析表达式。Dflag=1 时，风机内部非线性约束仅由锁相相位非线性环节[式(8-20)]决定。从数学角度看，为使该非线性环节成立，风机锁相坐标系下内电势 dq 轴分量 E_{dwt}^{p}、E_{qwt}^{p} 和同步机内电势 E_{sg} 需要满足约束关系：

$$|E_{qwt}^{p}(t) + \tan\varphi_1 E_{dwt}^{p}(t)| \leqslant \frac{k_2}{k_1 \cos\varphi_1} E_{sg}(t) \tag{8-26}$$

将式(8-26)与式(8-20)合并，求得风机锁相坐标系下内电势 q 轴分量 E_{q}^{p} 最大值 θ_{ewt1} 和最小值 θ_{ewt2} 所对应的风机内电势相位，从而得到锁相同步双馈风机-同步机两机系统的另外两个相对相位约束 $\delta_{wt\text{-}sg\text{-}lim21}$ 和 $\delta_{wt\text{-}sg\text{-}lim22}$：

$$\delta_{\text{wt-sg-lim21}}(t)=\frac{\pi}{2}+\varphi_2+\arctan\left(\frac{\dfrac{k_2}{k_1\cos\varphi_1}E_{\text{sg}}(t)-\tan\varphi_1 E_{\text{dwt}}^{\text{p}}(t)}{E_{\text{dwt}}^{\text{p}}(t)}\right) \tag{8-27}$$

$$\delta_{\text{wt-sg-lim22}}(t)=\frac{\pi}{2}+\varphi_2-\arctan\left(\frac{\dfrac{k_2}{k_1\cos\varphi_1}E_{\text{sg}}(t)+\tan\varphi_1 E_{\text{dwt}}^{\text{p}}(t)}{E_{\text{dwt}}^{\text{p}}(t)}\right) \tag{8-28}$$

如 8.3.1 节所述，该值是由风机自身非线性特性及锁相同步机制所带来的，对应于风机在两机系统中的锁相静态工作点最大值，也会存在因风机锁相不存在静态工作点而引发的失稳机理。

综上，锁相同步双馈风机-同步机两机系统存在最大和最小暂态稳定边界 $\delta_{\text{wt-sg-u1}}$、$\delta_{\text{wt-sg-u2}}$，由四个相位约束共同确定，即

$$\delta_{\text{wt-sg-u1}}(t)=\min\left\{\delta_{\text{wt-sg-lim11}}(t),\delta_{\text{wt-sg-lim21}}(t)\right\} \tag{8-29}$$

$$\delta_{\text{wt-sg-u2}}(t)=\max\left\{\delta_{\text{wt-sg-lim12}}(t),\delta_{\text{wt-sg-lim22}}(t)\right\} \tag{8-30}$$

式中，$\delta_{\text{wt-sg-lim11}}$ 和 $\delta_{\text{wt-sg-lim12}}$ 在风机有功支路控制方式 Dflag=1 时有效。因风机内电势相位可能超前或滞后于同步机内电势相位，当 $\delta_{\text{wt-sg}}$ 大于 0 且越过最大值 $\delta_{\text{wt-sg-u1}}$ 或相对相位 $\delta_{\text{wt-sg}}$ 小于 0 且越过最小值 $\delta_{\text{wt-sg-u2}}$ 时，两机系统均可能失去暂态稳定。

8.4.2 浅度故障下互联系统机电时间尺度暂态稳定性

在表 8-1 典型参数基础上，设置系统参数如表 8-5 所示，分析图 8-23 所示的两机系统暂态行为。当系统发生浅度故障时，不同系统参数下风机的暂态稳定行为及失稳行为分别如图 8-25(a) 和 (b) 所示。因为有功支路控制方式对系统机电暂态行为有重要影响，所以不同有功支路控制也是本节的考虑因素之一。

从图 8-25 稳定行为中看出，不同有功支路控制方式下，同步机与锁相同步双馈风机各变量的暂态行为显著变化。

(1) 有功支路控制策略 Dflag=1 时，风机输出有功功率变化一方面直接通过转子运动和有功支路转子转速控制改变锁相坐标系下内电势相位，另一方面通过锁相同步控制支路改变锁相相位，从而经两条路径共同影响风机内电势相位。风机暂态特性参与到同步机内电势变化对自身输出有功功率的影响中，即风机对同步机有相互作用影响，该相互作用受风机转速控制参数 PI_{ω} 影响。在此控制下，风机与同步机输出有功功率和内电势相对相位均存在机电时间尺度动态，该动态与风机转子惯量时间常数、转速控制器参数和同步机转子惯量时间常数均相关。

(2) 有功支路控制策略 Dflag=2 时，风机根据端电压变化即时通过代数环节调节内电势相位，使输出有功功率保持不变。因施加在风机转子上的输入功率与输出功率保持平衡，转子转速不变且转速控制器不动作。也就是说，风机不因电网结构变化而产生机电时间尺度动态，同步机内电势相位变化对自身输出有功功率的影响与风机无关，风机对同步机无相互作用影响。此时，风机输出有功功率和转速无明显动态过程，同步机输出有功功率和内电势相对相位动态均由同步机转子运动方程决定。

表 8-5　锁相同步双馈风机-同步机两机系统参数

电源和系统			符号	变量名	数值
锁相同步双馈风机	有功控制	Dflag = 1	PI_{ω}	转速控制 PI 参数	3/20
		Dflag = 2	PI_{ω}	转速控制 PI 参数	5/0.6、3/0.6
		Dflag = 3	T_f/K_f	惯量控制参数	2/5、4/5
同步机	额定参数		S_{N_sg}/(MV · A)	额定容量	300
			U_{N_sg}/kV	额定电压	10
			f_{N_sg}/Hz	额定频率	50
	电路参数		H_{sg}、D_{sg}	惯性常数、阻尼系数	6.5、0.05
			X_d、X_q/p.u.	dq 轴同步电抗	1.8、1.7
			X_d'/p.u.	d 轴暂态电抗	0.3
	励磁机控制		T_e、K_a	励磁控制参数	0.02、200
	原动机及调速器		T_G、T_{RH}、T_{CH}/s	原动机时间常数	0.2、7、1
			F_{HP}	功率占比系数	0.3
			R	调差系数	0.05
基准参数			S_{base}/(MV · A)	额定容量	300
			U_{base}/kV	额定电压	230
			f_{base}/Hz	额定频率	50
			P_{in_wt}/p.u.	风机输入功率	1
			P_{in_sg}/p.u.	同步机输入功率	1
系统参数	系统 1（稳定）		$X_1 \sim X_4$/p.u.	线路感抗	0.12/0.18/0.18/0.12
			Z_1、Z_2/p.u.	负荷阻抗	1.25+j0.10 0.85+j0.09
	系统 2（失稳）		$X_1 \sim X_4$/p.u.	线路感抗	0.12/0.50/0.50/0.12
			Z_1、Z_2/p.u.	负荷阻抗	1.19 + j0.10 0.84 + j0.09

续表

电源和系统		符号	变量名	数值
故障参数	故障 1（浅度）	X_f/p.u.	接地阻抗	0.8
		t_{cl}/s	故障切除时间	0.65
	故障 2（深度）	X_f/p.u.	接地阻抗	0.25
		t_{cl}/s	故障切除时间	0.4

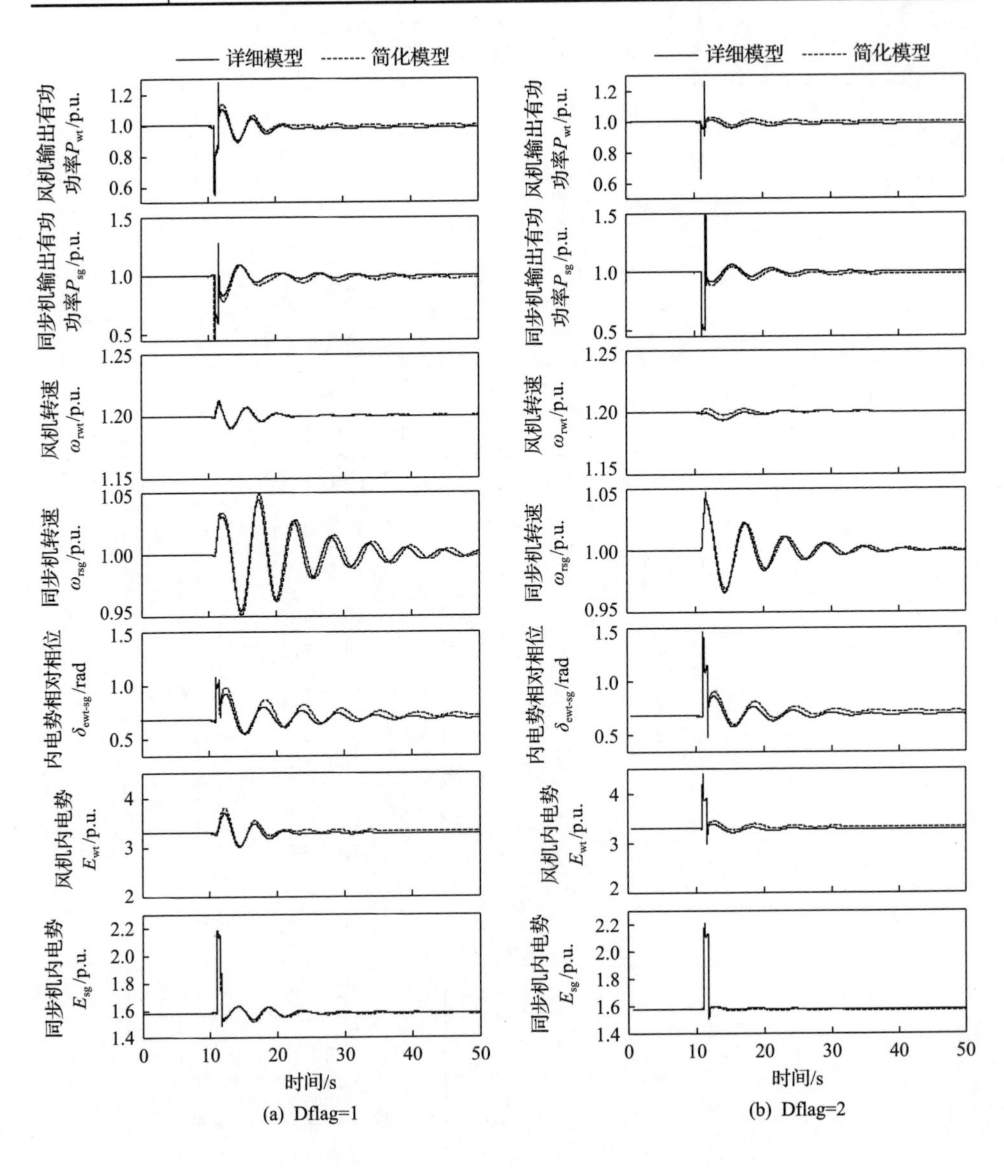

(a) Dflag=1 (b) Dflag=2

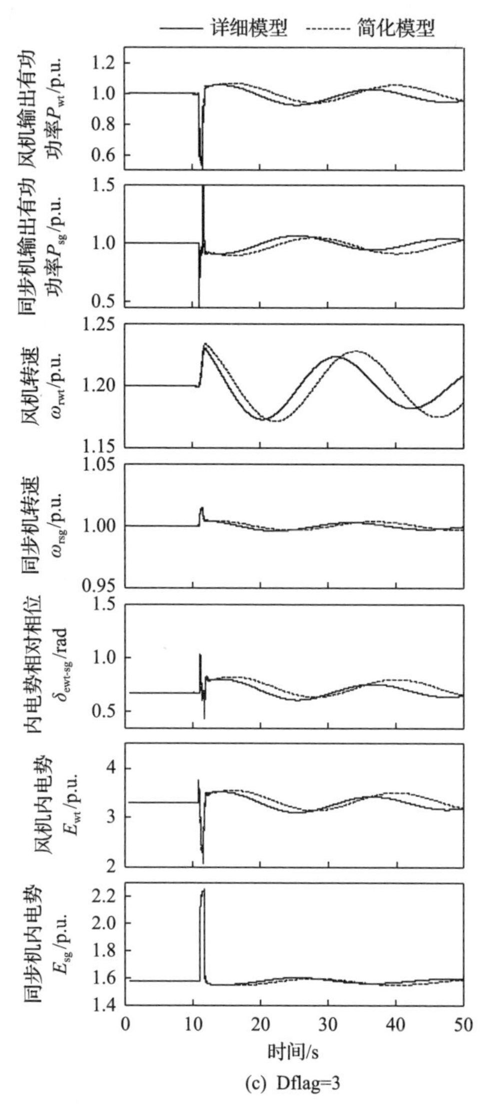

(c) Dflag=3

图 8-25　不同有功支路控制下锁相同步双馈风机-同步机两机系统暂态稳定行为时域响应

(3) 有功支路控制策略 Dflag=3 时，因 df/dt 惯量控制存在，风机端电压相位变化会通过惯量控制改变输出有功功率指令，使输出有功功率和内电势相位产生机电时间尺度动态，进而通过网络影响同步机输出有功功率。所以，采用惯量控制(Dflag=3)时，同步机和风机之间存在相互作用。该相互作用受惯量控制比例系数 K_f 和时间常数 T_f 影响。不同惯量控制参数改变了风机暂态特性，进而改变了风机对同步机的作用，导致两机间的相对相位暂态行为显著变化。

(4) 如 6.2 节所述，风机和同步机自身内电势幅值-相位耦合特性不同。具体而言，风机内电势幅值和相位非独立产生，会因直角坐标-极坐标变换而耦合，但同步机内电势幅值和相位分别由励磁控制和转子运动决定，两者动态相互独立。因此，风机内电势幅值与相位存在相似的动态过程，而同步机幅值则几乎无机电时间尺度动态过程。

从图 8-26 失稳行为中看出，有功支路控制方式不同时，两机系统的暂态失稳过程也不相同。但因不同有功支路控制方式下均受风机锁相同步非线性特征的影响，风机与同步机内电势相对相位越过相位约束后均会出现快速单调发散的现象，图 8-26 以$\delta_{\text{wt-sg}}>0$为例展开说明。

(1) 有功支路控制策略 Dflag=1 时，两机系统相对相位约束由$\delta_{\text{wt-sg-lim11}}$和$\delta_{\text{wt-sg-lim21}}$共同构成。故障恢复后期暂态失稳可分为两个阶段：①当相对相位$\delta_{\text{wt-sg}}$越过$\delta_{\text{wt-sg-lim11}}$时，随相对相位$\delta_{\text{wt-sg}}$增大，两机不平衡有功功率均增大，且同步机内电势绝对相位θ_{esg}小于风机内电势绝对相位θ_{ewt}，随不平衡有功功率增大而增大的速率，两机内电势相对相位$\delta_{\text{wt-sg}}$进一步增大，进而系统失去暂态稳定。此阶段相对相位暂态行为由两机转子运动和风机转子转速控制器主导的慢速单调发散行为。②当相对相位$\delta_{\text{wt-sg}}$越过$\delta_{\text{wt-sg-lim21}}$时，风机锁相支路不存在静态工作点，风机内电势绝对相位θ_{ewt}快速单调发散，而同步机内电势绝对相位θ_{esg}仍在转子运动的作用下慢速增大，进而两机内电势相对相位$\delta_{\text{wt-sg}}$发生由风机锁相动态主导的快速单调发散行为。

(2) 有功支路控制策略 Dflag=2 时，两机系统相对相位约束由$\delta_{\text{wt-sg-lim21}}$构成。风机根据端电压变化即时调节内电势相位，以保持输出有功功率不变。因故障期间端电压较低，风机内电势绝对相位θ_{ewt}突增，使两机内电势相对相位$\delta_{\text{wt-sg}}$越过约束边界$\delta_{\text{wt-sg-lim21}}$，并在故障期间发生由锁相动态主导的快速单调发散行为。

(3) 有功支路控制策略 Dflag=3 时，惯量控制对风机内电势相位一摆失稳的抑制作用显著，$\delta_{\text{wt-sg}}$易在故障恢复后期先因系统阻尼不足而发生由风机惯量控制、转速控制和同步机转子运动主导的慢速振荡发散，而后因越过约束边界$\delta_{\text{wt-sg-lim21}}$而发生由锁相动态主导的快速发散。

(4) 此外，通过虚线所示详细模型波形看出，详细模型也有类似的失稳现象，即先慢时间尺度失稳后快时间尺度失稳过程。简化模型与详细模型在失稳前吻合度较高，在快时间尺度失稳阶段存在差异。其原因在于，快速失稳阶段动态主要由电磁时间尺度控制及磁链/电路动态所决定，简化模型仅考虑了锁相动态，所以造成快时间尺度失稳阶段的误差。

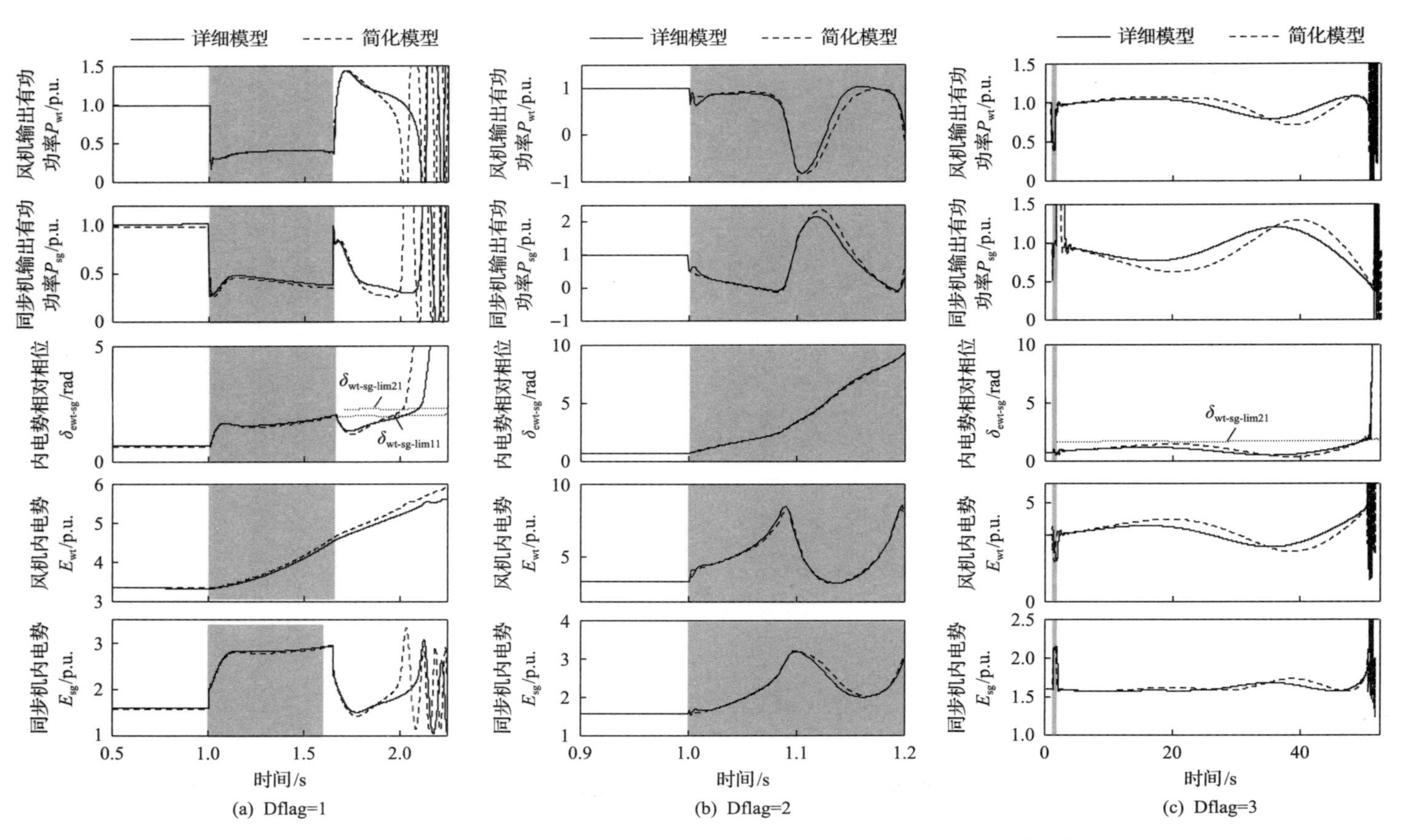

图8-26　不同有功支路控制下的风机-同步机两机系统暂态失稳行为时域响应

8.5 多时间尺度相互作用及其对机电时间尺度暂态稳定性的影响

在前述分析时，重点关注了机电时间尺度控制环节，而对直流电压时间尺度和交流电流时间尺度控制环节进行简化。实际上，由第 2 章分析可知风机暂态响应过程是一个多时间尺度过程，各时间尺度动态会因“机-网”和“机-机”作用而产生相互影响，从而影响自身各时间尺度的暂态行为及稳定性。本节将首要讨论风电并网电力系统跨时间尺度相互作用机制，并通过数值仿真阐述其作用效果。

8.5.1 风电并网电力系统多时间尺度串/并行相互作用

风电并网电力系统暂态过程中功率不平衡通过不同时间尺度、不同形式的能量储存元件及其控制/保护调节内电势的过程具有多时间尺度特征；风机多时间尺度内电势激励下网络的功率响应也具有多时间尺度的特征。风机内任一时间尺度的能量储存元件及其控制器的状态变化一方面会引起本机组内其他时间尺度能量储存元件及其控制器的状态改变，另一方面也会通过本机组的内电势影响其他机组不同时间尺度的电磁功率输入变化，进而影响其他机组内各时间尺度能量储存元件及其控制器的运动状态。风电并网电力系统各风机内部能量储存元件与控制器状态间形成的相互影响按照路径与方式不同，可分为不同时间尺度间的串行相互作用和同一时间尺度内的并行相互作用两种机制。

为了便于说明不同相互作用的含义及效果，以下采用数值仿真与分析模型结合的形式阐述。其中，数值仿真如图 8-27 所示，两个场景分别为：场景 1，双馈风机 1 单独经联络线并入无穷大电网；场景 2，同馈线的双馈风机 1 和双馈风机 2 同时经联络线并入无穷大电网，参数如表 8-6 所示。

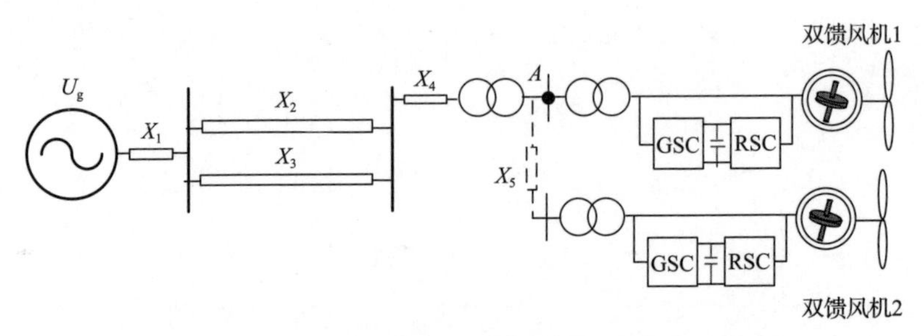

图 8-27 用于串/并行相互作用数值分析的简单系统结构

表 8-6　典型仿真场景下的运行工况及参数

场景	运行工况	电压跌落程度/p.u.	电压跌落持续时间/ms	电流控制器参数
1	单机并网	0.1	25	$\mathrm{PI}_I = 0.48/5.12$ $\mathrm{PI}_I = 0.72/11.52$
2	两机并网	0.1	25	$\mathrm{PI}_I = 0.48/64$ $\mathrm{PI}_I = 0.72/144$

1. 风机的多时间尺度串行相互作用

风机自身多个时间尺度控制变量之间存在非线性动态耦合，这种耦合会导致风机内部各时间尺度动态之间产生相互作用(串行相互作用)。具体来说，先根据第 7 章所建立的长时故障下的风机模型抽象出各时间尺度控制之间的关系，如图 8-28 所示。从图中可知，对于单风机而言，其暂态响应过程可以由不平衡功率经多时间尺度级联控制逐级形成装备内电势的输出过程和多时间尺度内电势激励经网络功率同时反馈至各能量储存元件的输入过程共同构成。其中，输出过程中，上一级慢时间尺度控制环节会为下一级快时间尺度控制环节提供指令参考，从而形成慢时间尺度对快时间尺度的相互作用；输入过程中，有功/无功功率和内电势的变化会经过不同非线性关系反映至各控制环节的反馈量中，内电势的快时间尺度动态也会通过此过程反馈至慢时间尺度控制器中，从而形成快时间尺度对慢时间尺度的相互作用。同时，锁相环动态也会以非线性坐标变换的形式参与到各时间尺度暂态过程中。尤其在弱电网条件下，各时间尺度间的动态响应时间更接近，各时间尺度控制、锁相环与端电压之间的动态耦合也更强，这种串行相互作用增强。

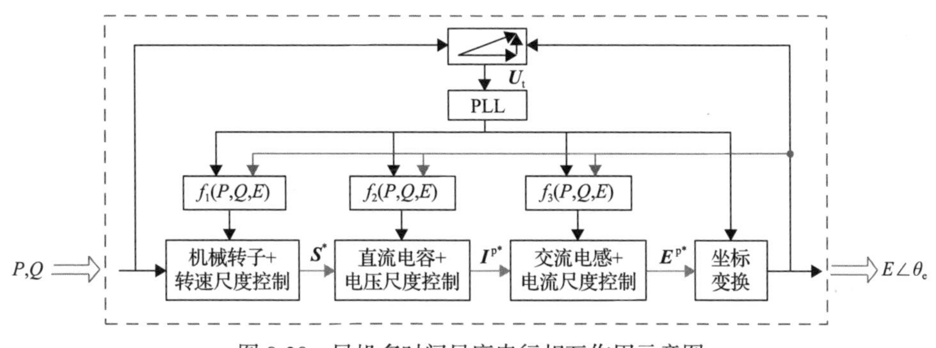

图 8-28　风机多时间尺度串行相互作用示意图

场景 1 中，风机 1 在不同电流环控制参数下所得各变量的仿真波形如图 8-29 所示。可以看出，因弱电网下风机的交流电流时间尺度带宽降低，交流电流时间尺度、直流电压时间尺度以及机电时间尺度带宽跨度较小。受其时间尺度间串行相互作用影响，改变风机自身交流电流时间尺度动态时，更慢时间尺度的暂态响应也发生变化，即在不同电流环控制参数下，风机内电势、输出瞬时功率和直流电压/转子电流中由锁相控制动态主导的 3Hz 左右慢时间尺度动态的收敛速度和相位均有显著差异。

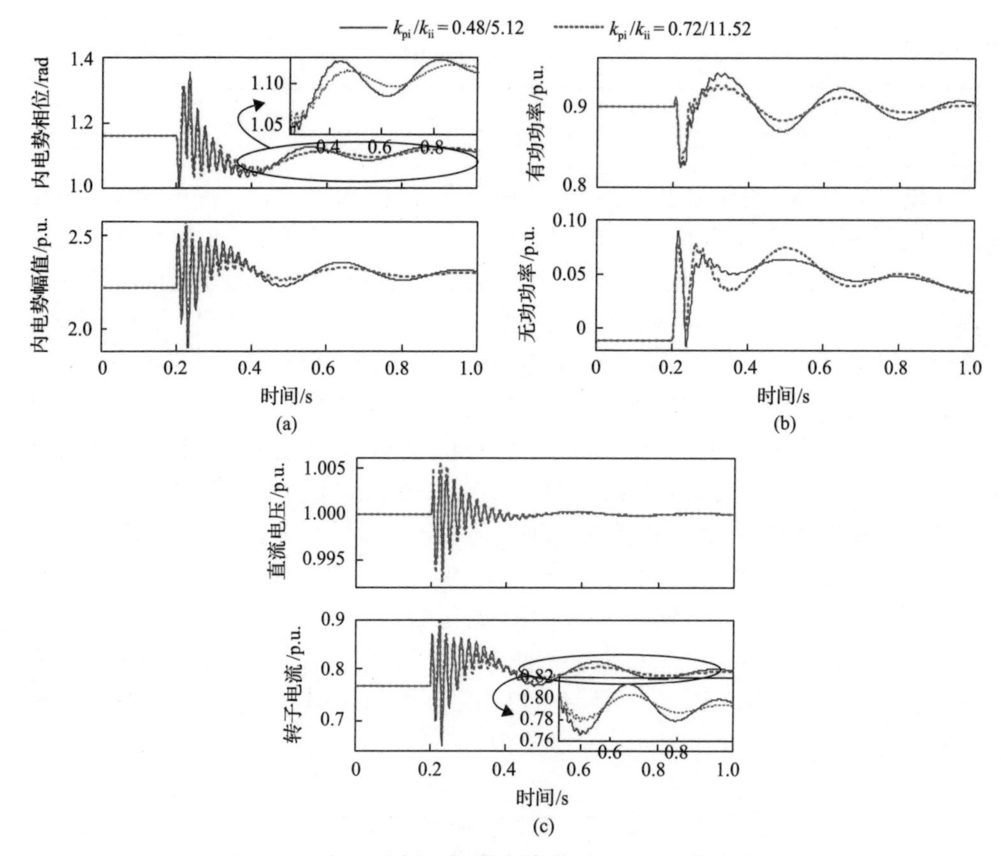

图 8-29　采用不同电流环控制参数时风机 1 的仿真波形

2. 多风机间的多时间尺度并行相互作用

在多机系统中，风机自身某一时间尺度的能量储存元件及其控制器状态变化会直接反映到其该时间尺度输出内电势响应上，进而经网络特性形成该时间尺度的网络功率响应，直接影响其他机组在该时间尺度下的能量储存元件及其控制器状态，从而导致多机同时间尺度动态之间产生相互作用(并行相互作用)，如图 8-30 所示。尤其在弱电网下，网络节点电压对各风机动态的灵敏度增加，多机之间的并行相互作用将增强。

场景 2 中，改变风机 2 的电流环控制参数下，所得风机 1 各变量仿真波形如图 8-31 所示。可以看出，多机系统中，风机 2 交流电流时间尺度动态将影响风机

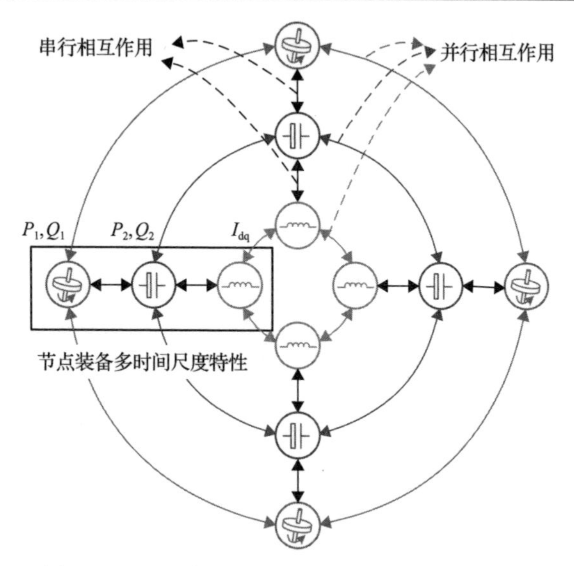

图 8-30　风机多时间尺度串/并行相互作用示意图

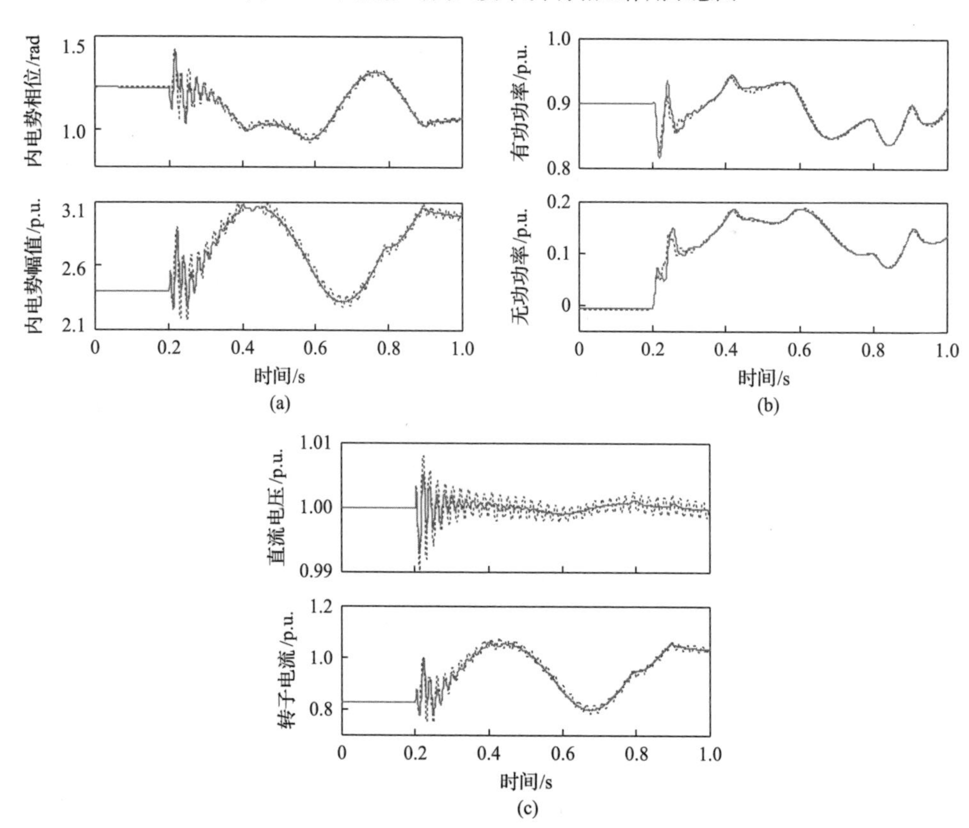

图 8-31　风机 2 采用不同电流环控制参数时风机 1 的仿真波形

k_{pi}/k_{ii}=0.48/64　　k_{pi}/k_{ii}=0.48/144

1 自身同时间尺度的暂态响应过程，且弱电网下此同时间尺度相互影响较为明显。即在风机 2 不同电流环控制参数下，风机 1 的内电势、输出瞬时功率和直流电压/转子电流中 70Hz 左右交流电流时间尺度动态的收敛速度也具有显著差异。

8.5.2　直流电压时间尺度控制对机电时间尺度暂态稳定性的影响

在图 8-9 所示分析场景下，进一步考虑快时间尺度控制动态的影响。考虑到直流电压时间尺度与机电时间尺度更为相近，以下主要分析直流电压时间尺度控制环节(转矩控制、端电压控制)对风电主导机电暂态同步稳定性的影响。

从图 8-32 中可以看出，转矩控制主要通过调节 d 轴转子电流，以使定子功率追踪转速控制所输出的定子功率指令，从而实现对机械转速的控制。其中，转速控制输出的慢时间尺度动态为快时间尺度转矩控制提供指令值，转矩控制的快时间尺度动态通过转子电流和极坐标变换反映在内电势的幅值和相位中，进而通过网络特性及功率/电压非线性变换关系反映在慢时间尺度转速控制和无功功率控制的反馈量中。在保持阻尼比不变的前提下，改变快时间尺度转矩控制参数 n_t [$\mathrm{PI_{ap}}=(0.4n_t)/(10n_t^2)$]，所得不同转矩控制参数下，单机无穷大系统暂态响应波形如图 8-33 所示。从图中可知，n_t 越小系统机电暂态过程越明显，且振荡模态阻尼减小，导致机电振荡发散，并最终引起相位单调失稳。

从图 8-32 中可以看出，端电压控制接收慢时间尺度无功功率控制生成的端电压控制指令，并产生具有快时间尺度动态的 q 轴转子电流，一方面经过极坐标变换对内电势相位产生影响，另一方面通过内电势幅值和网络特性，改变自身输出的有功/无功功率，从而对内电势相位产生间接影响。因端电压控制未改变风机“有功功率-内电势相位”之间的二阶非线性关系，其对内电势相位的影响有限，可视为一个单调变化的参数。不同端电压控制参数下，单机无穷大系统暂态响应波形如图 8-34 所示。从图 8-34 中可知，当端电压控制参数(k_{iv})较大时，端电压响应

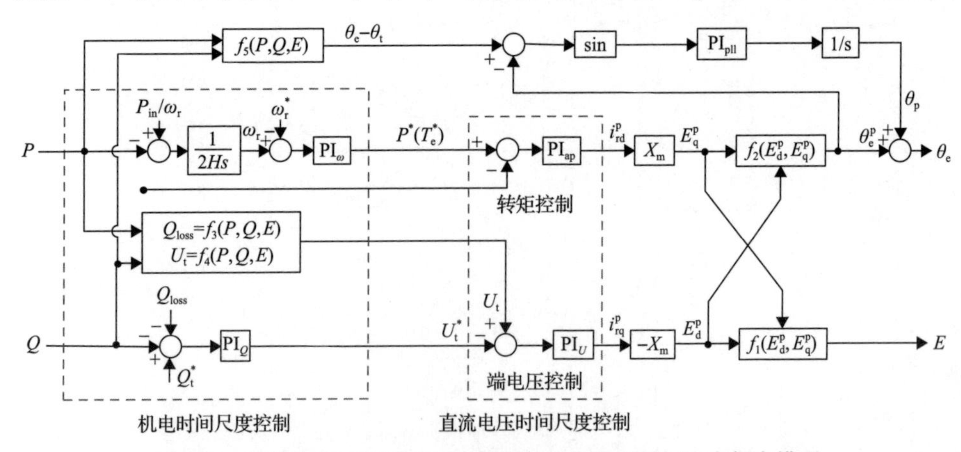

图 8-32　计及直流电压时间尺度控制的风机机电时间尺度暂态模型

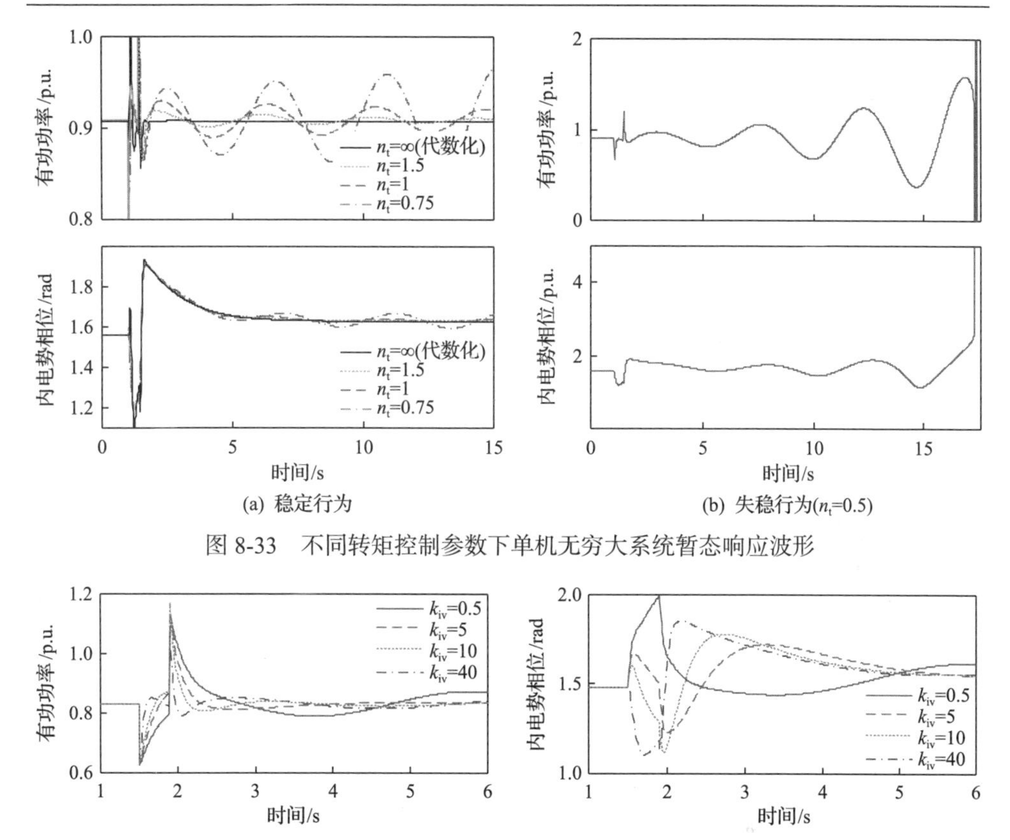

图 8-33　不同转矩控制参数下单机无穷大系统暂态响应波形

图 8-34　不同端电压控制参数下单机无穷大系统暂态响应波形

速度更快，跟踪电压指令的时间更短，风机可以在扰动后快速跟踪功率指令变化，从而恢复恒定功率输出；当端电压控制参数较小时，端电压响应速度较慢，风机输出功率无法快速准确跟踪功率指令变化，从而在机械转子上产生不平衡功率，转速变化激发转速控制动作，从而产生小幅机电时间尺度振荡。

8.6　本 章 小 结

本章围绕风机机电暂态建模及风电并网电力系统机电暂态稳定问题展开研究。首先，为便于剖析不同控制策略下的风机暂态特性，本章基于“激励-响应”建模方法，建立了常规控制模式下、暂态控制模式下的风机机电暂态模型，并指出各暂态模型与机电时间尺度暂态行为的对应关系。接着，以内电势相位为视角，以锁相同步双馈风机为研究对象，揭示了不同故障程度下单机无穷大系统机电暂态稳定边界及失稳形态的影响规律，即在浅度故障下发现由锁相同步机制引入的额外相位稳定约束及其所导致的新的相位慢-快失稳现象；深度故障下，风机暂态控制切换仅改变故障恢复后期系统初始点，而不改变故障恢复后期系统的稳定机理，无功电流注入系数和爬坡系数是影响暂态控制切换期间暂态行为的关键因素。基于对风电主导机电稳定机理的理解，以锁相同步双馈风机-同步机两机系统为场景，阐释方法和结论的适用性。因全功率风机与双馈风机的机电时间尺度内电势幅值与相位形成方式相似，所以全功率风机内电势幅值和相位之间亦存在相同的耦合关系和额外的相位约束，上述结论同样适用于全功率风机并网电力系统机电时间尺度暂态稳定分析。此外，对于目前较为热门的虚拟同步控制的风机，因其不采用锁相环获得电网相位，而是通过不平衡有功功率经虚拟转子运动方程生成内电势相位，所以这类风机的暂态稳定机理与同步机相似，即在机电时间尺度不存在额外相位约束，仅存在不稳定平衡点带来的稳定边界。

参 考 文 献

[1] 李光琦. 电力系统暂态分析[M]. 北京：中国电力出版社, 2007.

[2] Tang W, Hu J, Zhang R. Impact of mechanical power variation on transient stability of DFIG-based wind turbine[C]. 2018 IEEE 4th Southern Power Electronics Conference (SPEC), Singapore, 2018.

[3] Tang W, Hu J, Zhang R, et al. Coupling characteristic of DFIG-based WT considering reactive power control and its impact on phase/amplitude transients stability in rotor speed control timescale[J]. CSEE Journal of Power and Energy Systems, 2020, early access, DOI.10.17775/CSEEJPES.2020.04280.

[4] 胡家兵, 谢小荣. 高比例并网风电及系统动态分析[M]. 北京：科学出版社, 2022.

[5] Clark K, Miller N W, Sanchez-Gasca J J. Modeling of GE wind turbine generators for grid studies (Version 4.5) [R]. Schenectady: General Electric International, 2010.

[6] Pourbeik P. Proposed changes to the WECC WT3 generic model for type 3 wind turbine generators[R]. Palo Alto: EPRI, 2014.

[7] Tang W, Hu J, Chang Y, et al. Modeling of DFIG-based wind turbine for power system transient response analysis in rotor speed control timescale[J]. IEEE Transactions on Power Systems, 2018, 33 (6) : 6795-6805.

[8] 李殿璞. 非线性控制系统理论基础[M]. 北京：清华大学出版社, 2014.

[9] 唐王倩云. 双馈型风机转子转速控制尺度暂态建模及其并网系统暂态稳定性分析[D]. 武汉：华中科技大学, 2020.

第 9 章　风电并网电力系统直流电压时间尺度暂态稳定分析

9.1 引　　言

由第 2 章分析可知，风机由多类型能量储存元件及响应的常规/暂态控制构成，所以风电并网电力系统除了含有传统的旋转能量储存元件(机械转子)外，还存在大量直流电容、交流电感等电磁能量储存元件。其中，风机直流电压时间尺度的直流电容与同步机机电时间尺度的机械转子有异曲同工之处[1]。从能量角度而言，由于直流电容与电网或其他机组直流电容之间的能量交换与积累，直流电容的状态量(直流电压)在不同扰动下也可能出现持续振荡或单调失稳等，从而也可能引发系统直流电压时间尺度下的暂态稳定问题。与风机直流电压动态相关的系统直流电压时间尺度(百毫秒量级)暂态稳定问题已逐渐被发现，如风电并网电力系统中 10Hz 左右的振荡问题[1-3]和电压相位 0.1s 量级的快速失步问题[4,5]。

对全功率风机而言，因机侧变换器及风力机的动态与网侧变换器动态通过直流电容解耦，其暂态外特性主要由网侧变换器决定。在直流电压时间尺度，暂态外特性主要由直流电容及直流电压控制、锁相控制、暂态电流控制等决定。相较于风电机组机电暂态稳定性而言，直流电压时间尺度涉及的控制环节更多，各控制环节之间的非线性相互作用更复杂、系统阶数更高，所以动力学机制更加复杂，也更有可能引发新的振荡或单调失稳问题。

对双馈风机而言，因双馈发电机定子侧直接与电网相连，其直流电压时间尺度暂态外特性由机侧变换器和网侧变换器共同决定。其中，机侧变换器的电磁转矩控制和端电压控制由一阶控制环节构成，所以主要表现出单调衰减的暂态行为模式，不是引起暂态失稳的核心因素；机侧变换器的锁相控制在数学上是二阶系统，可能存在振荡或单调失稳风险；网侧变化器则与全功率风机相似。机侧和网侧变换器的直流电压时间尺度动态及两者的并行相互作用，共同决定了双馈风机的直流电压时间尺度暂态行为。然而，由于双馈风机网侧变换器容量较小，所以网侧变换器动态对直流电压时间尺度暂态行为影响较小。

本章以直流电压时间尺度稳定问题更为凸显的全功率风机为例进行介绍，9.2 节建立浅度和深度故障下全功率风机直流电压时间尺度“激励-响应”模型，

9.3 节重点分析浅度故障下全功率风机主导的直流电压时间尺度振荡失稳问题，9.4 节主要分析深度故障下功率爬坡速率和故障持续阶段电流指令对暂态稳定性的影响。

9.2 全功率风机直流电压时间尺度暂态简化分析模型

全功率风机直流电压时间尺度控制环路较为复杂，为了简化分析，先忽略时间尺度更快的电流控制对该时间尺度动态的影响，即假设实际电流能够快速跟踪电流指令动态。从 8.3.3 节的分析可知，故障期间和故障恢复初期的暂态控制切换，均是通过改变故障恢复后期风电并网电力系统的初始状态，从而影响故障恢复后期系统的暂态稳定性。所以，为分析故障恢复后期系统暂态稳定问题，本章主要考虑故障恢复初期，以反映初始状态变化的影响。

基于上述假设，为使全功率风机表征为受控电压源(即内电势)串联电感的形式，如图 9-1 所示，根据网侧变换器出口电压与端电压电路关系，直驱风机网侧变换器的输出电压 $\boldsymbol{E}_g$ 可定义为其内电势。

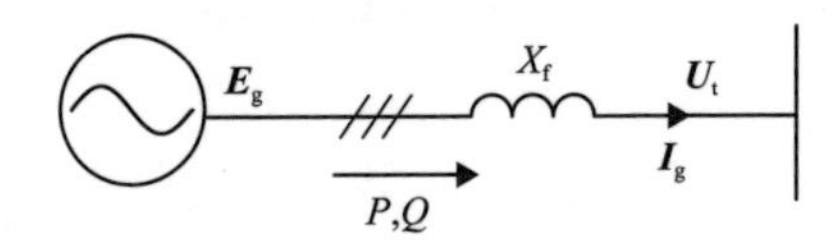

图 9-1　全功率风机内电势矢量和端电压矢量间的电路拓扑

再结合第 7 章所建立中时浅度/深度故障下的风机模型，得到直流电压时间尺度内电势动态，如图 9-2 所示，PI_{dc} 为直流电压控制器，T_{rv}、k_v 为端电压控制器参数，u_{tq_p} 为锁相坐标系下端电压 q 轴分量，其他符号代表的物理含义与第 7 章相同。

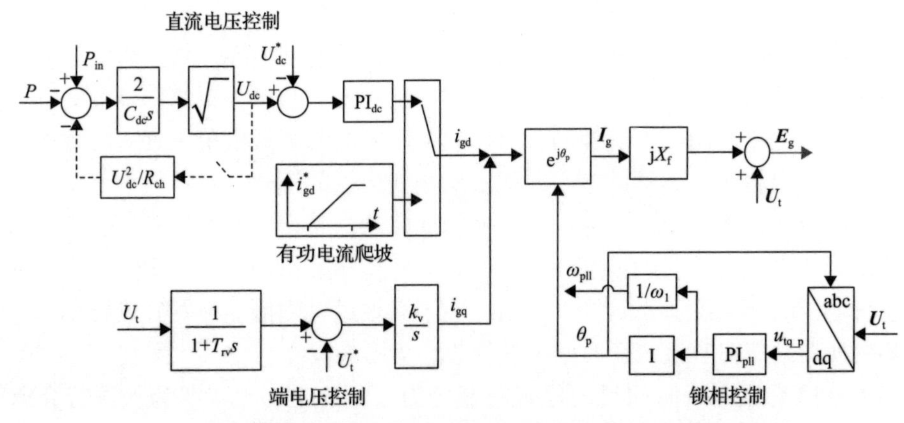

图 9-2　全功率风机内电势矢量直流电压时间尺度动态的框图描述

9.2.1　浅度故障下“激励-响应”关系简化分析模型

浅度故障下直流电压时间尺度内电势动态如图 9-3 所示，其动态主要由直流电容、直流电压控制、端电压控制及锁相控制决定。从图中可知，原始模型输入变量除了有功功率以外，还有端电压幅值/相位变量。基于“激励-响应”建模思路，可将端电压信息采用第 7 章等效方法统一表征为有功/无功功率与内电势的关系，如式(9-1)、式(9-2)所示。

$$\theta_{\mathrm{t}}=\theta_{\mathrm{e}}-\arctan\left[PX_{\mathrm{f}}\Big/(E_{\mathrm{g}}^{2}-QX_{\mathrm{f}})\right] \tag{9-1}$$

$$U_{\mathrm{t}}=\sqrt{P^{2}{X_{\mathrm{f}}}^{2}+(E_{\mathrm{g}}^{2}-QX_{\mathrm{f}})^{2}}\Big/E_{\mathrm{g}} \tag{9-2}$$

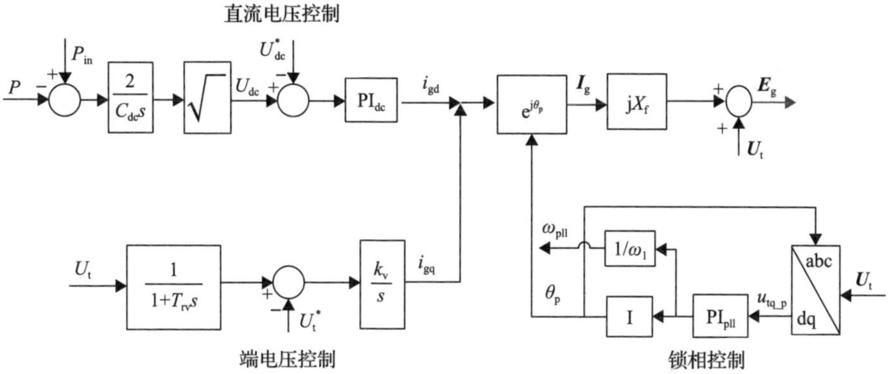

图 9-3　浅度故障下全功率风机内电势矢量直流电压时间尺度动态的框图描述

进一步对图 9-3 中的内电势处端电压进行等效，得到内电势 $e_{\mathrm{gd}}^{\mathrm{p}}$、$e_{\mathrm{gq}}^{\mathrm{p}}$ 与锁相坐标系下的端电压的关系：

$$e_{\mathrm{gd}}^{\mathrm{p}}=U_{\mathrm{t}}\cos(\theta_{\mathrm{t}}-\theta_{\mathrm{p}})-X_{\mathrm{f}}i_{\mathrm{gq}}^{\mathrm{p}} \tag{9-3}$$

$$e_{\mathrm{gq}}^{\mathrm{p}}=U_{\mathrm{t}}\sin(\theta_{\mathrm{t}}-\theta_{\mathrm{p}})+X_{\mathrm{f}}i_{\mathrm{gd}}^{\mathrm{p}} \tag{9-4}$$

再将锁相坐标系下的内电势转换成公共坐标系下的内电势幅值 E_{g} 和内电势相对于锁相环的相位 $\theta_{\mathrm{e}}^{\mathrm{p}}$，即

$$E_{\mathrm{g}}=\sqrt{(e_{\mathrm{gd}}^{\mathrm{p}})^{2}+(e_{\mathrm{gq}}^{\mathrm{p}})^{2}} \tag{9-5}$$

$$\theta_{\mathrm{e}}^{\mathrm{p}}=\arcsin(e_{\mathrm{gq}}^{\mathrm{p}}/E_{\mathrm{g}}) \tag{9-6}$$

由于采用的锁相控制，内电势相位由两部分组成：内电势相对于锁相环的相

位 θ_e^p 和锁相环相对于公共坐标系的相位 θ_p，根据 θ_e^p 和 θ_p 的关系得内电势相对于公共坐标系的相位 θ_e：

$$\theta_e = \theta_e^p + \theta_p \tag{9-7}$$

综上，得到浅度故障下全功率风机直流电压时间尺度“激励-响应”模型如图 9-4 所示。

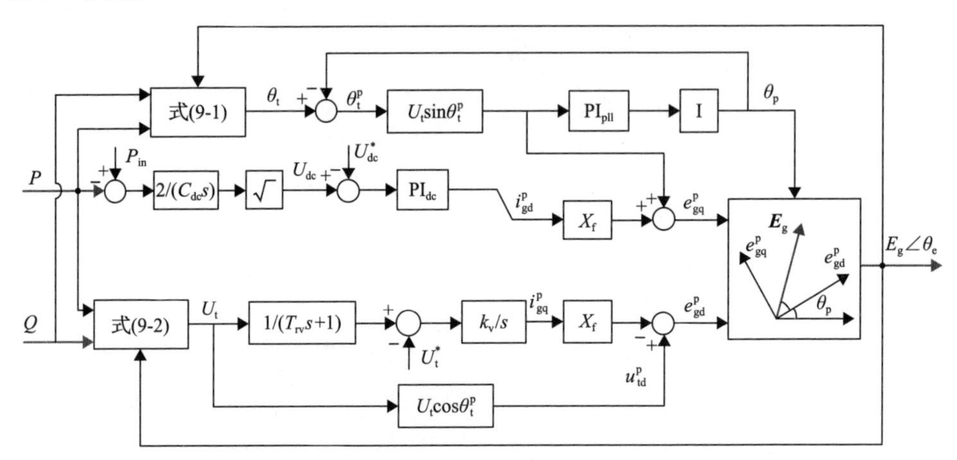

图 9-4　浅度故障下全功率风机直流电压时间尺度“激励-响应”模型

9.2.2　深度故障风机暂态简化分析模型

深度故障下，风机为保护自身或满足电网要求，会切换至暂态控制。本节针对直流电压时间尺度的问题进行研究，主要考虑故障不同阶段电流指令控制方式的切换，这导致了故障不同阶段全功率风机直流电压时间尺度的控制结构有所不同，如图 9-5 所示，U_{t_filt} 为端电压经过滤波器后的实际值，L_f 滤波器电感，PI_{acc} 为电流控制部分的 PI 控制器。

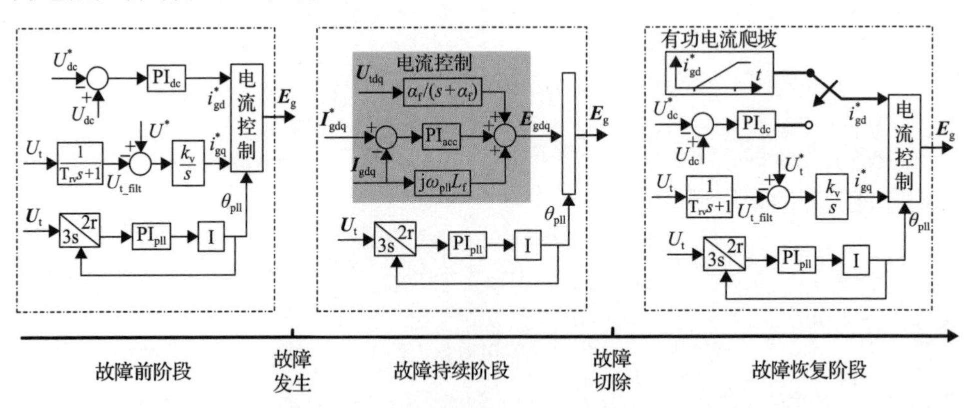

图 9-5　深度故障不同阶段全功率风机直流电压时间尺度的控制结构

故障前阶段，风机直流电压时间尺度上的控制环路如直流电压环、锁相环和端电压环主导了该尺度扰动下内电势的特性，锁相坐标系下电流指令的 dq 轴分量分别由直流电压控制和端电压控制得到。故障发生后，故障前的直流电压控制和端电压控制会被冻结，电流指令的控制方式切换到故障穿越期的控制模式。故障清除后，故障发生时冻结的直流电压控制和端电压控制会被解冻，电流指令切换到故障前的控制方式，同时考虑到系统应力等问题，有功电流指令恢复会有一个爬坡速率的限制[6]。因此在故障恢复初期，直流电压时间尺度内电势的特性主要由直流电压控制、锁相控制、端电压控制和爬坡速率等决定。考虑到爬坡速率限制，故障恢复初期 d 轴电流的控制也会有一个切换。故障恢复初始阶段，d 轴电流指令按爬坡速率定义的斜率随时间上升，该时间段内其动态与直流电压控制无关。当 d 轴电流指令爬坡到故障发生冻结值附近时，爬坡速率限制将不再起作用，d 轴电流指令交由直流电压控制。

在故障期间，由于直流电压控制和端电压控制冻结，因此，本节重点关注故障恢复初期的建模。在故障恢复初期，端电压控制和有功电流爬坡控制投入，基于 9.2.1 节的推导过程，利用同样的思路可以得到深度故障恢复初期的“激励-响应”模型，如图 9-6 所示。

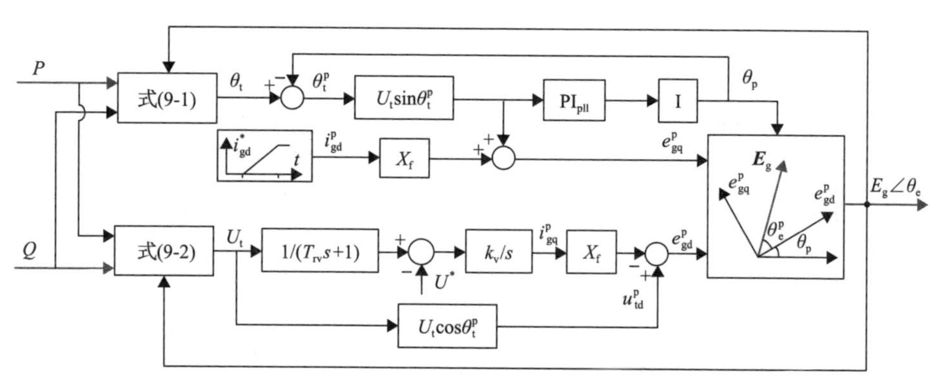

图 9-6　深度故障恢复初期反映内电势特性的“激励-响应”模型

9.3　浅度故障下全功率风机并网电力系统直流电压时间尺度暂态稳定性

9.3.1　风机并网电力系统直流电压时间尺度振荡特征

对于浅度故障下全功率风机单机无穷大系统的非线性振荡行为，首先基于数值仿真和对数值仿真的时频分析结果对其振荡特征进行一个直观的认识，进而在此基础上总结和归纳非线性振荡的特征。仿真系统拓扑如图 9-7 所示，仿真参数如表 9-1 所示。在不同的扰动下，原始非线性系统和平衡点处线性化系统的振荡响应对比如图 9-8 所示。可以看出，随着扰动的变大，非线性因素的影响会变强，使得系统的振荡行为越来越偏离线性振荡，直观地可以看出原始非线性系统的振荡响应衰减相对较慢，而且扰动越大，该非线性振荡响应的衰减越慢。下文将主要基于希尔伯特-黄时频分析提取振荡特征量，以进一步认识该非线性振荡。

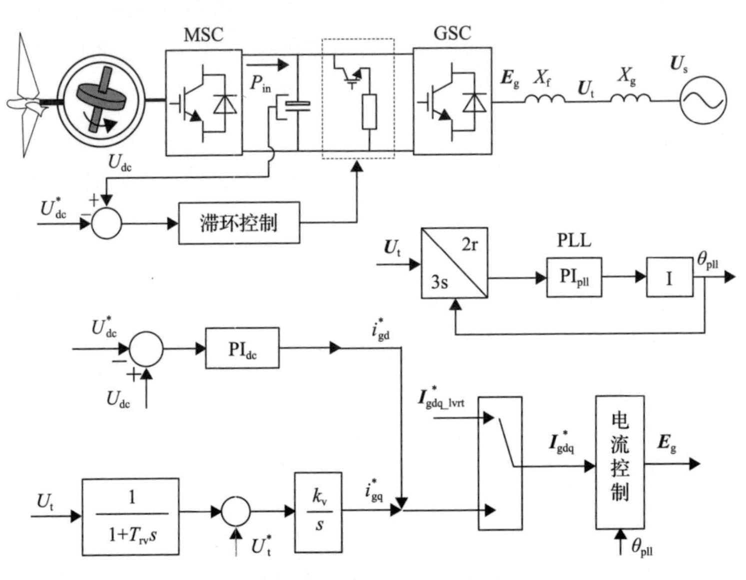

图 9-7　浅度故障下单机无穷大系统结构

$I_{gdq\_lvrt}^*$ 为故障期间网侧电流指令值

表 9-1　全功率风机并网系统配置参数

符号	变量名称	参数值
k_{p_dc}, k_{i_dc}	直流电压控制器参数	1.65, 62
T_{rv}, k_v	端电压控制器参数	0.015, 150
k_{p_pll}, k_{i_pll}	锁相环参数	180, 12600
X_f	网侧变换器滤波电感	0.15p.u.
C_{dc}	直流电容	0.07p.u.
U_{dc}	直流母线电压	1100V
I_{d0}, I_{q0}	故障前稳态电流指令	1p.u. , –0.43p.u.
X_g, U_s	电网戴维南等效参数	0.74p.u. , 1p.u.

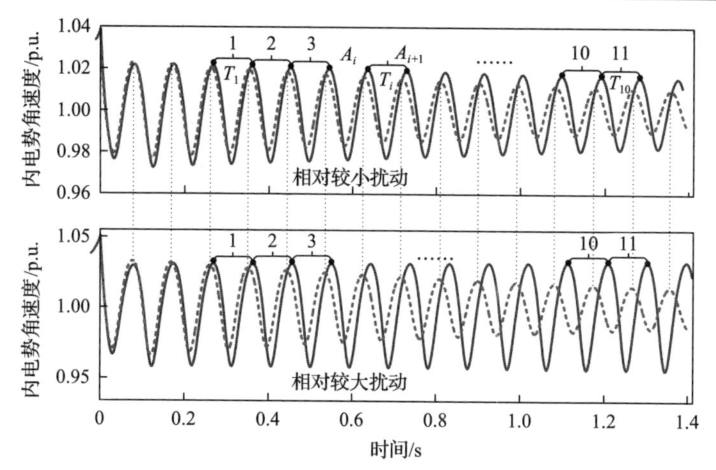

图 9-8　不同扰动下原始非线性系统与平衡点处线性化系统振荡响应对比

—— 原始非线性系统　------- 平衡点处线性化系统

由于系统的高阶特征，振荡模态成分较为复杂。众所周知，对于高阶线性系统而言，其振荡响应由若干个固定模态分量组成，如式(9-8)所示，其每个模态分量都可以理解为一个单分量信号。

$$x(t)=\sum_{i=1}^{n}A_i\mathrm{e}^{\alpha_i t}\cos(\omega_i t+\varphi_i) \tag{9-8}$$

式中，A_i 为第 i 个模态的幅值；ω_i 为第 i 个模态的角频率；φ_i 为第 i 个模态的初始相位；n 为模态总数。

对于高阶非线性系统，依据希尔伯特-黄变换理论中经验模态的观点，其也由若干个本征模态分量组成，如式(9-9)所示：

$$x(t)=\sum_{i=1}^{n}A_i\mathrm{e}^{\int\alpha_i(t)\mathrm{d}t}\cos\left(\int\omega_i(t)\mathrm{d}t\right) \tag{9-9}$$

其每个本征模态分量也是一个单分量的非线性振荡信号，与线性的单分量信号不同，该单分量的非线性信号的振荡频率和幅值衰减率具有随时间变化的特征。针对高阶系统，经验模态分解的目的在于得到每个单分量振荡信号，重点对主导本征模态分量进行分析，类似于线性振荡分析中重点考虑主导模态分量。希尔伯特-黄变换的目的在于得到主导本征模态分量的瞬时幅值衰减率$\alpha(t)$和振荡频率$\omega_i(t)$，进而对非线性因素影响下的振荡特征进行一个直观的认识。

在进行时频分析前，首先对时域仿真波形的直观认识如下：平衡点处线性化系统的特征根如表 9-2 所示，可知其线性振荡响应含有三个模态分量，然而由于模态 1 和 2 的阻尼比较大，振荡过程中会很快衰减掉，因此图 9-8 的线性振荡响应特征主要由模态 3 决定，可近似认为是单模态振荡，其幅值衰减率 α_3 为–0.6，

振荡频率 ω_3 为 67.9rad/s。既然平衡点处线性化系统的振荡主要由主导模态成分决定，近似为单分量信号，那么基于对非线性系统和线性系统动态行为的关系认识可知，原始非线性系统大扰动下的振荡响应也可近似认为主要由主导本征模态分量决定，为单分量的非线性振荡。对比原始非线性系统的振荡和平衡点处线性化系统的振荡响应，直观地可以看出，二者在幅值衰减和振荡频率上都有所不同。非线性振荡的幅值衰减相对较慢，一定程度上能够说明非线性因素恶化了系统的稳定性。非线性振荡的相位也有所滞后，说明其振荡频率与线性系统中有所不同。依据时域仿真波形，初步考虑时，定义仿真波形中两个相邻波峰间的时间间隔 T_i 为该时间段的平均周期，两个波峰之间的幅值衰减用具有恒定衰减系数的指数曲线去等效，则该时间段内平均振荡频率 ω_{ave} 和平均幅值衰减率 α_{ave} 如下：

$$\omega_{\text{ave}}(i) = 2\pi / T_i \tag{9-10}$$

$$\alpha_{\text{ave}}(i) = \frac{\lg\left[A(i+1)/A(i) \right]}{T_i} \tag{9-11}$$

表 9-2　系统平衡点处特征根

模态	特征根		频率/Hz	阻尼比/%
1	$\alpha_1 \pm j\omega_1$	$-100 \pm j99$	15.8	71
2	$\alpha_2 \pm j\omega_2$	$-29.4 \pm j35$	5.6	64
3	$\alpha_3 \pm j\omega_3$	$-0.6 \pm j67.9$	10.8	1.3

依据以上定义，非线性振荡过程中每个时间段的平均振荡频率和平均幅值衰减率如表 9-3 所示。可以看出其每个时间段的值都不一样，而且随着振荡幅度的降低，平均振荡频率和平均幅值衰减率会趋近于平衡点处近似线性化系统主导模态的值，当振荡幅度较大时，其值会偏离线性振荡的主导模态的值较远。而且总体来说，平均幅值衰减率的绝对值小于 α_3 的绝对值。由此说明非线性因素的影响会随着振荡幅度的加大而变强，而且其综合效果有使幅值衰减被恶化的趋势。因

表 9-3　不同扰动下系统非线性振荡响应的平均振荡频率和平均幅值衰减率

时间段	平均振荡频率 $\omega_{\text{ave}}(i)/(\text{rad/s})$		平均幅值衰减率 $\alpha_{\text{ave}}(i)$	
	扰动较大	扰动较小	扰动较大	扰动较小
1	66.98	67.30	−0.12	−0.24
2	67.02	67.34	−0.14	0.25
3	67.05	67.38	−0.15	−0.27
…	…	…	…	…
10	67.12	67.43	−0.25	−0.38
11	67.16	67.45	−0.26	−0.40

此在相对大的扰动下，非线性因素影响较强，使原始非线性系统的振荡与平衡点处线性化系统的振荡的区别加大，由于非线性因素恶化了振荡过程中的幅值衰减，一定情形下甚至会出现平衡点处小扰动稳定的非线性系统在大的扰动下出现振荡失稳的情形。

此外，应用希尔伯特-黄变换可对非线性系统的振荡响应做深入分析，待分析的时域波形如图 9-9 所示，对 0.4～1.8s 的振荡数据做时频分析。基于前文所述，大扰动下该系统的非线性振荡响应可近似为单分量振荡信号，对该近似单分量振荡信号的时频分析结果如图 9-10 所示。可知原始非线性系统的振荡响应的瞬时振荡频率和幅值衰减率是随时间变化的，该特征与线性振荡特征不同，如平衡点处线性化系统的振荡响应的振荡频率和幅值衰减率值是固定的，由主导模态 3 决定。进一步可以看出，非线性振荡响应的振荡频率和幅值衰减率围绕着线性化系统主导模态 3 的特征值上下波动；在波动幅度上，幅值衰减率的波动幅度要明显大于振荡频率的波动幅度，说明非线性因素对幅值衰减率的影响要大于对振荡频率的影响。而且，可以明显看出的是，模态 3 的特征值并不是非线性振荡瞬时振荡频

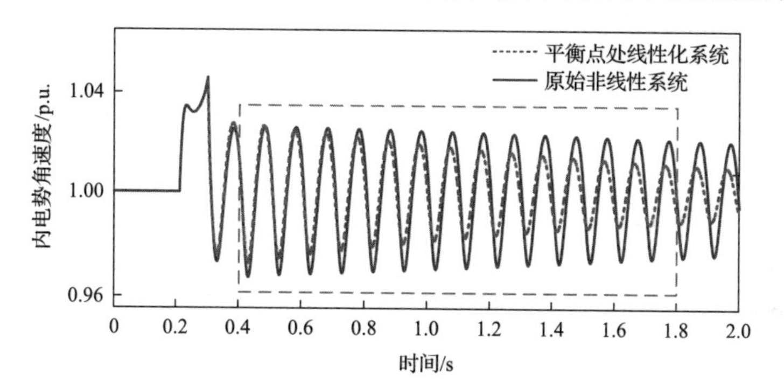

图 9-9　平衡点处线性化系统和原始非线性系统大扰动振荡响应波形对比

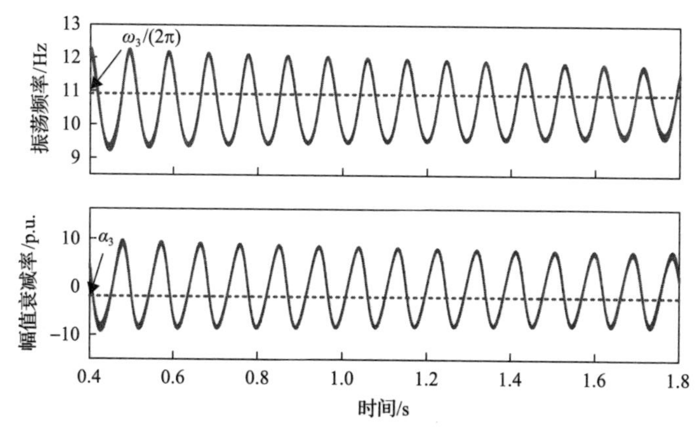

图 9-10　系统瞬时振荡频率和幅值衰减率的希尔伯特-黄分析结果

—— 原始非线性系统　------ 平衡点处线性化系统

率和幅值衰减率波动的中心值，振荡频率波动的中心值要低于 $\omega_3/(2\pi)$，幅值衰减率要波动的中心值要高于 α_3，这个也在一定程度上能够解释非线性因素的综合作用在于使非线性振荡的幅值衰减整体来看变慢，使振荡响应的相位有滞后的趋势，进一步的解释如下文所述。

瞬时振荡频率对时间的积分即为振荡信号的相位。图 9-10 中的振荡频率波形显示，原始非线性系统的振荡频率波动的中心值明显低于平衡点处线性化系统的振荡频率，瞬时频率差对时间的积分反映了两种振荡相位差随时间的变化趋势。既然原始非线性系统振荡频率波动的中心值低于平衡点处线性化系统的振荡频率，则二者的相位差会随着时间的延长逐渐拉大，结果如图 9-11 所示。可知，随着时间的延长，原始非线性系统的振荡在相位上越来越滞后于平衡点处线性化系统的振荡。这也论证了非线性因素影响的综合作用在于使系统振荡频率总体上有变慢的趋势。

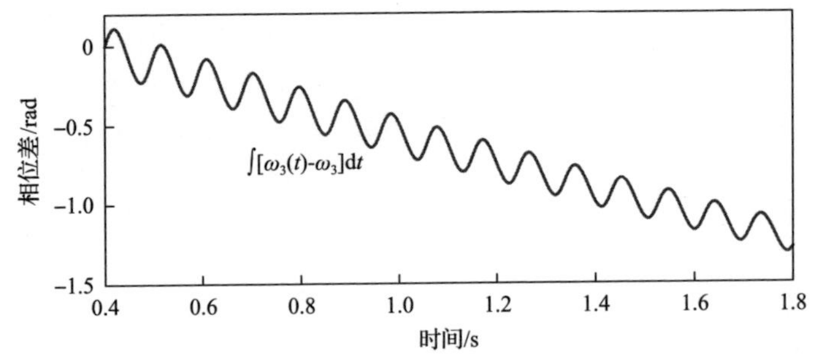

图 9-11　原始非线性系统和平衡点处线性化系统振荡响应的相位差

进一步地，瞬时幅值衰减率对时间的积分反映了振荡过程中信号幅值的衰减。图 9-10 中瞬时幅值衰减率波形显示，原始非线性系统的瞬时幅值衰减率波动的中心值明显高于平衡点处线性化系统的幅值衰减率，二者与时间轴围成的面积分别反映了振荡过程中各自幅值的衰减量。由图 9-12 可知，原始非线性系统瞬时幅值衰减率对时间的积分会高于平衡点处线性化系统中幅值衰减率对时间的积分。可知，相对于平衡点处线性化系统，原始非线性系统振荡过程中幅值的衰减整体上

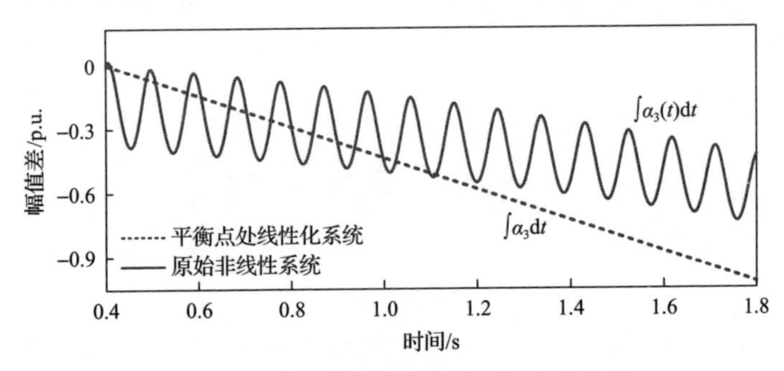

图 9-12　瞬时幅值衰减率对时间积分曲线

会相对慢一些，也就是说非线性因素恶化了振荡过程中幅值的衰减，即系统的稳定性会变差。这也从一定程度上解释了对非线性系统，当其初始点不同时，系统的振荡响应收敛发散与否截然不同，扰动较小时振荡收敛的非线性系统在大的初始扰动下会出现振荡发散的情况，即系统失稳。

综上所述，基于希尔伯特-黄变换理论，对时域仿真波形的时频分析结果可知，由于非线性因素的影响，系统振荡响应的瞬时幅值衰减率和振荡频率都不是固定的，是随时间变化的，而且其具体值总是围绕着平衡点处线性化系统主导特征根的值上下波动。进一步的分析结果揭示，非线性因素影响的综合作用在于恶化了振荡过程中幅值的衰减，一定情形下使系统有可能振荡发散，即系统失稳。

9.3.2　风机并网电力系统直流电压时间尺度稳定机理

基于信号处理的数值分析，脱离了系统模型本身，不能从机理上分析非线性振荡行为及稳定性。基于此考虑，进一步结合模型本身，从欧拉积分分段线性化的角度研究该非线性振荡行为及稳定性。基于欧拉积分分段线性化的观点，系统暂态响应过程中每个短时间段内的动态可用该短时段内带有外激励的线性化系统模型反映，基于该短时段内的线性化系统，可借助线性化分析工具对该线性系统的振荡特征进行深入分析，从而得到暂态响应过程中瞬时幅值衰减率和振荡频率的特征。基于模型本身，通过研究瞬时幅值衰减率的变化趋势及影响因素，可对振荡响应是收敛还是发散进行分析，从而可对系统的稳定性进行研究。

1. 装备特性分析

基于激励-响应模型，浅度故障下风机暂态特性的多维非线性输入输出关系微分代数方程形式的数学表达如下：

$$
\begin{cases}
\dot{x}_1 = k_{\mathrm{i\_pll}} \dfrac{P x_4 + Q(x_6 + k_{\mathrm{p\_dc}}(\sqrt{x_5} - U_{\mathrm{dc}}^*))}{{x_4}^2 + (x_6 + k_{\mathrm{p\_dc}}(\sqrt{x_5} - U_{\mathrm{dc}}^*))^2} - k_{\mathrm{i\_pll}} X_{\mathrm{f}} (x_6 + k_{\mathrm{p\_dc}}(\sqrt{x_5} - U_{\mathrm{dc}}^*)) \\
\dot{x}_2 = x_1 + k_{\mathrm{p\_pll}} \dfrac{P x_4 + Q(x_6 + k_{\mathrm{p\_dc}}(\sqrt{x_5} - U_{\mathrm{dc}}^*))}{{x_4}^2 + (x_6 + k_{\mathrm{p\_dc}}(\sqrt{x_5} - U_{\mathrm{dc}}^*))^2} - k_{\mathrm{p\_pll}} X_{\mathrm{f}} \left(x_6 + k_{\mathrm{p\_dc}}\left(\sqrt{x_5} - U_{\mathrm{dc}}^*\right)\right) \\
\dot{x}_3 = \dfrac{1}{T_{\mathrm{rv}}} \left(\sqrt{\dfrac{P^2 + Q^2 + {X_{\mathrm{f}}}^2 ({x_4}^2 + (x_6 + k_{\mathrm{p\_dc}}(\sqrt{x_5} - U_{\mathrm{dc}}^*))^2)^2}{{x_4}^2 + (x_6 + k_{\mathrm{p\_dc}}(\sqrt{x_5} - U_{\mathrm{dc}}^*))^2}} - 2 X_{\mathrm{f}} Q - x_3 \right) \\
\dot{x}_4 = k_{\mathrm{v}} (x_3 - U_{\mathrm{t}}^*) \\
\dot{x}_5 = 2(P - P_{\mathrm{in}}) / C_{\mathrm{dc}} \\
\dot{x}_6 = k_{\mathrm{i\_dc}} (\sqrt{x_5} - U_{\mathrm{dc}}^*)
\end{cases}
\tag{9-12}
$$

$$
\begin{cases}
\theta_{\mathrm{e}} = x_2 + \arctan\left(\dfrac{x_4 P + x_6 Q + k_{\mathrm{p\_dc}}\sqrt{x_5}Q - k_{\mathrm{p\_dc}}U_{\mathrm{dc}}^{*}Q}{x_6 P + k_{\mathrm{p\_dc}}\sqrt{x_5}P - k_{\mathrm{p\_dc}}U_{\mathrm{dc}}^{*}P - x_4 Q}\right) \\
E_{\mathrm{g}} = \sqrt{(P^2+Q^2)\big/(x_4{}^2 + (x_6 + k_{\mathrm{p\_dc}}(\sqrt{x_5} - U_{\mathrm{dc}}^{*}))^2)}
\end{cases}
\tag{9-13}
$$

式中，状态变量 x_1～x_6 的定义及说明如表 9-4 所示。式(9-12)决定了功率驱动下风机模型中状态变量的暂态特性，式(9-13)决定了内电势暂态和功率扰动、状态量暂态间的代数关系。

表 9-4　状态量定义及说明

状态量	状态量定义	稳态值	初始值
x_1	锁相环 PI 控制积分器状态	0	12.5
x_2	锁相环相位状态	0.82	0.88
x_3	端电压低通滤波器状态	1	0.92
x_4	端电压环积分控制器状态	−0.43	−0.37
x_5	直流电容电压状态	1	1
x_6	直流电压环 PI 控制积分器状态	1	1

为了方便表达，式(9-12)中的状态方程可记成如下形式：

$$
\dot{x}_j = f_j(x_1, x_2, x_3, x_4, x_5, x_6, P, Q),\quad j = 1, 2, \cdots, 6 \tag{9-14}
$$

式(9-13)中的代数方程可记成如下形式：

$$
\begin{cases}
\theta_{\mathrm{e}} = g_1(x_1, x_2, x_3, x_4, x_5, x_6, P, Q) \\
E_{\mathrm{g}} = g_2(x_1, x_2, x_3, x_4, x_5, x_6, P, Q)
\end{cases}
\tag{9-15}
$$

因此功率扰动下内电势的暂态响应特性不仅与功率扰动通过微积分关系相关，还与功率扰动通过代数关系相关。而且微分方程和代数方程均反映了不平衡功率输入与内电势暂态响应输出间的强非线性关系，非线性的主要类型为三角函数和幂函数等。风机本身动态特性分析时，若非线性影响可忽略，则基于伯德图可描述风机的激励-响应特性。然而实际风机激励-响应模型具有较强的非线性，针对大扰动下的暂态特性，非线性有着不可忽略的影响，因此对非线性的处理是风机本身暂态特性分析面临的主要难点之一。

本节在分析风机暂态特性时对非线性的处理是采用欧拉积分分段线性化的思想。如图 9-13 所示，图中实线为某扰动下系统动态响应的状态轨迹，基于对欧拉积分几何解释的深入认识，状态轨迹上任一运行点附近短时间段内的动态，可以用该运行点上的线性化方程描述。该思想可从多维非线性方程泰勒展开的角度解释，非线性状态方程可用其在待研究运行点上的高阶泰勒展开表示，当分析的时间段比较短时，状态量的偏移比较小，因此高阶项的影响可忽略，非线性动态方程可用其泰勒展开的一阶近似(即待分析运行点上的线性化方程)描述。

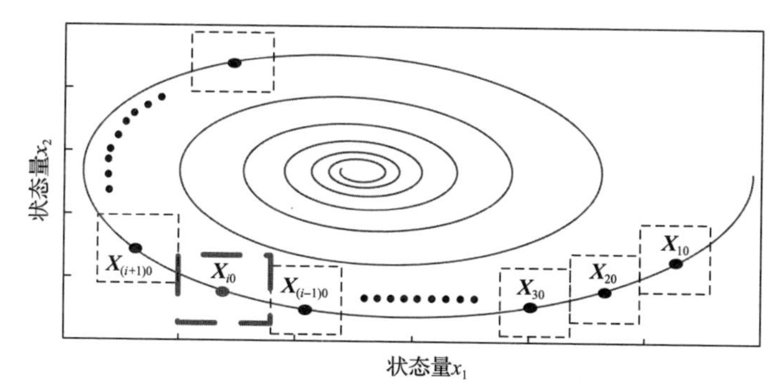

图 9-13　欧拉积分分段线性化示意图

以图 9-13 中第 i 个短时段为例，该短时段内的动态响应可用原非线性方程在运行点 $\boldsymbol{X}_{i0}$ 上的线性化方程去分析。由于运行点 $\boldsymbol{X}_{i0}$ 并非平衡点，因此其线性化方程带有外部激励，线性化方程的参数由原系统微分代数方程决定，并与 $\boldsymbol{X}_{i0}$ 的值有关。线性化方程刻画了该短时段内的激励响应特性，并且只在短时段 i 内有效。下一时段的运行点 $\boldsymbol{X}_{(i+1)0}$ 可由短时段 i 内的线性化方程求得，在运行点 $\boldsymbol{X}_{(i+1)0}$ 上继续进行线性化，可对短时段 $i+1$ 内的动态特性进行分析，因此通过这种不断循环迭代，便可用逐段定常的线性方程来逼近原非线性方程的动态响应。

基于欧拉积分分段线性化的思想，对式(9-12)和式(9-13)决定的非线性方程的动态特性进行分析。由式(9-12)可知，刻画装备动态特性的微分方程为六维，其状态变量列向量可表示为 $\boldsymbol{X}=[x_1,x_2,x_3,x_4,x_5,x_6]^{\mathrm{T}}$。在运行点 $\boldsymbol{X}_{i0}$ 附近的短时段 i 内，状态量在该短时段 i 内任一时刻的值与 $\boldsymbol{X}_{i0}$ 的偏差可表示为 $\Delta\boldsymbol{X}=\boldsymbol{X}-\boldsymbol{X}_{i0}$。因此第 j 个状态偏差量的动态如下：

$$\Delta\dot{x}_j = f_j(\boldsymbol{X},P,Q) = \boldsymbol{A}_{i0}(j,:)\Delta\boldsymbol{X}^{\mathrm{T}} + \boldsymbol{B}_{i0}(j,:)\begin{bmatrix}\Delta P & \Delta Q\end{bmatrix}^{\mathrm{T}} + \boldsymbol{C}_{i0}(j) \tag{9-16}$$

式中，$\boldsymbol{A}_{i0}$ 为式(9-12)中状态方程对状态变量 $\boldsymbol{X}$ 的一阶偏导构成的矩阵；$\boldsymbol{B}_{i0}$ 为状态方程对功率变量 P、Q 的一阶偏导矩阵；$\boldsymbol{C}_{i0}$ 为状态方程在工作点$[\boldsymbol{X}_{i0},P_{i0},Q_{i0}]$处的常数矩阵，反映了在非平衡点处进行线性化所带来的外部激励。$\boldsymbol{A}_{i0}$、$\boldsymbol{B}_{i0}$ 和 $\boldsymbol{C}_{i0}$ 的表达分别如下：

$$\boldsymbol{A}_{i0}(j,:) = \left[\frac{\partial f_j}{\partial x_1} \quad \frac{\partial f_j}{\partial x_2} \quad \frac{\partial f_j}{\partial x_3} \quad \frac{\partial f_j}{\partial x_4} \quad \frac{\partial f_j}{\partial x_5} \quad \frac{\partial f_j}{\partial x_6}\right]_{\boldsymbol{X}=\boldsymbol{X}_{i0},P=P_{i0},Q=Q_{i0}} \tag{9-17}$$

$$\boldsymbol{B}_{i0}(j,:)=\left[\frac{\partial f_j}{\partial P}\quad\frac{\partial f_j}{\partial Q}\right]\Bigg|_{\boldsymbol{X}=\boldsymbol{X}_{i0},P=P_{i0},Q=Q_{i0}} \tag{9-18}$$

$$\boldsymbol{C}_{i0}(j)=f_j(\boldsymbol{X}_{i0},P_{i0},Q_{i0}) \tag{9-19}$$

具体做法为对式(9-12)中的第j个状态方程$f_j(\boldsymbol{X},P,Q)$，把状态量$\boldsymbol{X}$和功率P/Q都看成变量，假设运行点$\boldsymbol{X}_{i0}$时刻处对应的功率量为P_{i0}、Q_{i0}，将状态方程$f_j(\boldsymbol{X},P,Q)$在工作点$[\boldsymbol{X}_{i0},P_{i0},Q_{i0}]$处对变量$[\Delta\boldsymbol{X},\Delta P,\Delta Q]$进行泰勒展开。当考虑的时间段比较短时，状态方程$f_j(\boldsymbol{X},P,Q)$泰勒展开变量的高阶项的影响可忽略，只用考虑其一阶项，因此便可得到反映该短时段内动态特性的线性方程式(9-16)。针对式(9-16)所刻画的装备短时段内的动态特性，其状态变量的频域的动态响应如下：

$$\Delta\boldsymbol{X}(s)=(s\boldsymbol{I}-\boldsymbol{A}_{i0})^{-1}\boldsymbol{B}_{i0}\begin{bmatrix}\Delta P(s)\\\Delta Q(s)\end{bmatrix}+(s\boldsymbol{I}-\boldsymbol{A}_{i0})^{-1}\frac{\boldsymbol{C}_{i0}}{s} \tag{9-20}$$

可知式(9-16)强迫响应的激励来源于两部分：功率扰动和非平衡点处进行线性化所带来的外部激励。其中功率扰动在后续结合网络方程进行系统行为分析时是构成闭环的，其决定动态行为特征，因此针对短时段内线性化方程式(9-16)，功率扰动所带来的响应特性是重点关注的部分。

既然装备通过内电势表征其外特性，那么需要通过状态量及功率扰动求得内电势，其非线性代数关系如式(9-13)所示。针对其短时段内的动态，状态量和功率的微小改变带来的内电势幅值相位的改变如下：

$$\begin{bmatrix}\Delta\theta_{\mathrm{e}} & \Delta E_{\mathrm{g}}\end{bmatrix}^{\mathrm{T}}=\boldsymbol{D}_{i0}\Delta\boldsymbol{X}+\boldsymbol{E}_{i0}\begin{bmatrix}\Delta P & \Delta Q\end{bmatrix}^{\mathrm{T}} \tag{9-21}$$

式中，$\boldsymbol{D}_{i0}$和$\boldsymbol{E}_{i0}$分别为式(9-13)对状态变量和功率求一阶偏导所得，其表达如下：

$$\boldsymbol{D}_{i0}(j,:)=\left[\frac{\partial g_j}{\partial x_1}\quad\frac{\partial g_j}{\partial x_2}\quad\frac{\partial g_j}{\partial x_3}\quad\frac{\partial g_j}{\partial x_4}\quad\frac{\partial g_j}{\partial x_5}\quad\frac{\partial g_j}{\partial x_6}\right]\Bigg|_{\boldsymbol{X}=\boldsymbol{X}_{i0},P=P_{i0},Q=Q_{i0}} \tag{9-22}$$

$$\boldsymbol{E}_{i0}(j,:)=\left[\frac{\partial g_j}{\partial P}\quad\frac{\partial g_j}{\partial Q}\right]\Bigg|_{\boldsymbol{X}=\boldsymbol{X}_{i0},P=P_{i0},Q=Q_{i0}} \tag{9-23}$$

结合式(9-20)和式(9-21)，可得状态轨迹上某运行点处短时段内功率扰动下内电势幅值相位的动态，如下：

$$\begin{bmatrix}\Delta\theta_{\mathrm{e}}(s)\\ \Delta E_{\mathrm{g}}(s)\end{bmatrix}=\left(\boldsymbol{D}_{i0}\left(s\boldsymbol{I}-\boldsymbol{A}_{i0\_6\times6}\right)^{-1}\boldsymbol{B}_{i0}+\boldsymbol{E}_{i0}\right)\begin{bmatrix}\Delta P(s)\\ \Delta Q(s)\end{bmatrix} \tag{9-24}$$

式(9-24)也可表示成图 9-14 所示的形式，整个动态过程中装备的暂态特性可通过图 9-14 迭代求得。由短时段内装备动态特性的框图图 9-14 可知，幅值动态和相位动态间存在紧密耦合，而且功率和内电势间的传递函数的参数不仅与线性化处的运行点的值相关，也与当时功率的值相关。针对所关注的浅度故障后的振荡行为，状态轨迹上运行点的值和扰动功率的值都是随时间变化的，因此短时段内装备的动态特性也是与时间相关的。在不同的时刻，系统处在状态轨迹不同运行点上，则分段表示的装备的动态特性也是不同的。可以知道，若系统处在平衡点上，则图 9-14 中线性传递函数的参数是确定的，其反映了通常所说的小扰动情况下装备的动态特性。

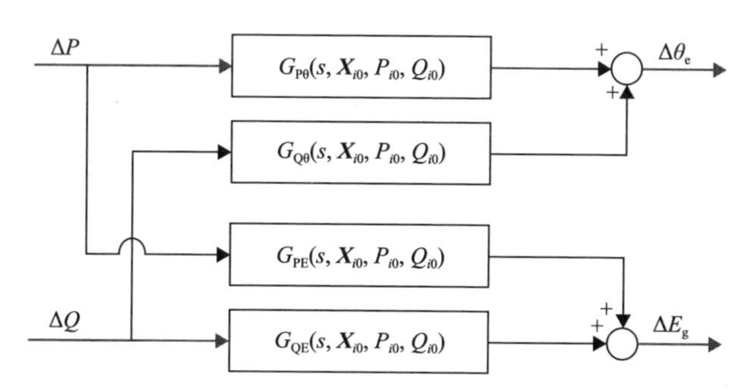

图 9-14　状态轨迹上某运行点处短时段内装备的动态特性

既然大扰动下装备的暂态特性可通过逐段定常的两输入两输出的传递函数刻画，那么将状态轨迹上不同运行点的值代入式(9-24)，可对实际扰动过程装备的暂态特性有一个直观的认识。基于此想法，为了使代入计算的运行点的值更接近实际情况，扰动后阶段装备的“激励-响应”模型接入一个简单电网，电网用其戴维南等效电路表示(理想电压源串联纯电感)，通过时域仿真得到状态轨迹上任一点处的值，仿真系统中的参数如表 9-5 所示，初始条件可通过实际扰动的暂态仿真得到，各状态量的初始值如表 9-4 所示。简单并网电力系统时域仿真得到的状态量及有功功率、无功功率随时间变化的波形如图 9-15 所示。

取图 9-15 仿真波形中虚线框中的数据分别代入式(9-24)，可得若干个短时段内装备的幅频和相频特性，其频谱在伯德图上表现为一簇曲线。由于关注的系统行为为振荡形式的，状态量的值总是围绕着平衡点的值上下波动，结合式(9-24)中的传递函数的具体表达，可知这一簇频谱曲线在伯德图上会构成一个曲面，而且平衡点对应的频谱曲线总是位于该曲面中间。进一步地，图 9-15 显示各子图第

表 9-5　仿真求取系统轨迹时全功率风机并网系统配置参数

符号	变量名称	参数值
k_{p_dc}, k_{i_dc}	直流电压控制器参数	1.65, 62
T_{rv}, k_v	端电压控制器参数	0.015, 150
k_{p_pll}, k_{i_pll}	锁相环参数	180, 12600
X_f	网侧变换器滤波电感	0.15p.u.
C_{dc}	直流电容	0.07p.u.
U_{dc}	直流母线电压	1100V
$I^*_{d\_lvrt}, I^*_{q\_lvrt}$	故障期间电流指令	0p.u., –0.3p.u.
I_{d0}, I_{q0}	故障前稳态电流指令	1p.u., –0.43p.u.
U_{g_lvrt}	故障期间远端电网残压	0.2p.u.
X_g, U_s	电网戴维南等效参数	0.74p.u., 1p.u.

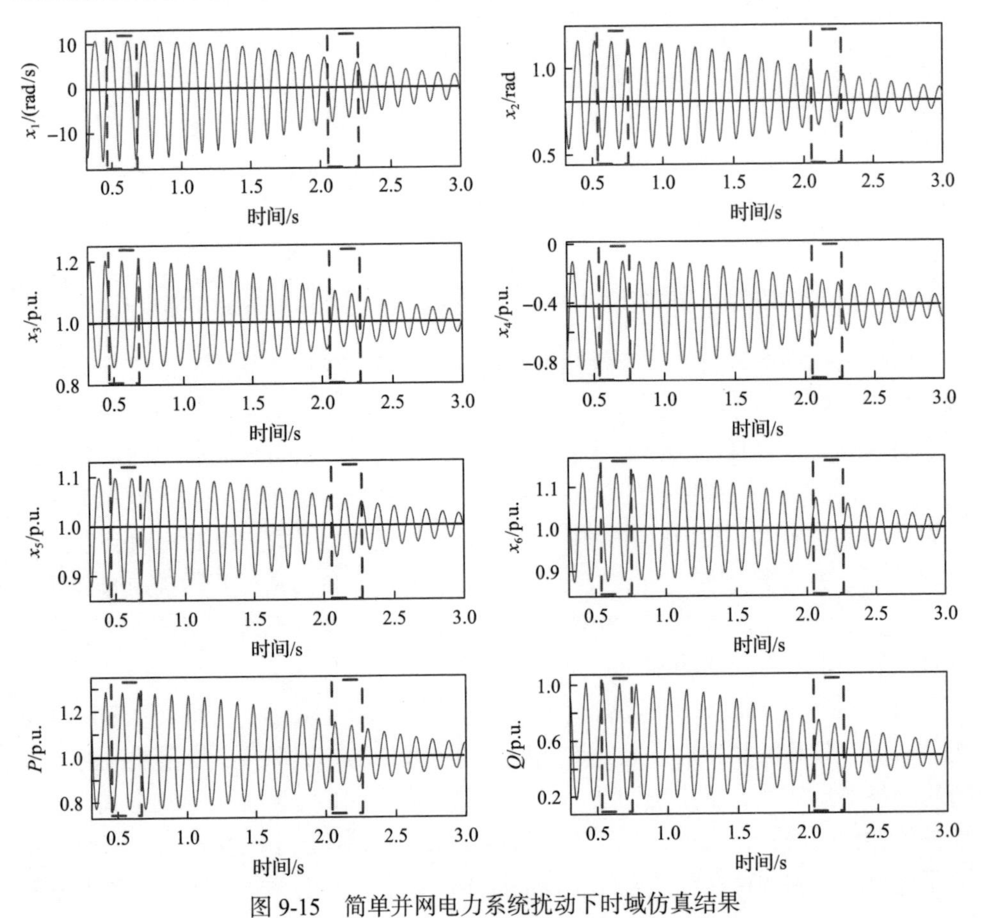

图 9-15　简单并网电力系统扰动下时域仿真结果

一个虚线框中的取样数据的波动范围要比第二个虚线框中的取样数据的波动范围大，由式(9-24)可知，状态量的值偏离平衡点越远，短时段内线性化的传递函数的频谱特性就会偏离平衡点所对应的频谱特性越远，因此第二个虚线框中的取样数据对应的一簇频谱曲线要落在第一个虚线框中取样数据所对应的频谱曲线簇内。而且图 9-15 中随着振荡的衰减，短时段内线性化传递函数的频谱曲线会越来越接近并最终收敛于平衡点对应的频谱曲线。反之，当系统振荡发散时，短时段内线性化传递函数的频谱曲线会越来越偏离平衡点对应的频谱曲线。

综上所述，基于欧拉积分分段线性化的思想，浅度故障下风机暂态特性可通过逐段定常的两输入两输出的传递函数刻画，由于风机模型中的非线性因素，传递函数的参数与状态轨迹上运行点的值相关，因此扰动过程中刻画风机动态特性的传递函数是随时间变化的。针对所关注的浅度故障的振荡行为，既然状态量的值是围绕着平衡点上下波动，那么由短时段内风机线性传递函数的具体表达式可知，任一短时段内传递函数的频谱曲线也是在平衡点所对应的频谱曲线附近上下波动。随时间变化的任一短时段内传递函数的一簇频谱曲线构成了伯德图上的一个曲面，反映了扰动过程中短时段内风机频谱曲线变化范围。而且系统振荡幅度越大，任一短时段内传递函数的频谱曲线围绕着平衡点所对应的频谱曲线上下波动的范围也就越广。风机本身开环特性的随时间变化的特征，使得扰动结束后系统振荡行为的分析面临挑战。众所周知，当非线性因素可忽略时，风机的开环频谱特性是固定的，系统的振荡行为有确定的振荡模态。然而当风机的开环频谱特性随时间变化时，振荡响应过程中振荡频率、幅值衰减率等振荡特征就会变得很复杂，大扰动下非线性振荡行为分析面临挑战。

2. 系统非线性振荡激励分析

浅度故障下系统模型如图 9-16 所示，用以刻画风机暂态特性的系统轨迹上短

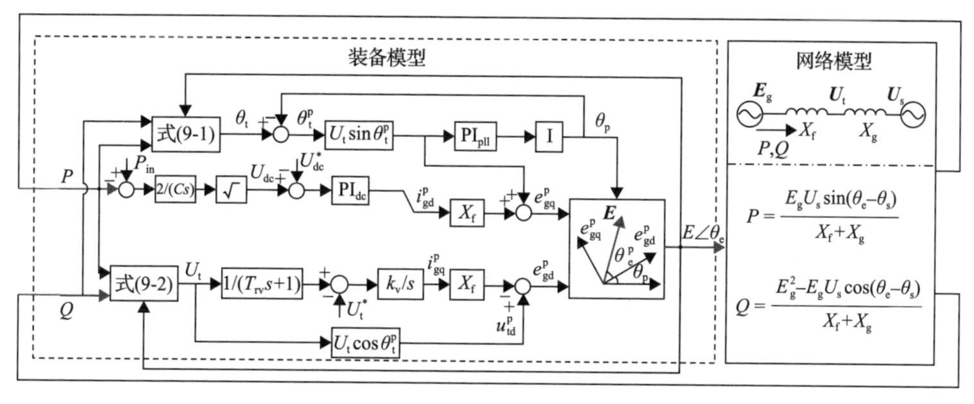

图 9-16　浅度故障下系统模型

时段内风机的线性化动态特性具有随时间变化的特征，而短时段内风机和网络的线性化动态特性共同决定了该短时段内系统的振荡特征，因此与线性振荡具有固定的振荡模态不同，非线性振荡的特征会更为复杂。下面着重对浅度故障下系统的非线性振荡及稳定性进行分析。

时频分析显示大扰动下系统振荡响应的振荡频率及幅值衰减率总是围绕着平衡点处线性化系统主导特征根的值随时间上下波动，幅值衰减率波动的幅度明显大于振荡频率波动的幅度。而且非线性因素影响下整体来看振荡响应的幅值衰减变慢，甚至有可能发散，即系统稳定性变差。下文将主要基于欧拉积分分段线性化的思想，对该振荡特征及稳定性进行分析。

首先基于欧拉积分分段线性化的思想，揭示振荡频率及幅值衰减率随时间变化的特征。考虑单机并网系统，浅度故障下系统模型如图 9-16 所示，则内电势通过网络产生的功率如下：

$$\begin{cases} P = E_{\rm g}U_{\rm s}\sin(\theta_{\rm e}-\theta_{\rm s})\big/(X_{\rm f}+X_{\rm g}) \\ Q = (E_{\rm g}^2 - E_{\rm g}U_{\rm s}\cos(\theta_{\rm e}-\theta_{\rm s}))\big/(X_{\rm f}+X_{\rm g}) \end{cases} \tag{9-25}$$

式中，$U_{\rm s}$为系统电压幅值；$\theta_{\rm s}$为系统电压相角。

网络方程为两输入两输出的非线性代数方程。仿照对装备暂态特性分析的思路，网络特性分析依然可以采用分段线性化的方法，在状态轨迹上任一运行点处，对网络方程进行线性化，该线性化的两输入两输出矩阵便反映了该运行点附近短时间内网络的暂态特性，如下：

$$\begin{bmatrix} \Delta P \\ \Delta Q \end{bmatrix} = \begin{bmatrix} K_{\rm P\theta}(\theta_{{\rm e}i0},\boldsymbol{E}_{i0}) & K_{\rm PE}(\theta_{{\rm e}i0},\boldsymbol{E}_{i0}) \\ K_{\rm Q\theta}(\theta_{{\rm e}i0},\boldsymbol{E}_{i0}) & K_{\rm QE}(\theta_{{\rm e}i0},\boldsymbol{E}_{i0}) \end{bmatrix} \begin{bmatrix} \Delta\theta_{\rm e} \\ \Delta E_{\rm g} \end{bmatrix} \tag{9-26}$$

式中，$\theta_{{\rm e}i0}$为第 i 个模态装备内电势相角稳态工作点的值；矩阵中元素的表达如下：

$$\begin{aligned} & K_{\rm P\theta}(\theta_{{\rm e}i0},\boldsymbol{E}_{i0}) = \frac{E_{i0}U_{\rm s}\cos\theta_{{\rm e}i0}}{X_{\rm f}+X_{\rm g}}, \quad K_{\rm PE}(\theta_{{\rm e}i0},\boldsymbol{E}_{i0}) = \frac{U_{\rm s}\sin\theta_{{\rm e}i0}}{X_{\rm f}+X_{\rm g}} \\ & K_{\rm Q\theta}(\theta_{{\rm e}i0},\boldsymbol{E}_{i0}) = \frac{E_{i0}U_{\rm s}\sin\theta_{{\rm e}i0}}{X_{\rm f}+X_{\rm g}}, \quad K_{\rm QE}(\theta_{{\rm e}i0},\boldsymbol{E}_{i0}) = \frac{2E_{i0}-U_{\rm s}\cos\theta_{{\rm e}i0}}{X_{\rm f}+X_{\rm g}} \end{aligned} \tag{9-27}$$

可知网络的分段线性化矩阵不是固定的，与线性化处运行点所对应的内电势幅值和相位的值有关，因此随着时间改变，网络的分段线性化矩阵也会改变。进一步地，针对所关注的振荡行为，内电势幅值和相位在时域上表现为围绕着平衡点处的值上下波动，因此线性化矩阵中元素的值也会随时间围绕着平衡点处对应的值上下波动。

结合某运行点处短时间段内装备的特性和网络的特性，便可按照线性系统分析的思路得到该短时段内系统的振荡特征，如图 9-17 所示。图 9-17 决定了该短时段内振荡响应的幅值衰减率、振荡频率等特征，并且只在该短时段内有效。状态轨迹上每个运行点附近短时段内都对应如图 9-17 所示的一个框图，框图中元素的值与运行点相关，不同的运行点处，其值有所不同，因此在不同时刻，系统的振荡特征是不同的，这也从定性的角度解释了非线性振荡的振荡特征随时间变化的原因。

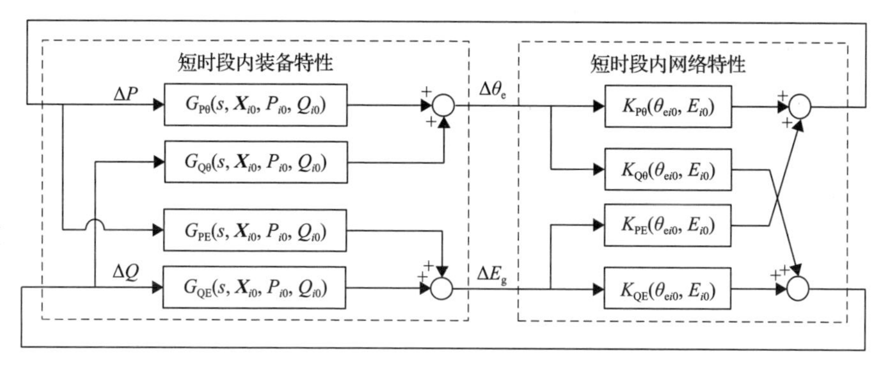

图 9-17　浅度故障下短时段内振荡特性分析

基于图 9-17，初始功率扰动带来装备内电势幅值相位的动态响应，内电势幅值相位的动态响应作用于网络，进一步影响装备的功率，构成的闭环系统决定了该短时段内系统振荡响应的特征，用于短时段内振荡特征分析的系统二维开环传递函数为

$$\boldsymbol{H}(s,\boldsymbol{X}_{i0})=\begin{bmatrix} H_{11}(s,\boldsymbol{X}_{i0}) & H_{12}(s,\boldsymbol{X}_{i0}) \\ H_{21}(s,\boldsymbol{X}_{i0}) & H_{22}(s,\boldsymbol{X}_{i0}) \end{bmatrix}=\begin{bmatrix} K_{\mathrm{P\theta}} & K_{\mathrm{PE}} \\ K_{\mathrm{Q\theta}} & K_{\mathrm{QE}} \end{bmatrix}\begin{bmatrix} G_{\mathrm{P\theta}} & G_{\mathrm{Q\theta}} \\ G_{\mathrm{PE}} & G_{\mathrm{QE}} \end{bmatrix} \tag{9-28}$$

由于基于二维传递函数分析系统的动态信息相对复杂，根据式(9-28)，可通过一些数学变换，得到求解短时段内线性化系统特征根的表达式：

$$1+\boldsymbol{L}(s,\boldsymbol{X}_{i0})=0 \tag{9-29}$$

式中，$\boldsymbol{L}(s,\boldsymbol{X}_{i0})$ 的表达式如下：

$$\boldsymbol{L}(s,\boldsymbol{X}_{i0})=\begin{bmatrix} H_{11}(s,\boldsymbol{X}_{i0})H_{22}(s,\boldsymbol{X}_{i0})-H_{12}(s,\boldsymbol{X}_{i0})H_{21}(s,\boldsymbol{X}_{i0}) \\ -H_{11}(s,\boldsymbol{X}_{i0})-H_{22}(s,\boldsymbol{X}_{i0}) \end{bmatrix} \tag{9-30}$$

其通过系统的二维开环传递函数式(9-28)变换得到。

式(9-29)的零点便能反映图 9-17 所示的短时段内线性化系统的特征根，主导特征根的实部和虚部便反映了短时段内主导本征模态分量的幅值衰减率和振荡频率。为了具体地得到任一短时段内系统的振荡特征，需首先得到并网系统任一时刻处装备和网络的频谱特性曲线。基于状态量的时域仿真数据，装备的频谱曲线如图 9-18 所示。网络的分段线性化矩阵为代数矩阵，其元素的值也可通过状态量的时域仿真数据得到，网络矩阵元素随时间变化的波形如图 9-19 所示。可知网络矩阵元素总是围绕着平衡点处对应元素值上下波动，其波动的范围及影响因素也可通过式(9-27)进行分析。

由前文分析可知，风机的短时段内线性化传递函数的频谱曲线也是围绕着平衡点对应的频谱曲线上下波动。既然 $\boldsymbol{L}(s,\boldsymbol{X}_{i0})$ 的表达式通过短时段内风机和网络的线性化传递函数得到，则其频谱也会围绕着平衡点对应的传递函数 $\boldsymbol{L}(s,X_{\mathrm{e}})$ 的频谱曲线上下波动，状态轨迹上不同运行点处 $\boldsymbol{L}(s,\boldsymbol{X}_{i0})$ 的频谱曲线簇也说明了这点，如图 9-20 所示。

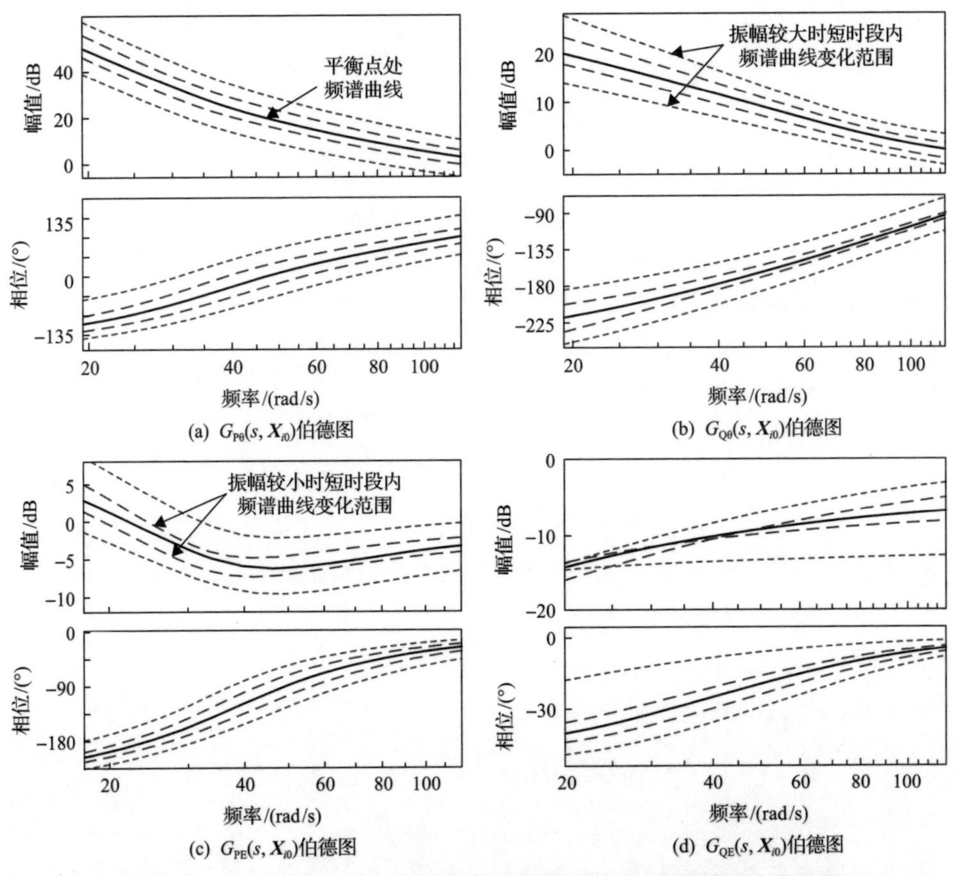

图 9-18　动态过程中风机的短时段内线性化模型频谱特性曲线变化范围

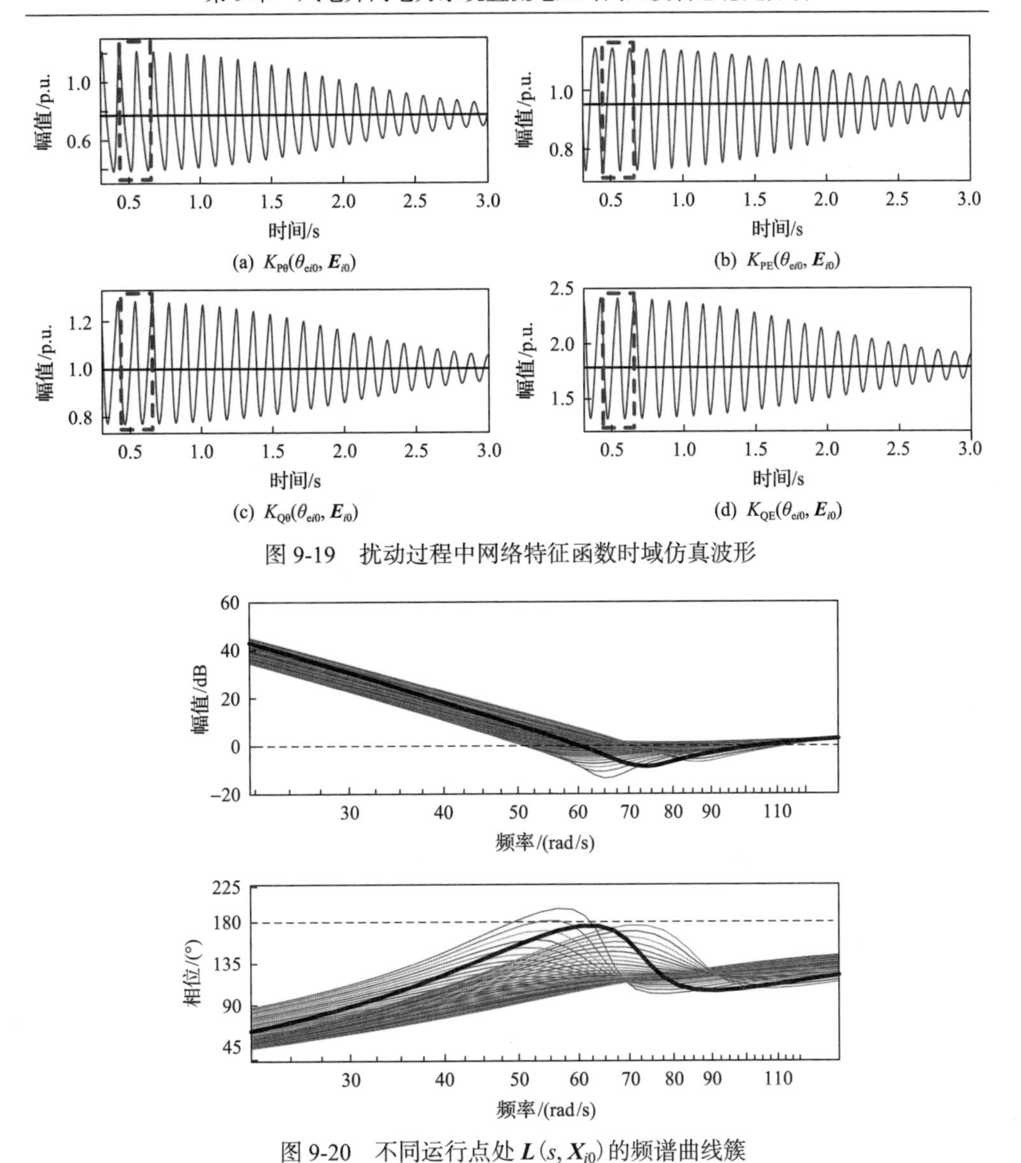

图 9-19　扰动过程中网络特征函数时域仿真波形

图 9-20　不同运行点处 $\boldsymbol{L}(s, \boldsymbol{X}_{i0})$ 的频谱曲线簇

由 $\boldsymbol{L}(s, \boldsymbol{X}_{i0})$ 的频谱曲线可得任一短时段内系统的振荡频率。例如，由平衡点处传递函数 $\boldsymbol{L}(s, X_{\mathrm{e}})$ 的频谱曲线(图 9-20 中粗实线)可知，在 10Hz 附近 $\boldsymbol{L}(s, X_{\mathrm{e}})$ 的幅值接近于 1，相位接近 180°，因此平衡点处线性化系统在 10Hz 附近存在一对弱阻尼的根，由前文分析可知，该根主导了浅度故障下的振荡。既然状态轨迹上不同点处 $\boldsymbol{L}(s, \boldsymbol{X}_{i0})$ 的频谱曲线不同，那么对应的主导特征根的值也不同，又由于 $\boldsymbol{L}(s, \boldsymbol{X}_{i0})$ 的频谱曲线总是在 $\boldsymbol{L}(s, X_{\mathrm{e}})$ 的频谱曲线附近波动的，因此任一运行点上线性化系统的振荡频率及幅值衰减率是随时间改变的，且总是围绕着平衡点处线

性化系统的振荡频率及幅值衰减率上下波动。进一步地，系统振荡幅度越大，$\boldsymbol{L}(s,\boldsymbol{X}_{i0})$ 的频谱曲线围绕 $\boldsymbol{L}(s,X_{\mathrm{e}})$ 的频谱曲线波动的范围就会越广，非线性系统振荡频率及幅值衰减率的波动范围就会越大。进一步地，由可图 9-20 可知，$\boldsymbol{L}(s,\boldsymbol{X}_{i0})$ 的频谱曲线在幅值图中央附近时相位的变化幅度明显要较为剧烈一些，这也在一定程度上解释了为什么非线性振荡幅值衰减率随时间变化的幅度要明显大于振荡频率随时间变化的幅度。综上所述，基于欧拉积分分段线性化的思想可以对浅度故障下系统振荡频率及幅值衰减率随时间变化的特征给予机理解释，而且基于分段线性化系统的具体数学表达能为深入研究该阶段系统的非线性振荡行为提供基础和帮助。

进一步地，基于短时段内线性化系统，对浅度故障下系统的稳定性进行机理分析。时频分析显示浅度故障下系统非线性因素影响的综合表现为恶化了振荡响应的幅值衰减，即浅度故障下系统振荡响应相对于平衡点处线性化系统振荡整体来看幅值衰减变慢，甚至系统振荡响应可能不衰减并趋向发散，即系统失稳。下文将基于短时段内线性化系统，重点研究浅度故障下系统振荡响应的幅值衰减特征，以对系统稳定性进行机理分析。

由前文分析可知，瞬时幅值衰减率对时间的积分反映了振荡过程中幅值的衰减，基于欧拉积分分段线性化的思想，状态轨迹上任一运行点附近短时段内线性化系统特征根能反映该短时段内系统的振荡特征，因此随时间变化的主导特征根的实部与时间轴围成的面积在一定程度上能够反映非线性振荡响应过程中幅值的衰减。基于状态轨迹上任一运行点附近短时段内线性化系统，可对主导特征根实部随时间变化的特征进行深入分析，以此揭示浅度故障下系统振荡响应的幅值衰减特征及稳定性。

由欧拉积分分段线性化思想可知，系统振荡响应过程中每个短时段内的动态可由状态轨迹上运行点处线性化系统反映。短时段内线性化系统的模态分析结果显示，系统有三对特征根，其中弱阻尼特征根 $\lambda_{5,6}$ 为系统主导特征根，系统的振荡响应主要由这组特征根决定，另外两组特征根 $\lambda_{3,4}$ 和 $\lambda_{1,2}$ 由于阻尼较大，其主导的振荡响应会很快衰减掉，因此浅度故障下系统的大扰动振荡响应特征可主要针对弱阻尼特征根 $\lambda_{5,6}$ 展开分析。考虑到系统振荡特征随时间变化的特性，任一短时段内线性化系统的弱阻尼特征根 $\lambda_{5,6}$ 可表达如下：

$$\lambda_{5,6}(t)=\sigma_3(t)\pm \mathrm{j}\omega_3(t) \tag{9-31}$$

短时段内线性化系统的特征根与其状态矩阵元素有关，浅度故障下，系统由于非线性因素的影响，状态矩阵的元素是依赖于状态轨迹上运行点的，其值随着不同时间断面处状态变量的值不同而不同，因此短时段内线性化系统主导特征根的值随时间变化的特征也可认为是状态量的振荡带来的。在小扰动分析时，由于扰动较小，状态量虽然是围绕着平衡点处的值在振荡，但其振荡幅度较小，使得任一短时段内线性化系统可用平衡点处线性化系统近似，小扰动分析时可认为系统的主导特征根的值是固定的。针对大扰动下主导特征根的值随时间变化的特征，直观的理解如下，平衡点处线性化系统具有一个恒定的主导特征根，该主导特征根的值是依赖于运行点的，当运行点偏离后，主导特征根的值也会变化，即系统线性化时状态变量的变化会带来主导特征根值的不同，也就是所谓的特征根对状态变量值的灵敏度。系统振荡过程中，状态变量的值总是变化的，然而主导特征根值的求取又是与状态变量值有关的，振荡特征的时变特性由此产生。

为了分析状态变量值的变化对主导特征根的影响，可以针对短时段内线性化系统，从其主导特征根对状态变量值的灵敏度的角度分析。特征根灵敏度与模态分析中的参与因子不同，模态分析中参与因子实际上只是特征根对状态矩阵 $\boldsymbol{A}$ 的对角元素的灵敏度，只能够指示对应模态中相应状态量的相对参与程度。而特征根灵敏度具有更普遍的意义，可以对非状态矩阵元素(如元件参数、运行参数等)计算灵敏度，而且灵敏度的正负还可以指示参数变化引起特征根变化的方向[7-10]。此处将特征根灵敏度的概念应用到状态轨迹上短时段内线性化系统的分析中，借此来分析状态量的变化对主导特征根的影响，试图以此思路揭示浅度故障下系统振荡响应幅值衰减特征及稳定性。

首先针对平衡点处线性化系统，分析主导特征根 $\lambda_{5,6}$ 的实部和虚部对状态变量值的灵敏度。浅度故障下系统的状态空间模型平衡点处线性化系统可表示为

$$\Delta\dot{\boldsymbol{X}} = \boldsymbol{A}(x_j)\Delta\boldsymbol{X} \tag{9-32}$$

状态矩阵 $\boldsymbol{A}(x_j)$ 表示其矩阵元素的值是依赖于某个状态量 x_j 的值的，x_j 微小变化时带来的特征根实部和虚部的微小改变量，就是特征根对状态变量 x_j 的值的灵敏度，以此可分析浅度故障下系统对任一状态变量的灵敏度。

令 $\lambda(x_j)$ 为矩阵 $\boldsymbol{A}(x_j)$ 的某一特征值，$\boldsymbol{V}(x_j)$ 、$\boldsymbol{U}(x_j)$ 分别为该特征值所对应的左右特征向量，即

$$\begin{cases}\boldsymbol{A}(x_j)\boldsymbol{U}(x_j) = \lambda(x_j)\boldsymbol{U}(x_j)\\ \boldsymbol{V}(x_j)\boldsymbol{A}(x_j) = \lambda(x_j)\boldsymbol{V}(x_j)\end{cases} \tag{9-33}$$

针对式(9-33)中的第一个公式，对状态量 x_j 求导可得

$$\frac{\mathrm{d}\boldsymbol{A}(x_j)}{\mathrm{d}x_j}\boldsymbol{U}(x_j) + \boldsymbol{A}(x_j)\frac{\mathrm{d}\boldsymbol{U}(x_j)}{\mathrm{d}x_j} = \frac{\mathrm{d}\lambda(x_j)}{\mathrm{d}x_j}\boldsymbol{U}(x_j) + \lambda(x_j)\frac{\mathrm{d}\boldsymbol{U}(x_j)}{\mathrm{d}x_j} \tag{9-34}$$

对式(9-34)，等号两边同时左乘左特征向量，并化简可得特征根 $\lambda(x_j)$ 对状态变量 x_j 值的灵敏度，如式(9-35)所示，其衡量了 x_j 改变时 $\lambda(x_j)$ 值的改变程度。

$$\frac{\mathrm{d}\lambda(x_j)}{\mathrm{d}x_j}=\frac{\boldsymbol{V}(x_j)\dfrac{\mathrm{d}\boldsymbol{A}(x_j)}{\mathrm{d}x_j}\boldsymbol{U}(x_j)}{\boldsymbol{V}(x_j)\boldsymbol{U}(x_j)} \tag{9-35}$$

将平衡点处线性化系统的值代入式(9-35)，可得主导特征根 $\lambda_{5,6}$ 的实部对任一状态变量值的灵敏度，其结果如图 9-21 所示，可知 $\lambda_{5,6}$ 明显对状态变量 x_2 的改变比较敏感，x_2 的值偏离平衡点处时，$\lambda_{5,6}$ 的实部会发生较大的变化，x_2 代表了锁相环相位的状态，即主导特征根实部对锁相环相位状态的变化灵敏度较高。基于对特征根灵敏度的认识，实际振荡响应过程中，可基于每个时间断面处状态量的值与平衡点处状态量值的偏差程度，以特征根灵敏度来估算任一时间断面处短时段内线性化系统的特征根。鉴于振荡响应过程中状态量总是变化的，因此其短时段内线性化系统的特征根也总是变化的，而且振荡幅度较大时，特征根变化的幅度也就大一些，这也在一定程度上能够解释为什么非线性系统振荡频率和幅值衰减率随时间变化。进一步地，基于特征根灵敏度，还可以揭示浅度故障下幅值衰减率相对于振荡频率变化较为剧烈的内在原因。

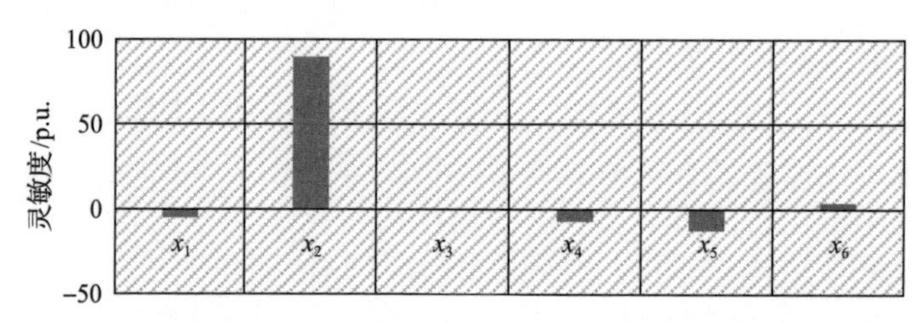

图 9-21　平衡点处线性化系统主导特征根实部对状态变量的灵敏度

平衡点处线性化系统特征根灵敏度分析反映了状态变量微小偏离其平衡点处值时，系统特征根的改变程度，当扰动相对较小时，可用该灵敏度值乘以偏差量来近似估算系统轨迹上任一时间断面处的线性化系统特征根，因此该灵敏度结果能大致用于分析所关注的主导特征根实部随时间变化的趋势。由灵敏度分析表达式[式(9-35)]可知，其具体值也是依赖于运行点的，不同运行点处线性化系统的灵敏度值是不同的。因此，当扰动相对较大时，如果仍然用平衡点处灵敏度值乘以偏差量来近似估算其他运行点上的线性化系统特征根，会带来一定误差，其误差的大小与灵敏度值随运行点改变的大小有关。

依据对灵敏度分析的深入理解，将式(9-35)进行推广，可以得到状态轨迹上任一短时段内线性化系统特征根灵敏度，其结果如图 9-22 所示，其中所用的任一时刻处状态量的值来源于时域仿真数据。可知任一时刻处线性化系统主导特征根实部对状态变量值的灵敏度是不同的，其具体值围绕着平衡点所对应的灵敏度值上下波动，该结论也可通过式(9-35)定性得到。由图 9-22 进一步可知，虽然灵敏度值是随时间变化的，但可以明显看出主导特征根实部 $\sigma_3(t)$ 对状态变量 x_2 值的灵敏度远大于对其他状态变量值的灵敏度，而且针对 $\sigma_3(t)$ 对 x_2 值的灵敏度，其灵敏度值的变化范围是远小于其平衡点处所对应的灵敏度值的，因此用平衡点处 $\sigma_3(t)$ 对 x_2 值的灵敏度值乘以 x_2 与平衡点处值 x_{2e} 的偏差量是能从定性的角度去认识 $\sigma_3(t)$ 随时间变化的趋势特征的，更精确的分析也可基于此思路综合考虑多个状态量灵敏度情况及其与平衡点处值偏差情况。

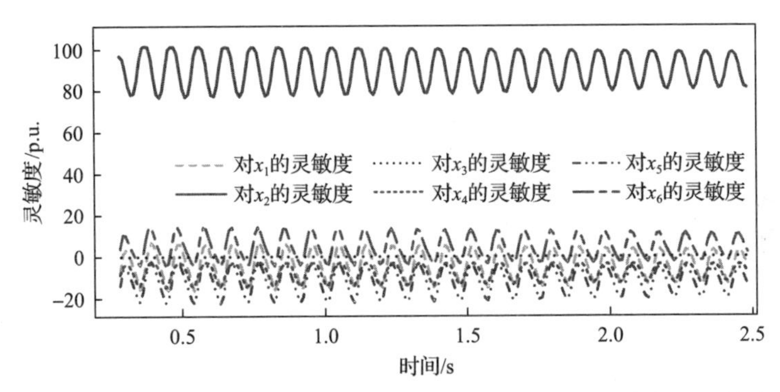

图 9-22　任一短时段内线性化系统主导特征根实部对状态变量灵敏度

基于上述认识，可从机理上揭示浅度故障下系统相比于平衡点处线性化系统的振荡响应整体来看幅值衰减变慢甚至可能发散导致系统不稳定的原因。具体如下，在两种不同大小的扰动下，锁相环相位状态变量 x_2 与其平衡点处值 x_{2e} 的偏差量时域仿真结果如图 9-23 所示，针对其近似一个完整周波的波形可知，在振荡幅度相对较小时，该仿真波形的正负半波近似对称，然而当系统振荡幅度较大时，该波形正负半波具有明显的不对称性，明显正半波的峰值高于负半波，而且该不对称性会随着振荡幅度的变大而变大。进一步地，由前文灵敏度分析结果可知，$\sigma_3(t)$ 对 x_2 的灵敏度值为 90p.u.左右，较小的状态量值改变也会带来比较大的主导特征根实部的改变，又由于在振荡幅度较大的情况下状态变量 x_2 与其平衡点处值 x_{2e} 的偏差量波形正负半波有较大的不对称性，$\sigma_3(t)$ 相对 σ_{3e} 的正负半波在振荡幅度较大时会有更明显的不对称性，如图 9-24 所示。更进一步地，针对平衡点处线性化系统，σ_{3e} 在 $0 \sim T$(T 为振荡周期)时间段内与时间轴围成的面积 A_3 反映了该段时间内线性振荡响应幅值的衰减量。基于对欧拉积分分段线性化的深入认识，在 $0 \sim T$ 时间段内 $\sigma_3(t)$ 与时间轴围成的面积 $(A_3-A_1+A_2)$ 在一定程度上也反映了非线性系统振荡响应幅值的衰减量。当振荡幅度较小时，由于状态变量 x_2 与其平衡点处值 x_{2e} 的偏差量波形的正负半波近似对称，因此 $\sigma_3(t)$ 正半波与时间轴围成的面积 A_1 约等于其负半波与时间轴围成的面积 A_2，因此有 $(A_3-A_1+A_2) \approx A_3$，表明在近似一个周波时间段内，非线性系统与线性系统振荡响应衰减快慢相当。

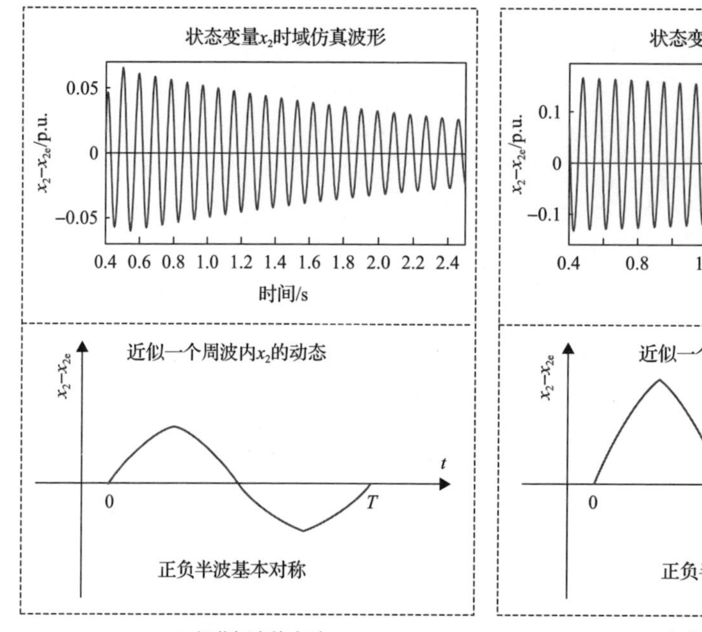

(a) 振荡幅度较小时

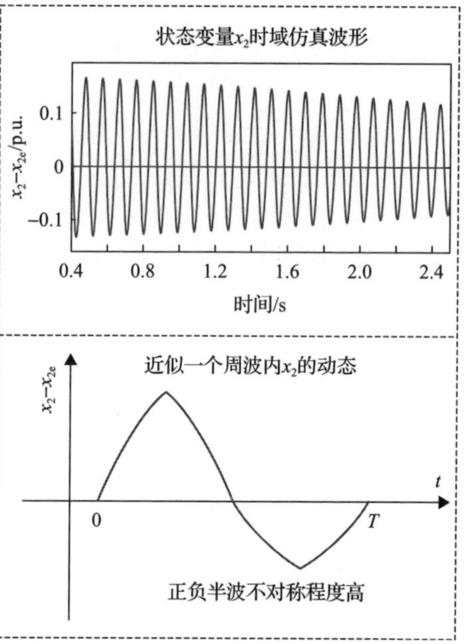

(b) 振荡幅度较大时

图 9-23　不同振荡幅度大小下状态变量 x_2 时域波形对比

然而当振荡幅度较大时，由于 $\sigma_3'(t)$ 相对 σ_{3e} 的正负半波的明显不对称性，$\sigma_3'(t)$ 正半波与时间轴围成的面积 A_1' 明显大于其负半波与时间轴围成的面积 A_2'，而且振荡幅度越大，$A_1'>A_2'$ 表现得越为明显，因此 0～T 时间段内，$A_3'-A_1'+A_2'<A_3'$，非线性振荡响应幅值衰减相比于平衡点处线性化系统会更慢。由此说明，当振荡幅度较大，非线性因素影响较强，浅度故障下系统的振荡响应整体来看幅值衰减会变慢，而且振荡幅度越大，幅值衰减会越慢。当振荡幅度特别大时，甚至会出现在 0～T 时间段内 $\sigma_3'(t)$ 与时间轴围成的面积($A_3'-A_1'+A_2'$)小于零的情况，意味着该段时间内，幅值整体情况表现为增幅，振荡幅度的进一步加大，使得下一个近似周波 0～T 时间段内 $\sigma_3'(t)$ 与时间轴围成的面积($A_3'-A_1'+A_2'$)更加趋向负值，该段时间内幅值整体情况增加得更多，在这种类似正反馈机制的作用下，浅度故障下系统振荡响应幅值会趋向于增大，即系统失稳。

综上所述，当浅度故障下系统振荡幅度较大时，随时间变化的短时段内线性化系统主导特征根实部与时间轴围成的面积会小于平衡点处线性化系统主导特征根与时间轴围成的面积，而且当振荡幅度变大时，该情况会表现得更为明显。又由于主导特征根与时间轴围成的面积反映了该段时间内振荡响应的幅值衰减量，因此非线性因素的影响整体来看是恶化了系统振荡响应的幅值衰减，在一定情况下甚至振荡响应幅值不收敛并趋向发散使系统失稳的情形。

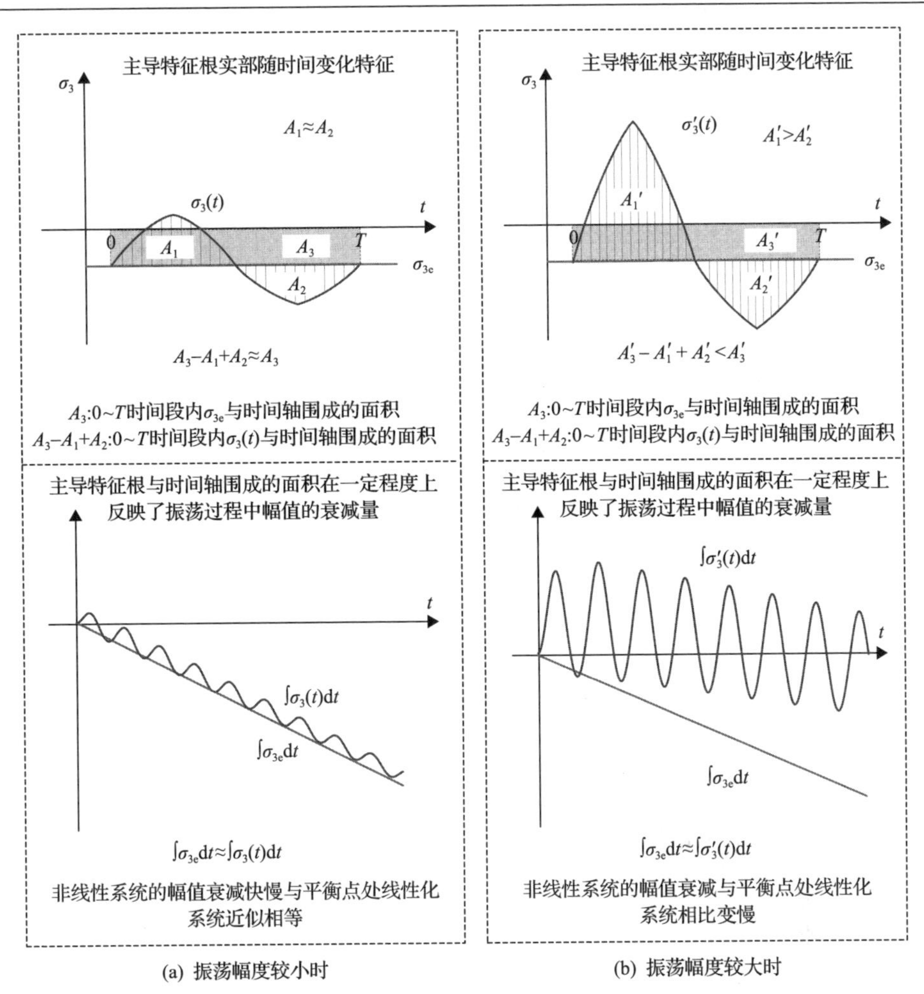

(a) 振荡幅度较小时　　(b) 振荡幅度较大时

图 9-24　浅度故障下系统振荡响应幅值衰减变慢甚至发散使系统不稳定的机理解释

9.4　深度故障下全功率风机并网电力系统直流电压时间尺度暂态稳定性

9.4.1　风机并网电力系统直流电压时间尺度下的暂态特性

深度故障持续阶段，直流电压控制闭锁，直至故障恢复初期端电压控制和电流爬坡控制切入，而电流爬坡控制对系统的稳定性具有较大的影响，因此本节假设故障持续阶段已经达到稳态，主要考虑故障恢复初期的暂态特性。

爬坡阶段，全功率风机的“激励-响应”模型如图 9-6 所示，可以看出该阶段风机的暂态特性主要由锁相控制和端电压控制的动态决定，可以理解为由两自由度的动态所决定。锁相控制自由度主要影响内电势相位的动态，端电压控制自由度主要影响内电势幅值的动态。

首先针对风机内电势相位暂态特性进行研究，为了简化，假设内电势幅值保持恒定，忽略幅值支路的动态，用于分析该假设条件下爬坡阶段内电势相位暂态特性的框图如图 9-25 所示。可以知道，内电势相位主要由两部分组成：锁相环相位 θ_p 和内电势相对于锁相环相位 θ_e^p。

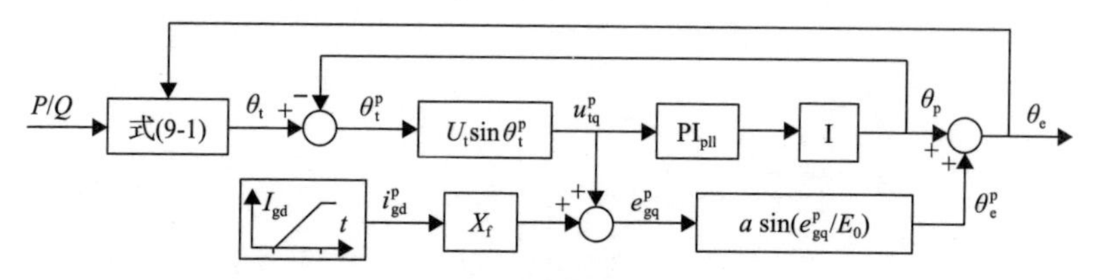

图 9-25　内电势幅值恒定假设下爬坡阶段全功率风机内电势相位动态

a 为常系数

内电势相对于锁相环的相位 θ_e^p 的表达如下：

$$\theta_e^p = \arcsin\frac{X_f i_{gd}^p + u_{tq}^p}{E_{g0}} \tag{9-36}$$

可知其与爬坡阶段有功电流 i_{gd}^p 的动态有关。进一步地，由于锁相环的快速调节，u_{tq}^p 与 $X_f i_{gd}^p$ 相比会相对较小，因此该阶段 θ_e^p 的暂态特性主要受 i_{gd}^p 影响。由式(9-36)可知，既然爬坡阶段 i_{gd}^p 按照爬坡速率定义的斜率随时间单调增大，那么 θ_e^p 在该电流驱动下也会有单调增大的趋势，且增大的快慢与爬坡速率大小有关，爬坡速率越大，θ_e^p 单调增大得就越快。因此，爬坡阶段内电势相位分量之一 θ_e^p 会单调增大，且该相位分量对时间的变化率(即频率)与爬坡速率大小呈正相关，爬坡速率越大，该相位分量对应的频率分量就会越大。

锁相环相位 θ_p 的动态如下：

$$\theta_p = \frac{k_{p\_pll}s + k_{i\_pll}}{s^2}\left[U_t\sin(\theta_t - \theta_p)\right] \tag{9-37}$$

由锁相环工作原理可知，扰动下其对端电压矢量的相位进行跟踪，端电压矢量相位和锁相环相位的偏差作用于锁相环控制器，来调节其转速和相位，以使得锁相环相位能跟踪上端电压相位，因此端电压相位 θ_t 的动态就主要决定了扰动下锁相环相位 θ_p 的动态。由图 9-25 可知，端电压相位 θ_t 与风机输出的有功/无功功率有关，基于对电力系统的基本认识可知，θ_t 主要受有功功率 P 的影响，和 P 基本呈正相关关系，即有功功率 P 增大时，端电压相位 θ_t 也会增大。爬坡阶段，由于风机有功电流指令斜坡上升，该阶段风机输出的有功功率 P 一般也表现为斜坡上升，因此风机端电压相位 θ_t 在该有功电流爬坡激励下也会有斜坡上升的趋势。既然锁相环的工作原理为跟踪端电压相位，θ_p 在爬坡阶段也会有单调增大的趋势，其增大的快慢与 θ_t 的动态有关。进一步可知，爬坡速率越大，爬坡阶段有功电流 i_{gd}^p 增加得就越快，使得并网时风机实际输出的有功功率 P 增加得越快。既然端电压矢量的相位 θ_t 和风机实际输出的有功功率 P 正相关，那么 θ_t 在大的爬坡速率下也会增加得较快，因此锁相环相位 θ_p 就会以比较大的斜率增加。基于以上认识可知，爬坡阶段内电势相位分量 θ_p 会有单调增大的趋势，且该相位分量对时间的变化率(即频率)也与爬坡速率大小呈正相关，爬坡速率越大，该相位分量对应的频率分量就会越大。

风机内电势的实际相位 θ_e 是由锁相环相位 θ_p 和内电势相对于锁相环相位 θ_e^p 两部分组成：

$$\theta_e = \theta_p + \theta_e^p$$

由前文分析可知，爬坡阶段，θ_p 和 θ_e^p 都有单调增大的趋势，因此爬坡阶段内电势实际相位 θ_e 也有单调增大的趋势。而且相位 θ_p 和 θ_e^p 对应的频率分量都与爬坡速率大小呈正相关，因此爬坡阶段内电势的频率也与爬坡速率大小呈正相关。

爬坡阶段，内电势幅值的暂态特性可主要基于图 9-6 的下半支进行分析，即幅值暂态主要与内电势锁相坐标系下 d 轴分量 e_{gd}^p 有关，幅值暂态受端电压控制动态的影响。由图 9-6 可知，内电势幅值支路的动态与风机输出有功/无功功率的动态有关，且其主要受无功功率动态的影响。风机输出有功/无功功率的扰动会带来风机端电压的动态，其通过端电压控制器的调节来影响风机内电势的幅值。考虑到端电压控制器的目的在于维持端电压幅值的恒定，因此爬坡阶段内电势幅值会有一个小范围的动态，其与内电势相位暂态会有明显单调增大的表现不同，具体表现形式与网络方程有关。

基于对爬坡阶段风机直流电压时间尺度暂态特性的分析，可对其并网系统扰动下风机内电势的暂态行为预先有一个基本的认识。进一步地，结合网络方程，可对实际扰动下内电势幅值相位的暂态行为做详细分析。

9.4.2　风机并网电力系统直流电压时间尺度下的暂态稳定影响因素

由于风机装备的特性由其本身复杂的控制所主导，而在爬坡阶段和爬坡结束后阶段风机控制有所不同，则其暂态特性也不一样。反映故障恢复初期全功率风机并网电力系统暂态行为断续特征的框图如图 9-26 所示。由于系统暂态行为的断续特征，恢复过程可分为两个阶段，用于反映两阶段关系的示意图如图 9-27 所示，可知爬坡阶段的暂态行为决定了爬坡结束后阶段系统的初始点，由于爬坡结束后阶段系统的强非线性，其初始点对爬坡结束后系统的非线性振荡及稳定性影响很大，不但影响其振荡特征随时间变化的明显程度，而且决定了其振荡响应幅值是收敛还是发散，即系统是否稳定的问题。爬坡阶段系统是在有功电流指令爬坡激励下从故障期间稳态工作点开始运动，影响该过程的主要因素除了控制器参数外，还包括爬坡速率和故障期间电流指令等，因此爬坡结束时刻系统状态与爬坡速率和故障期间电流指令密切相关，即爬坡结束后系统的非线性振荡行为及稳定性也受爬坡阶段爬坡速率和故障期间电流指令的影响。

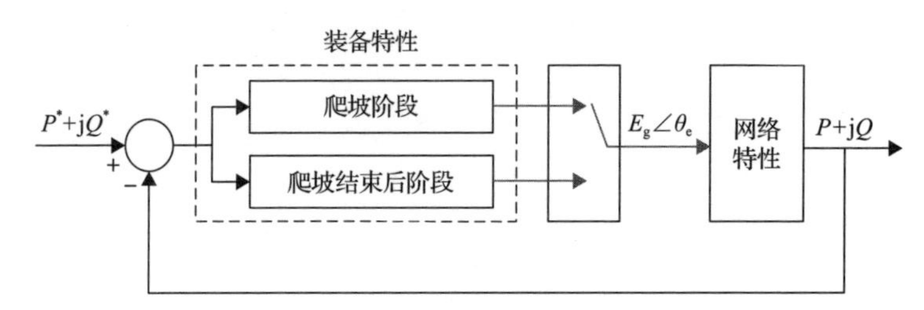

图 9-26　故障恢复初期系统暂态行为断续特征

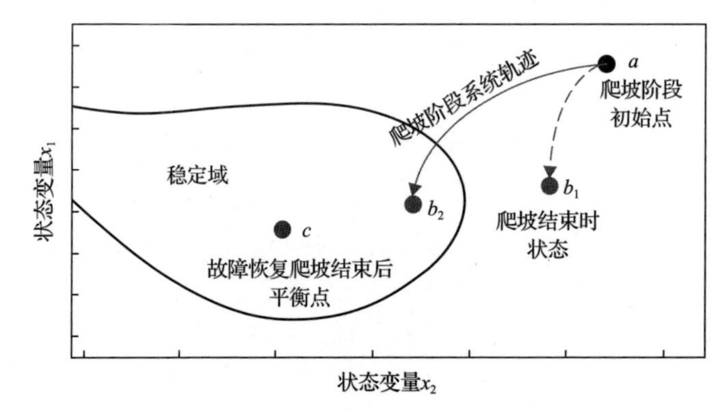

图 9-27　故障恢复爬坡阶段和爬坡结束后阶段两个阶段间关系的示意图

进一步地，将上述过程两阶段的关系与同步机的机电暂态问题研究中故障期间和故障恢复后的关系相类比可知，爬坡阶段类似于同步机机电暂态稳定分析时的故障期间阶段，爬坡结束后阶段类似于同步机机电暂态稳定分析时的故障恢复初期。前一阶段对后一阶段的影响都表现为前一阶段决定了后一阶段的初始点，由于后一阶段系统的非线性特征，其初始点对系统行为影响很大，因此前一阶段其实相当于决定了后一阶段是否稳定等重要信息。本节将从这个角度探讨爬坡阶段暂态行为对爬坡结束后阶段系统振荡及稳定性的影响。

1. 爬坡速率大小对爬坡结束后系统非线性振荡及稳定性的影响

爬坡阶段，在有功电流爬坡激励下，内电势的角速度和相位从故障期间稳态运行点开始运动，呈现近似单调上升的趋势。爬坡速率越大，爬坡结束后其角速度偏离稳态值越远。爬坡阶段暂态行为决定了爬坡结束后阶段系统的初始点，爬坡结束后系统的非线性振荡及稳定性受内电势相位支路的初始值影响很大。由于非线性因素的影响，初始点偏离平衡点越远，振荡频率和幅值衰减率随时间变化的剧烈程度就越明显，而整体来看振荡幅值的衰减就越慢甚至发散使系统不稳定。

爬坡结束后，系统控制与浅度故障下的控制方式相同，由 9.3 节对浅度故障下系统非线性振荡的幅值衰减特征及稳定性机理分析可知，幅值衰减快慢与状态变量 x_2(即锁相环的相位)的初始振幅密切相关，锁相环相位的初始振幅越大，系统非线性振荡响应的幅值衰减越慢甚至会发散。由对浅度故障下系统暂态行为的分析可知，该阶段锁相环相位与其稳态值的偏差可表示如下：

$$x_2 - x_{2\mathrm{e}} = A_0 \mathrm{e}^{\int \sigma_3(t)\mathrm{d}t} \cos\left(\int \omega_3(t)\mathrm{d}t\right) \tag{9-38}$$

即为一个单分量非线性振荡响应。其中，A_0 为爬坡结束时刻处锁相环相位振荡响应的瞬时振幅，也即为爬坡结束后阶段初始振幅，其决定了接下来的暂态响应过程中幅值衰减的快慢。由前文分析可知，A_0 值越大，爬坡结束后的振荡响应幅值衰减得越慢，当 A_0 大过一定值时甚至会出现振荡发散，即系统失稳的情况。由于爬坡结束时刻锁相环相位振荡波形的瞬时振幅求解比较复杂，可用爬坡结束后锁相环相位振荡波形的第一个波峰值代替表示，该波峰值可通过时域仿真数据得到。

不同爬坡速率(表 9-6 中用爬坡系数来表示爬坡速率)下初始振幅 A_0 的值如表 9-6 所示，可知随着爬坡速率的变大，A_0 的值也变大。由前文分析可知，爬坡结束后系统振荡响应的瞬时幅值衰减率对状态变量 x_2 的值有较大的灵敏度，当 x_2 振荡的幅度较大时，瞬时幅值衰减率会有比较大的波动。又由于 x_2 的振荡波形正负半波的不对称性，瞬时幅值衰减率对时间的积分会有相对变小的趋势，即幅值衰减变慢，该情况在 x_2 的初始振幅 A_0 比较大时会表现得更为明显。不同爬坡速率下内电势角速度大扰动振荡波形对比结果如图 9-28 所示，可知爬坡速率较小时系统振荡响应是收敛的，在大的爬坡速率下，出现了振荡发散即系统失稳的情况。这是由于在大的爬坡速率下，初始振幅 A_0 比较大，使得幅值衰减被恶化得比较明显，瞬时幅值衰减率对时间的积分甚至出现了趋向正值并变大的趋势，因此出现了增幅振荡，即系统失稳。不同爬坡速率下内电势角速度振荡波形时频分析结果对比如图 9-29 所示，明显可以看出，爬坡速率较大时，瞬时幅值衰减率和振荡频率随时间变化的程度较为明显。

表 9-6　不同爬坡速率下爬坡结束时刻状态量 x_2 的初始振幅

k_{ramp}	2	5	8	11	14
A_0	0.0079	0.0181	0.0268	0.0342	0.0405

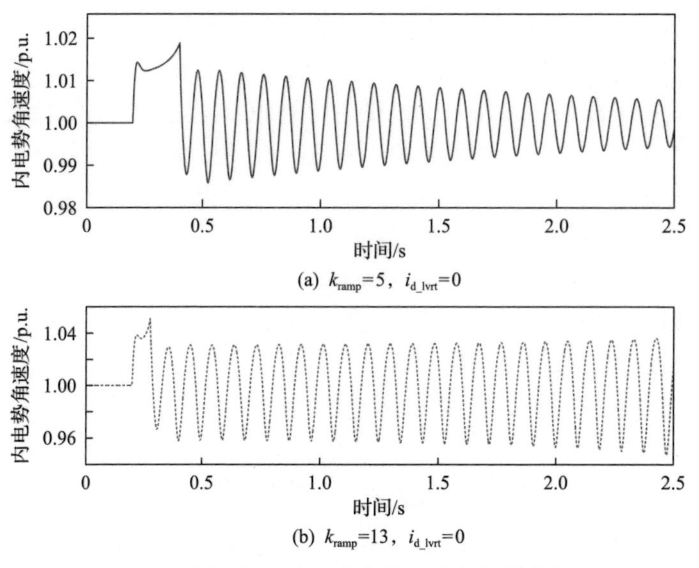

(a) $k_{\text{ramp}}=5$，$i_{\text{d\_lvrt}}=0$

(b) $k_{\text{ramp}}=13$，$i_{\text{d\_lvrt}}=0$

图 9-28　不同爬坡速率下内电势角速度暂态响应对比

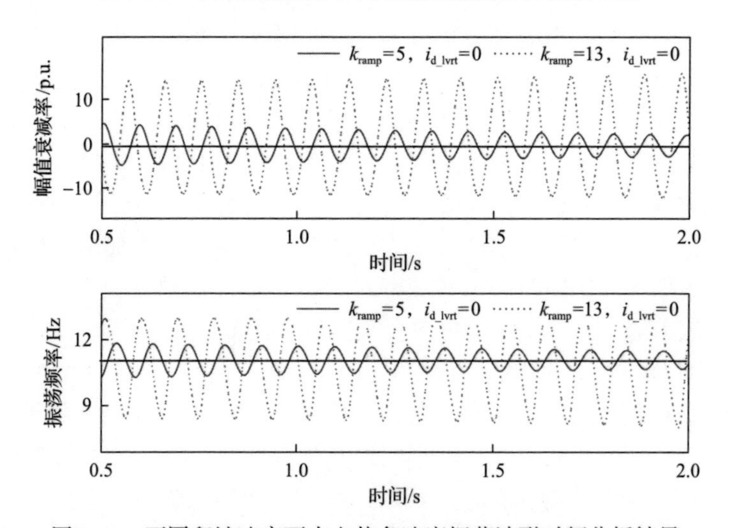

图 9-29　不同爬坡速率下内电势角速度振荡波形时频分析结果

2. 故障持续阶段电流指令对爬坡结束后系统非线性振荡及稳定性影响

故障期间的电流指令决定了爬坡阶段的初始点，爬坡阶段的系统也是一个非线性系统，因此其结束时刻的状态点与初始点有关。有功电流爬坡实际是有功电流指令变化率的限制带来的，由于该变化率的限制，有功电流在故障恢复初始阶段，按照爬坡速率定义的斜率从故障期间稳态值开始随时间慢慢增大到故障前稳态值附近。因此故障期间有功电流指令不仅影响故障期间的稳态运行点，也决定了爬坡阶段的作用时间，其对爬坡结束时刻的状态点有较大影响。

基于爬坡阶段时域仿真结果，爬坡结束时刻状态量 x_2 的瞬时振幅 A_0 如表 9-7 所示，由前文分析可知，A_0 值越大，爬坡结束后系统振荡响应衰减越慢。不同故障期间有功电流指令下内电势角速度大扰动振荡响应对比结果如图 9-30 所示，可知不同故障期间有功电流指令下，爬坡结束后振荡响应的收敛发散情况不同，即系统稳定性不同。当故障期间有功电流指令较大时，由于 A_0 会比较大，爬坡结束后阶段出现了振荡发散的情况，即系统失稳。

表 9-7　不同故障期间有功电流指令下爬坡结束时刻状态量 x_2 的初始振幅

$i^*_{\mathrm{d\_lvrt}}$	0	0.05	0.10	0.15	0.20
A_0	0.0361	0.0372	0.0268	0.0342	0.0405

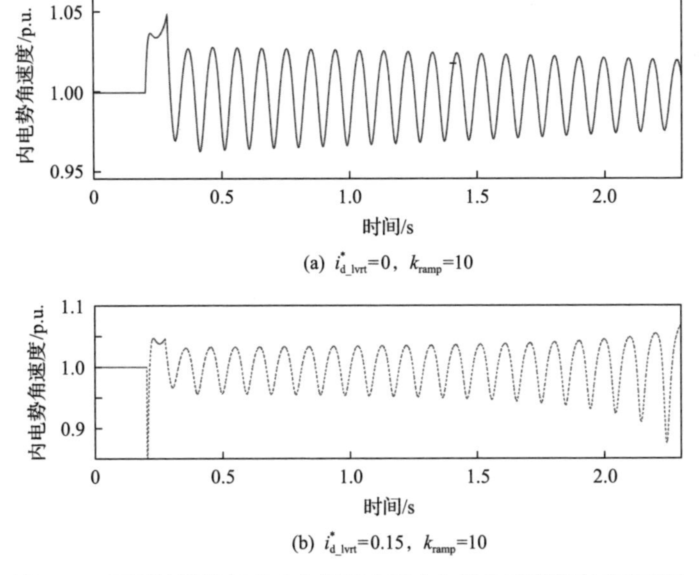

(a) $i^*_{\mathrm{d\_lvrt}}=0$，$k_{\mathrm{ramp}}=10$

(b) $i^*_{\mathrm{d\_lvrt}}=0.15$，$k_{\mathrm{ramp}}=10$

图 9-30　不同故障期间有功电流指令下内电势角速度暂态响应对比

进一步地，由图 9-31 的时频分析结果可知，振荡幅度越大，瞬时振荡频率和幅值衰减率的随时间变化的特征也就越明显。而且瞬时幅值衰减率的波形相对于其平衡点处线性化系统的值有明显的不对称性，而且该不对称性会在故障期间有功电流指令较大时表现得更为明显，该不对称使得爬坡结束后阶段系统的非线性振荡响应相比于平衡点处线性化系统整体来看其幅值衰减有被恶化的趋势，这也在一定程度上揭示了大的故障期间有功电流指令下，爬坡结束后阶段系统大扰动振荡发散即系统失稳的原因[11]。

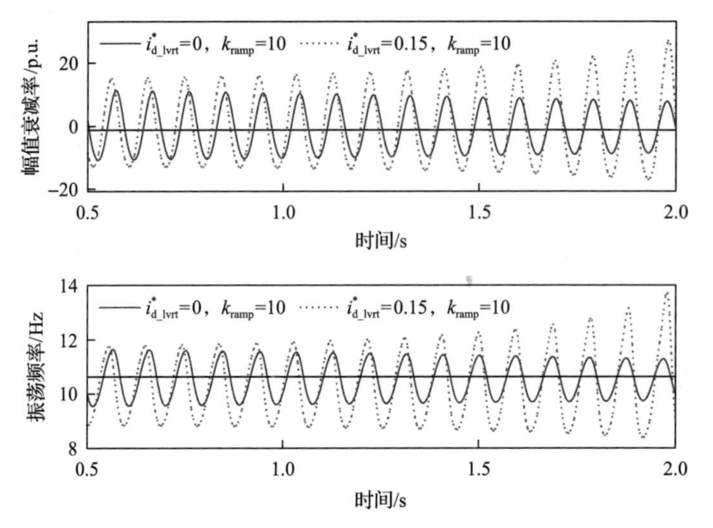

图 9-31　不同故障期间有功电流指令下角速度振荡波形时频分析结果

9.5　本 章 小 结

本章基于激励响应的建模方法，分别建立了专门用于描述全功率风机浅度故障和深度故障下的直流电压时间尺度暂态特性的暂态模型。该模型以系统关注的有功、无功功率作为输入，内电势相位、幅值状态作为输出，可帮助电气工程师像理解熟悉的同步机机电暂态特性一样来理解风机的直流电压时间尺度暂态特性。本章的结论是：

浅度故障下系统非线性振荡特征方面，基于对风机暂态特性的认识可知，其并网电力系统振荡行为的振荡频率和幅值衰减率与线性振荡情形不同，其值并不固定。基于状态轨迹上短时段内线性化系统对非线性振荡特征进行机理解释。系统稳定性方面，数值分析结果显示非线性因素影响下该阶段系统振荡过程中的幅值衰减有被恶化的趋势，扰动较大非线性因素作用较强时，系统会发生振荡发散从而不稳定。

深度故障下爬坡速率和故障持续阶段电流指令对系统非线性振荡及稳定性影响方面，研究了爬坡速率和故障持续阶段有功电流指令对爬坡结束后阶段系统的非线性振荡及稳定性的影响。分析发现爬坡速率越大或故障期间有功电流指令越大，爬坡结束后阶段系统初始点偏离平衡点就越远，则非线性振荡的振荡频率和幅值衰减率随时间变化的特征就越明显，而且当初始点偏离较远非线性因素作用较强时，振荡响应幅值衰减会更慢，甚至会趋向振荡发散，使系统不稳定。

参考文献

[1] Yuan H, Yuan X, Hu J. Modeling of grid-connected VSCs for power system mall-signal stability analysis in DC-link voltage control timescale[J]. IEEE Transactions on Power Systems, 2017, 32(5): 3981-3991.

[2] Amin M, Molinas M, Lyu J. Oscillatory phenomena between wind farms and HVDC systems: The impact of control[C]. IEEE 16th Workshop on Control and Modeling for Power Electronics (COMPEL), Chengdu, 2015: 1-8.

[3] Lv J, Dong P, Shi G, et al. Subsynchronous oscillation of large DFIG-based wind farms integration through MMC-based HVDC[C]. International Conference on Power System Technology, Chengdu, 2014: 2401-2408.

[4] Diedrichs V, Beekmann A, Adloff S. Loss of (angle) stability of wind power plants-the underestimated phenomenon in case of very low short circuit ratio[C]. 10th International Workshop on Large-Scale Integration of Wind Power into Power Systems, Aarhus, 2011.

[5] Erlich I, Shewarega F, Engelhardt S, et al. Effect of wind turbine output current during faults on grid voltage and the transient stability of wind parks[C]. IEEE Power & Energy Society General Meeting, Calgary, 2009: 1-8.

[6] Pourbeik P. WECC second generation wind turbine models[R]. Knoxville: Western Electricity Coordinating Council, 2014.

[7] van Ness J, Boyle J, Imad F. Sensitivities of large, multiple-loop control systems[J]. IEEE Transactions on Automatic Control, 1965, 10(3): 308-315.

[8] Makarov Y V, Popovic, et al. Stabilization of transient processes in power systems by an eigenvalue shift approach[J]. IEEE Transactions on Power Systems, 1998, 13(2): 382-388.

[9] Ostojic D R. Stabilization of multimodal electromechanical oscillations by coordinated application of power system stabilizers[J]. IEEE Transactions on Power Systems, 1991, 6(4): 1439-1445.

[10] Tse C T, Tso S K. Refinement of conventional PSS design in multimachine system by modal analysis[J]. IEEE Transactions on Power Systems, 1993, 8(2): 598-605.

[11] 胡祺. 电网故障下全功率型风机多尺度暂态切换特性分析及其对系统直流电压控制尺度动态行为的影响研究[D]. 武汉: 华中科技大学, 2018.